第二種 電気工事士試験

過去問題集

本書の使い方

本書は、第二種電気工事士 学科試験を受験する方が、過去問題に効率よく取り組めるようにまとめられた過去問題集です。

効率よく学ぶことができるよう、試験の出題科目ごとに７つの節でまとめられています。出題科目ごとに理解度を確認することで、今後どの部分に重点を置き、学習を進めればよいかが明確になります。くり返し取り組むことで、しっかり知識を定着させ、合格できる実力を身に付けましょう。

本書の特徴

本書は、過去に出題された学科試験の問題を分析して科目ごとにまとめ、今後も出題が予想される問題を中心に解説している受験対策に特化した問題集です。実際の試験では過去に出題された問題が多く出題されています。本書を何度もくり返し学習し、合格をより確実なものにできるよう活用してください。

また、直近過去問題（令和４年度）の学科試験問題４回分も収録しています。章末には解答用紙を掲載しておりますので、コピーしてお使いください。また、解答・解説は別冊にまとめて掲載しています。

問題数

第1章		第2章	
・1節	28	・令和４年下期午後	50
・2節	28	・令和４年下期午前	50
・3節	28	・令和４年上期午後	50
・4節	28	・令和４年上期午前	50
・5節	28		
・6節	28		
・7節	40		
計（問）	208	計（問）	200
総計（問） 408			

Contents

◆本書に掲載している過去問題は一般財団法人 電気技術者試験センターが作成した試験問題です。

第二種電気工事士　試験ガイダンス

第二種電気工事士は経済産業省が実施する国家資格で、電気工事を行う際に必要な資格です。住宅や店舗、ビルなどの屋内配線や照明器具の取り付けといった電気設備を施工する場合、国家資格である「電気工事士」の資格が必要となります。

第二種電気工事士の資格があれば、小規模であればさまざまな場面で電気関連の作業ができるため、スキルアップしたい方は取得したい資格といえるでしょう。

●試験の実施について

第二種電気工事士の試験は、一般財団法人 電気技術者試験センターが各都道府県ごとに実施しています。令和４年度までは、筆記方式で上期（午前・午後）と下期（午前・午後）に分けて試験が行われていましたが、令和５年度より、これまでの筆記方式（問題用紙とマークシートを用いて行う筆記方式）に加えて、パソコンを用いて行う CBT 方式（Computer Based Testing）による試験が実施されています。

CBT 方式はパソコン上で解答する形式の試験です。受験者の利便性向上を目的に導入され、所定の開催期間内で、曜日、時間を選択して全国の試験会場で受験可能となっています。CBT 方式でも出題形式は、これまでと同様です。

受験資格に制限はなく、誰でも受験することができます。試験には学科試験と技能試験があり、技能試験は学科試験合格者及び学科試験免除対象者のみ、受験することが可能です。

※ 令和 5 年度より、電気工事士試験の「筆記試験」が「学科試験」と名称が変わりました。

※受験する際、試験日や日程等については変更の可能性もあるため、必ず公式ホームページを確認してください。

一般財団法人 電気技術者試験センター

〒 104-8584　東京都中央区八丁堀 2-9-1（RBM 東八重洲ビル 8 階）

電話：03-3552-7691　／　**FAX**：03-3552-7838

メール：info@shiken.or.jp

URL：https://www.shiken.or.jp/

筆記試験科目の出題数・出題範囲等

	科目	出題数	範囲
一般問題（30問）	1．電気に関する基礎理論	5～6問	①電流、電圧、電力及び電気抵抗 ②導体及び絶縁体 ③交流電気の基礎概念 ④電気回路の計算
	2．配電理論及び配線設計	5～6問	①配電方式　②引込線　③配線
	3．電気機器・配線器具並びに電気工事用の材料及び工具	4～5問	①電気機器及び配線器具の構造及び性能 ②電気工事用の材料の材質及び用途 ③電気工事用の工具の用途
	4．電気工事の施工方法	5～6問	①配線工事の方法 ②電気機器及び配線器具の設置工事の方法 ③コード及びキャブタイヤケーブルの取付方法 ④接地工事の方法
	5．一般用電気工作物の検査方法	3～4問	①点検の方法 ②導通試験の方法 ③絶縁抵抗測定の方法 ④接地抵抗測定の方法 ⑤試験用器具の性能及び使用方法
	6．一般用電気工作物等の保安に関する法令	3～4問	①電気工事士法、同法施行令、同法施行規則 ②電気設備に関する技術基準を定める省令 ③電気用品安全法、同法施行令、同法施行規則及び電気用品の技術上の基準を定める省令
配線図（20問）	7．配線図	図記号：10～13問 複線図：２～４問 配線器具、工具、施工方法：３～５問	配線図の表示事項及び表示方法

（注１）試験問題は工事方法の基準に関連して、次の省令等から基本的な部分が出題される。
・「電気設備の技術基準」（経済産業省令）
・「電気設備の技術基準の解釈について」（経済産業省の審査基準）
＊「電気設備の技術基準の解釈について」の第218条、第219条の「国際規格の取り入れ」の条項は本試験には適用しない。
・「内線規程」（日本電気技術規格委員会）

（注２）試験問題に使用する図記号等
試験問題に使用する図記号は、原則として次のJIS規格による。
ただし、JISに規定されない記号・図記号等を使用する場合は、問題文中で説明。
・電気用図記号：JIS C 0617シリーズ
・構内電気設備用図記号：JIS C 0303：2000
・量記号・単位記号：JIS Z 8000シリーズ

●**出題数**…………一般問題30問、配線図20問の計50問
●**出題形式**………４肢択一方式
●**試験時間**………２時間

第 1 章

第二種 電気工事士試験

セレクト問題

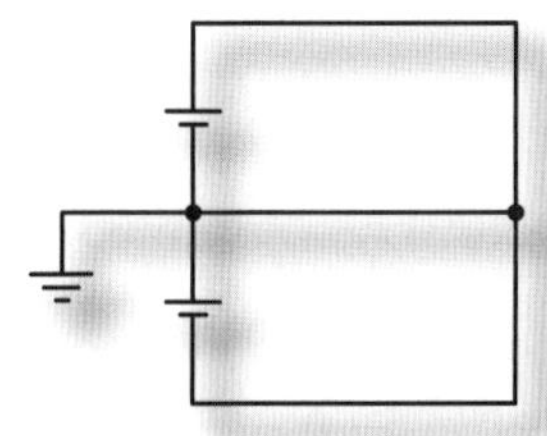

試験問題に使用する図記号等と国際規格の本試験での取り扱いについて

1．試験問題に使用する図記号等

試験問題に使用される図記号は，原則として「JIS C 0617-1 ～ 13 電気用図記号」及び「JIS C 0303：2000 構内電気設備の配線用図記号」を使用することとします。

2．「電気設備の技術基準の解釈」の適用について

「電気設備の技術基準の解釈について」の第 218 条，第 219 条の「国際規格の取り入れ」の条項は本試験には適用しません。

1節 電気の基礎理論

NO. 1

図のような回路で，8 Ωの抵抗での消費電力［W］は。

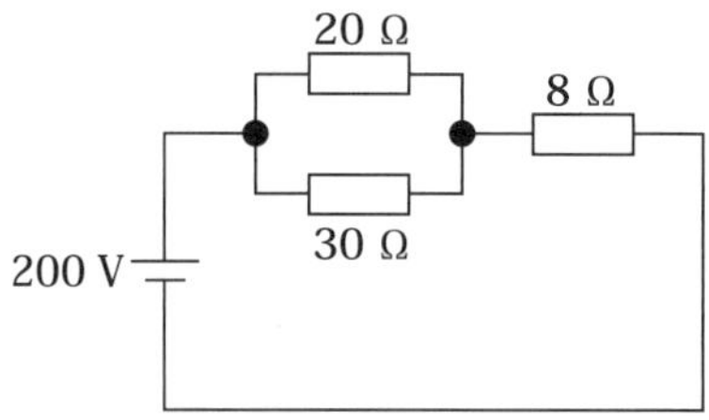

イ．200　　ロ．800　　ハ．1 200　　ニ．2 000

NO. 2

図のような回路で，端子 a-b 間の合成抵抗［Ω］は。

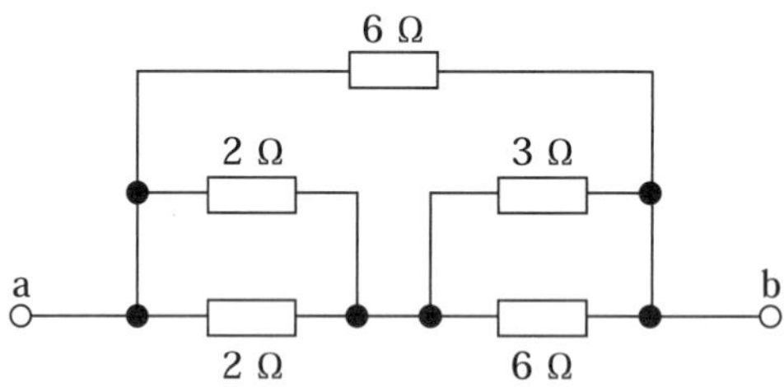

イ．1　　ロ．2　　ハ．3　　ニ．4

図のような回路で，端子 a-b 間の合成抵抗［Ω］は。

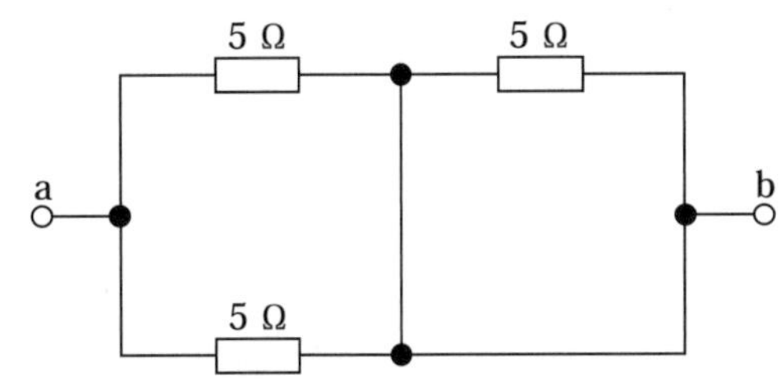

イ. 2.5　　ロ. 5　　ハ. 7.5　　ニ. 15

図のような回路で，スイッチ S を閉じたとき，a-b 端子間の電圧［V］は。

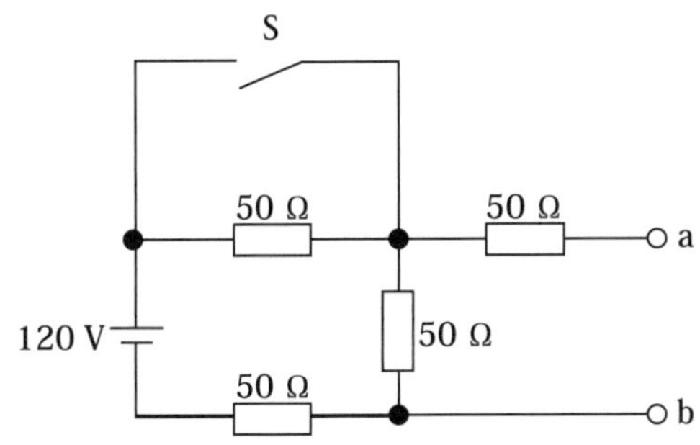

イ. 30　　ロ. 40　　ハ. 50　　ニ. 60

図のような回路で，端子 a-b 間の合成抵抗［Ω］は。

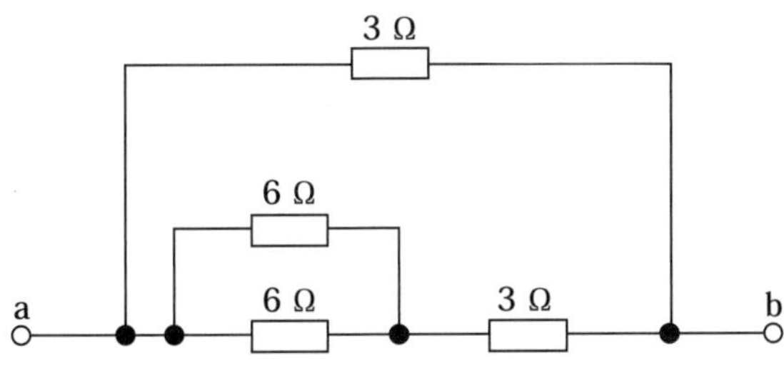

イ. 1　　ロ. 2　　ハ. 3　　ニ. 4

図のような回路で，スイッチ S_1 を閉じ，スイッチ S_2 を開いた時の，端子 a-b 間の合成抵抗［Ω］は。

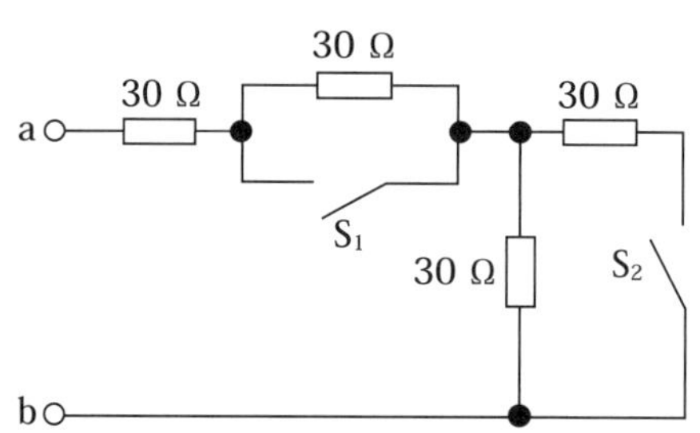

イ．45　ロ．60　ハ．75　ニ．120

図のような回路で，端子 a-b 間の合成抵抗［Ω］は。

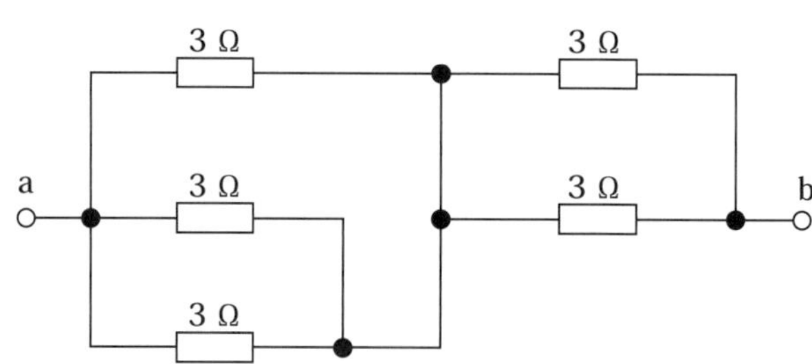

イ．1.1　ロ．2.5　ハ．6　ニ．15

図のような回路で，端子 a-b 間の合成抵抗［Ω］は。

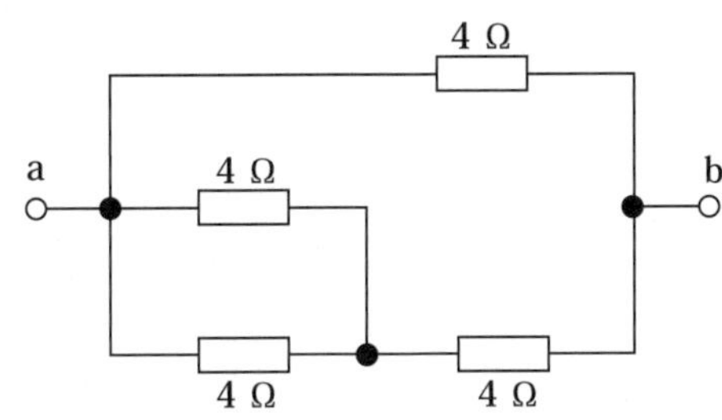

イ．1.5　　ロ．1.8　　ハ．2.4　　ニ．3.0

最大値が 148 V の正弦波交流電圧の実効値［V］は。

イ．85　　ロ．105　　ハ．148　　ニ．209

直径 2.6 mm，長さ 20 m の銅導線と抵抗値が最も近い同材質の銅導線は。

イ．断面積 8 mm^2，長さ 40 m　　ロ．断面積 8 mm^2，長さ 20 m
ハ．断面積 5.5 mm^2，長さ 40 m　　ニ．断面積 5.5 mm^2，長さ 20 m

電気抵抗 R［Ω］，直径 D［mm］，長さ L［m］の導線の抵抗率［Ω・m］を表す式は。

イ．$\dfrac{\pi DR}{4L \times 10^3}$　　ロ．$\dfrac{\pi D^2 R}{L^2 \times 10^6}$　　ハ．$\dfrac{\pi D^2 R}{4L \times 10^6}$　　ニ．$\dfrac{\pi DR}{4L^2 \times 10^3}$

NO. 12　A，B 2 本の同材質の銅線がある。A は直径 1.6 mm，長さ 100 m，B は直径 3.2 mm，長さ 50 m である。A の抵抗は B の抵抗の何倍か。

イ．1　　ロ．2　　ハ．4　　ニ．8

NO. 13　図のような交流回路の力率［%］を示す式は。

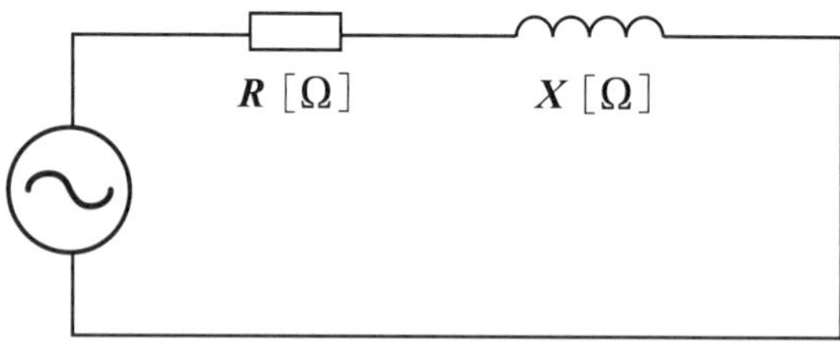

イ．$\frac{100R}{\sqrt{R^2+X^2}}$　　ロ．$\frac{100RX}{R^2+X^2}$　　ハ．$\frac{100R}{R+X}$　　ニ．$\frac{100X}{\sqrt{R^2+X^2}}$

NO. 14　コイルに 100 V，50 Hz の交流電圧を加えたら 6 A の電流が流れた。このコイルに 100 V，60 Hz の交流電圧を加えたときに流れる電流［A］は。

ただし，コイルの抵抗は無視できるものとする。

イ．4　　ロ．5　　ハ．6　　ニ．7

図のような交流回路で，電源電圧 204 V，抵抗の両端の電圧が 180 V，リアクタンスの両端の電圧が 96 V であるとき，負荷の力率［%］は。

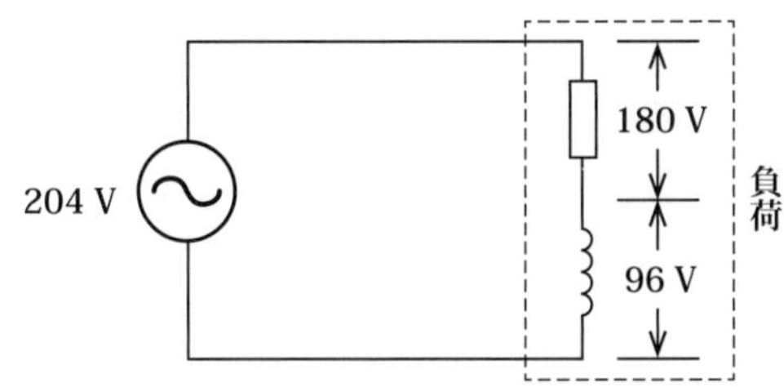

イ. 35　ロ. 47　ハ. 65　ニ. 88

図のような抵抗とリアクタンスとが並列に接続された回路の消費電力［W］は。

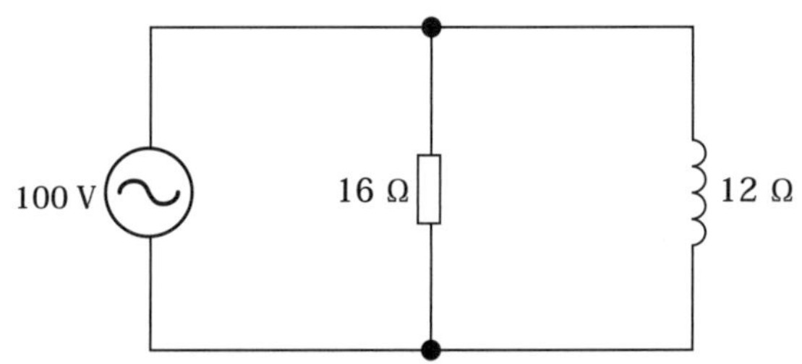

イ. 500　ロ. 625　ハ. 833　ニ. 1 042

消費電力が 300 W の電熱器を，2 時間使用したときの発熱量［kJ］は。

イ. 600　ロ. 1 080　ハ. 2 160　ニ. 3 600

NO. 18 図のような抵抗とリアクタンスとが直列に接続された回路の消費電力［W］は。

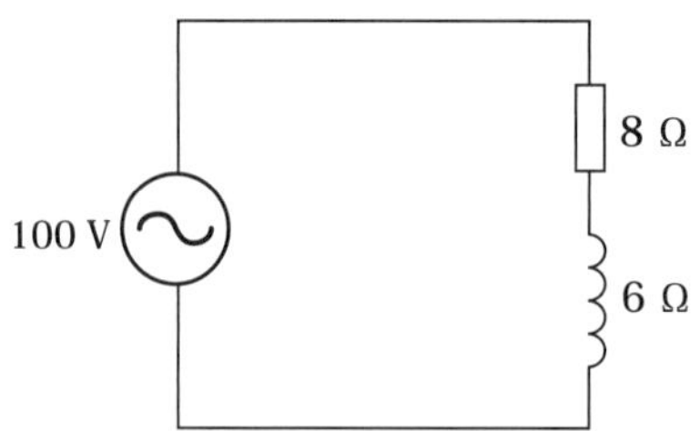

イ. 600　　ロ. 800　　ハ. 1 000　　ニ. 1 250

NO. 19 抵抗 R［Ω］に電圧 V［V］を加えると，電流 I［A］が流れ，P［W］の電力が消費される場合，抵抗 R［Ω］を示す式として，**誤っているものは**。

イ. $\dfrac{PI}{V}$　　ロ. $\dfrac{P}{I^2}$　　ハ. $\dfrac{V^2}{P}$　　ニ. $\dfrac{V}{I}$

NO. 20 電線の接続不良により，接続点の接触抵抗が 0.5 Ωとなった。この電線に 20 A の電流が流れると，接続点から 1 時間に発生する熱量［kJ］は。

ただし，接触抵抗の値は変化しないものとする。

イ. 72　　ロ. 144　　ハ. 720　　ニ. 1 440

定格電圧 V［V］，定格電流 I［A］の三相誘導電動機を定格状態で時間 t［h］の間，連続運転したところ，消費電力量 W［kW・h］であった。この電動機の力率［%］を表す式は。

イ. $\dfrac{W}{3VIt} \times 10^5$　**ロ.** $\dfrac{\sqrt{3}\,VI}{Wt} \times 10^5$　**ハ.** $\dfrac{3VI}{W} \times 10^5$　**ニ.** $\dfrac{W}{\sqrt{3}\,VIt} \times 10^5$

ビニル絶縁電線（単心）の導体の直径を D，長さを L とするとき，この電線の抵抗と許容電流に関する記述として，**誤っているものは**。

イ. 許容電流は，周囲の温度が上昇すると，大きくなる。
ロ. 許容電流は，D が大きくなると，大きくなる。
ハ. 電線の抵抗は，L に比例する。
ニ. 電線の抵抗は，D^2 に反比例する。

照度の単位は。

イ. F　**ロ.** lm　**ハ.** H　**ニ.** lx

図のような回路で，電源電圧 24 V，抵抗 $R = 4\ \Omega$に流れる電流が 6 A，リアクタンス $X_L = 3\ \Omega$に流れる電流が 8 A であるとき，回路の力率［%］は。

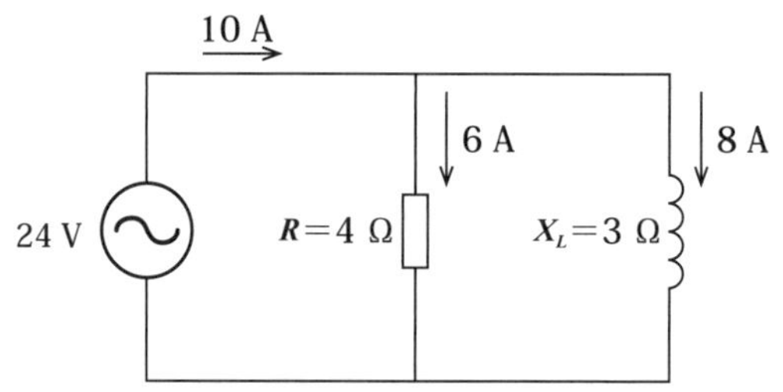

イ．43　　ロ．60　　ハ．75　　ニ．80

図のような直流回路に流れる電流 I［A］は。

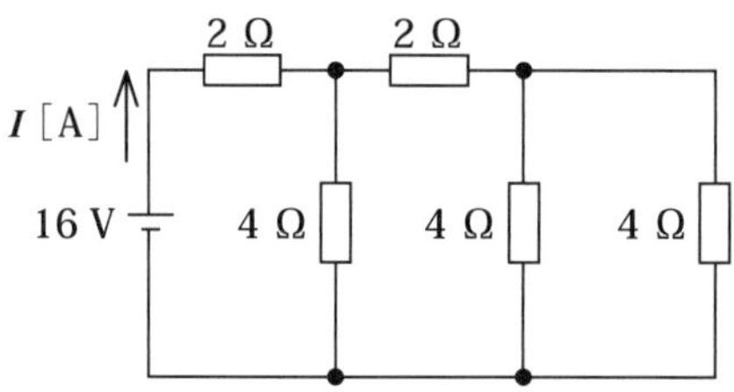

イ．1　　ロ．2　　ハ．4　　ニ．8

単相 200 V の回路に，消費電力 2.0 kW，力率 80 %の負荷を接続した場合，回路に流れる電流［A］は。

イ. 7.2　　**ロ.** 8.0　　**ハ.** 10.0　　**ニ.** 12.5

図のような交流回路で，負荷に対してコンデンサ C を設置して，力率を 100 %に改善した。このときの電流計の指示値は。

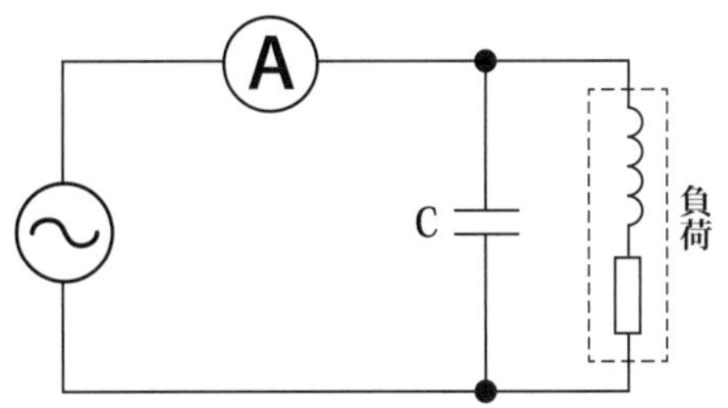

イ. 零になる。
ロ. コンデンサ設置前と比べて変化しない。
ハ. コンデンサ設置前と比べて増加する。
ニ. コンデンサ設置前と比べて減少する。

NO. 28 図のような正弦波交流回路の電源電圧 v に対する電流 i の波形として，**正しいものは**。

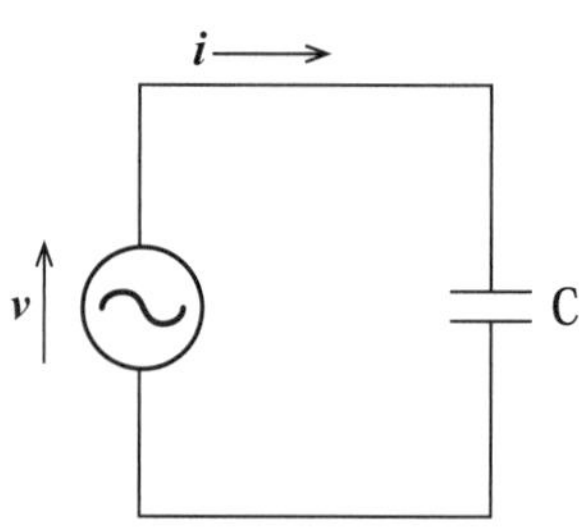

イ．

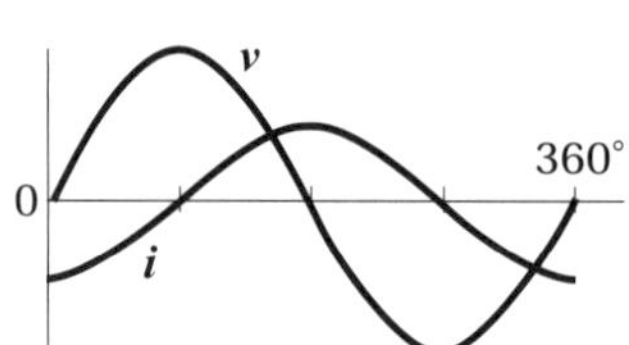

ロ．

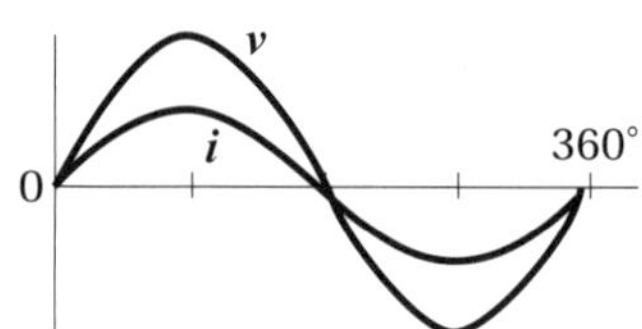

ハ．

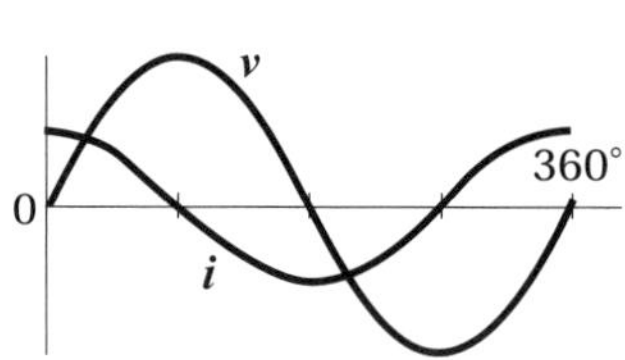

ニ．

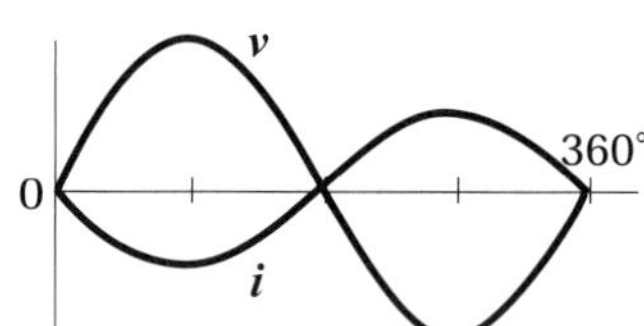

セレクト問題 2節 配電理論・配線設計

NO. 1　図のような三相負荷に三相交流電圧を加えたとき，各線に 20 A の電流が流れた。線間電圧 E［V］は。

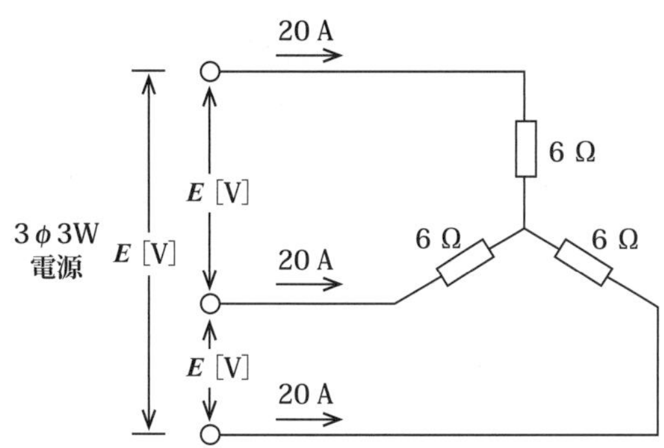

イ．120	ロ．173	ハ．208	ニ．240

NO. 2　図のような三相 3 線式 200 V の回路で，c–o 間の抵抗が断線した。断線前と断線後の a–o 間の電圧 V の値［V］の組合せとして**正しいものは**。

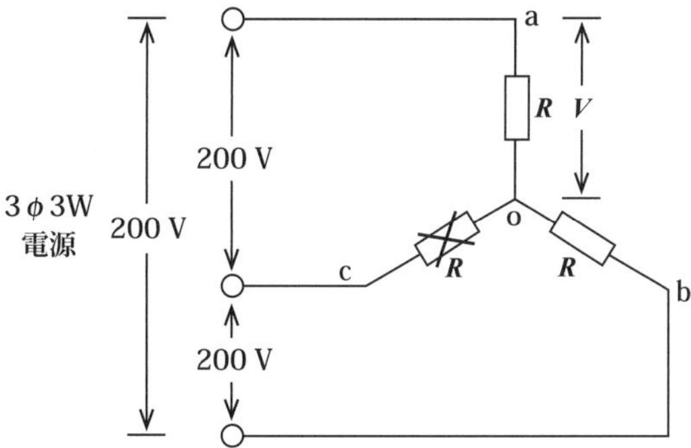

イ．断線前 116 断線後 116	ロ．断線前 116 断線後 100	ハ．断線前 100 断線後 116	ニ．断線前 100 断線後 100

図のような三相 3 線式回路に流れる電流 I［A］は。

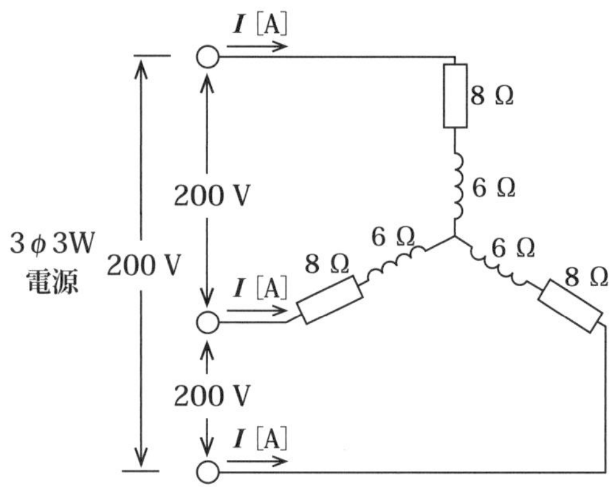

イ. 8.3　　ロ. 11.6　　ハ. 14.3　　ニ. 20.0

図のような単相 2 線式回路において，d–d′ 間の電圧が 100 V のとき a–a′ 間の電圧［V］は。

ただし，r_1，r_2 及び r_3 は電線の電気抵抗［Ω］とする。

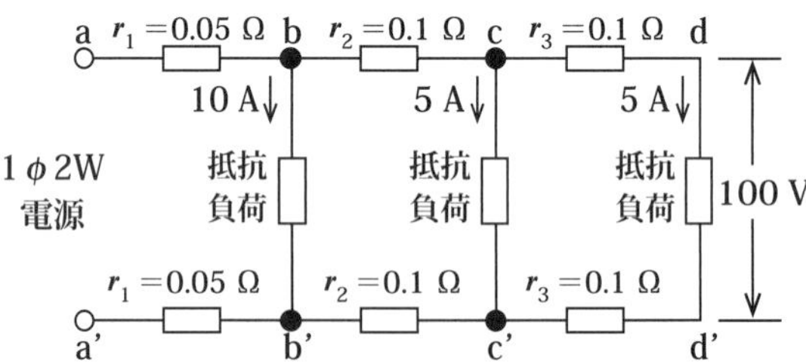

イ. 102　　ロ. 103　　ハ. 104　　ニ. 105

図のような単相2線式回路において，c–c′ 間の電圧が 100 V のとき a–a′ 間の電圧［V］は。

ただし，r_1 及び r_2 は電線の電気抵抗［Ω］とする。

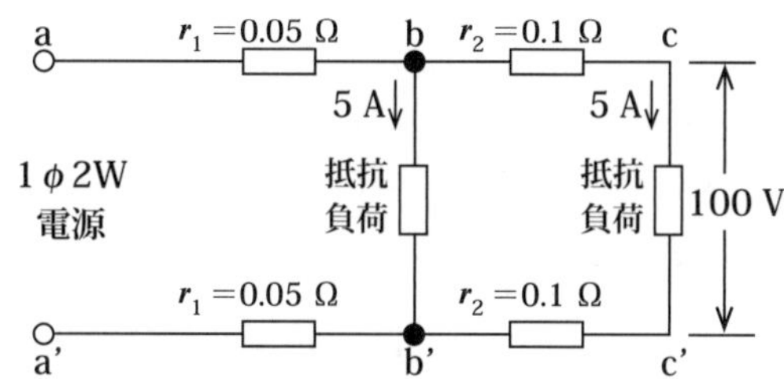

イ．101　　ロ．102　　ハ．103　　ニ．104

図のように，電線のこう長 L［m］の配線により，抵抗負荷に電力を供給した結果，負荷電流が 10 A であった。配線における電圧降下 $V_1 - V_2$［V］を表す式として，**正しいものは**。

ただし，電線の電気抵抗は長さ 1 m 当たり r［Ω］とする。

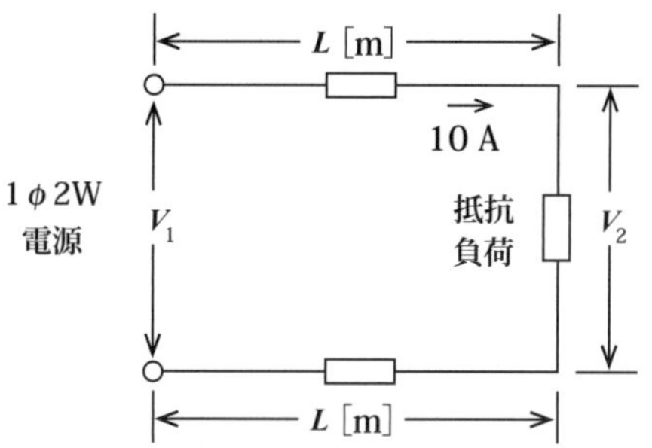

イ．rL　　ロ．$2rL$　　ハ．$10rL$　　ニ．$20rL$

図のような単相 3 線式回路で，電線 1 線当たりの抵抗が r［Ω］，負荷電流が I［A］，中性線に流れる電流が 0 A のとき，電圧降下（$V_s - V_r$）［V］を示す式は。

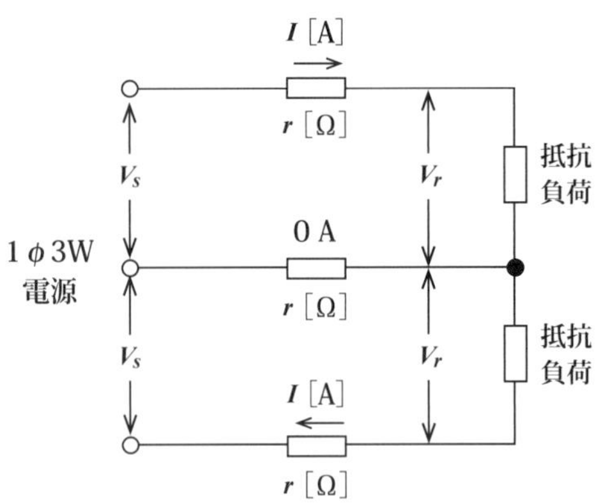

イ. $2rI$　　ロ. $3rI$　　ハ. rI　　ニ. $\sqrt{3}rI$

図のような三相 3 線式回路で，電線 1 線当たりの抵抗が 0.15 Ω，線電流が 10 A のとき，電圧降下（$V_s - V_r$）［V］は。

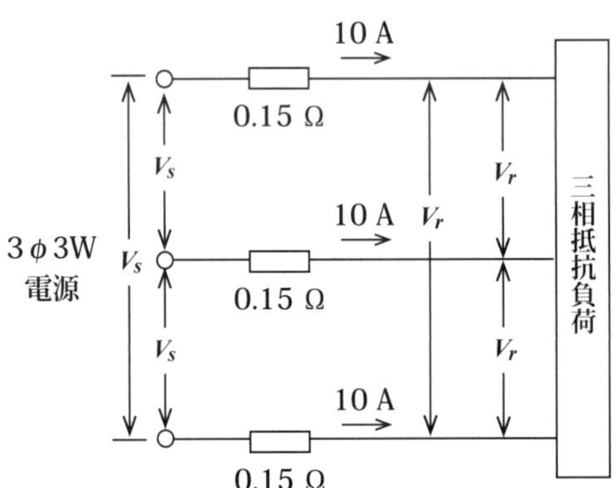

イ. 1.5　　ロ. 2.6　　ハ. 3.0　　ニ. 4.5

図のような三相 3 線式回路で，電線 1 線当たりの抵抗が r［Ω］，線電流が I［A］であるとき，電圧降下（$V_1 - V_2$）［V］を示す式は。

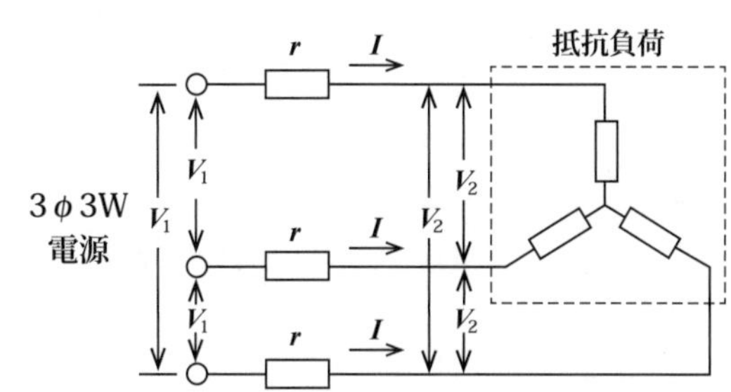

イ. $\sqrt{3}I^2r$	ロ. $\sqrt{3}Ir$	ハ. $2Ir$	ニ. $2\sqrt{3}Ir$

図のような単相 3 線式回路で，スイッチ a だけを閉じたときの電流計Ⓐの指示値 I_1［A］とスイッチ a 及び b を閉じたときの電流計Ⓐの指示値 I_2［A］の組合せとして，**適切なものは**。

ただし，Ⓗは定格電圧 100 V の電熱器である。

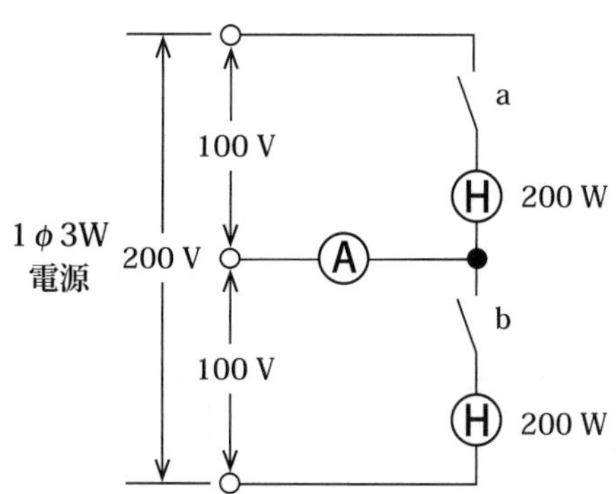

イ.	ロ.	ハ.	ニ.
I_1　2	I_1　2	I_1　2	I_1　4
I_2　2	I_2　0	I_2　4	I_2　0

NO. 11

図のような単相 3 線式回路で，電流計Ⓐの指示値が最も小さいものは。
ただし，Ⓗは定格電圧 100 V の電熱器である。

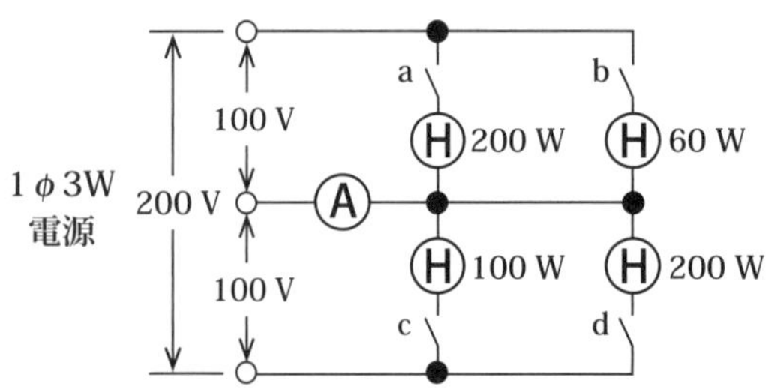

イ. スイッチ a，b を閉じた場合。　**ロ.** スイッチ c，d を閉じた場合。
ハ. スイッチ a，d を閉じた場合。　**ニ.** スイッチ a, b, d を閉じた場合。

NO. 12

図のような単相 3 線式回路で，電流計Ⓐの指示値が最も小さいものは。

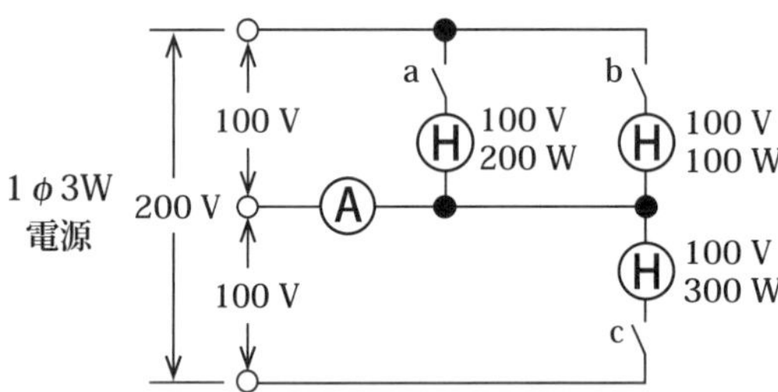

イ. スイッチ a，b を閉じた場合。　**ロ.** スイッチ a，c を閉じた場合。
ハ. スイッチ b，c を閉じた場合。　**ニ.** スイッチ a, b, c を閉じた場合。

図のような単相3線式回路で，電線1線当たりの抵抗が0.1 Ω，負荷に流れる電流がいずれも10 Aのとき，この電線路の電力損失［W］は。

ただし，負荷は抵抗負荷とする。

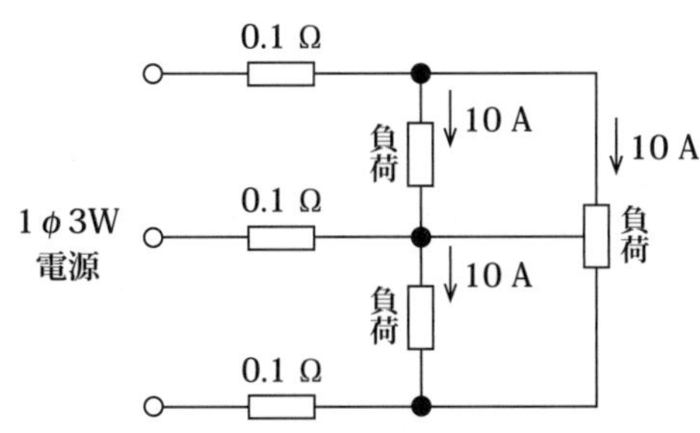

イ．30　　ロ．80　　ハ．120　　ニ．160

図のような三相交流回路において，電線1線当たりの抵抗が0.2 Ω，線電流15 Aのとき，この電線路の電力損失［W］は。

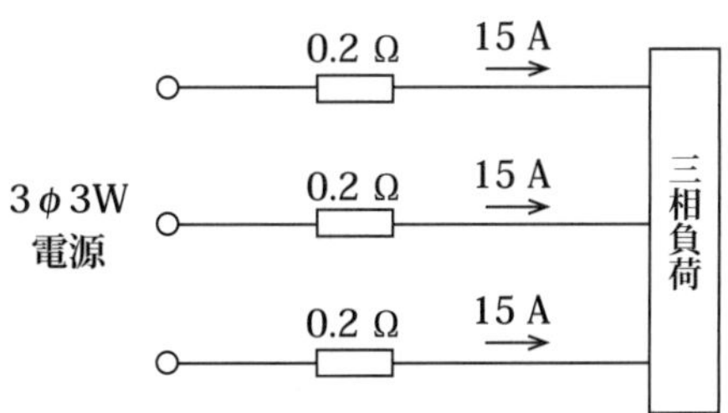

イ．78　　ロ．90　　ハ．120　　ニ．135

NO. 15 図のような三相 3 線式回路で，電線 1 線当たりの抵抗が r［Ω］，線電流が I［A］のとき，この電線路の電力損失［W］を示す式は。

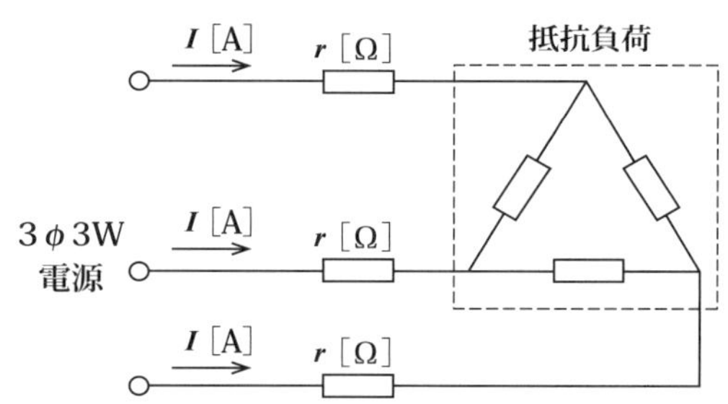

イ．$\sqrt{3}I^2r$　　ロ．$3Ir$　　ハ．$3I^2r$　　ニ．$\sqrt{3}Ir$

NO. 16 合成樹脂製可とう電線管（PF 管）による低圧屋内配線工事で，管内に断面積 5.5 mm^2 の 600V ビニル絶縁電線（軟銅線）7 本を収めて施設した場合，電線 1 本当たりの許容電流［A］は。

ただし，周囲温度は 30℃以下，電流減少係数は 0.49 とする。

イ．13　　ロ．17　　ハ．24　　ニ．29

NO. 17 金属管による低圧屋内配線工事で，管内に断面積 3.5 mm^2 の 600V ビニル絶縁電線（軟銅線）4 本を収めて施設した場合，電線 1 本当たりの許容電流［A］は。

ただし，周囲温度は 30℃以下，電流減少係数は 0.63 とする。

イ．19　　ロ．23　　ハ．31　　ニ．49

図のように，定格電流 100 A の配線用遮断器で保護された低圧屋内幹線から VVR ケーブルで低圧屋内電路を分岐する場合，a–b 間の長さ L と電線の太さ A の組合せとして，**不適切なものは**。

ただし，VVR ケーブルの太さと許容電流の関係は表のとおりとする。

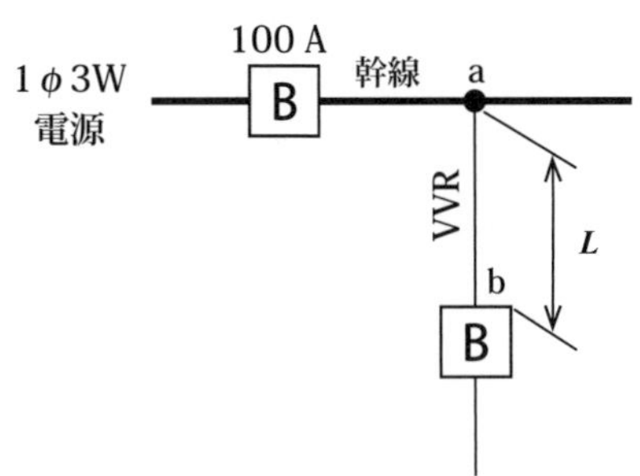

電線の太さ A	許容電流
直径 2.0 mm	24 A
断面積 5.5 mm²	34 A
断面積 8 mm²	42 A
断面積 14 mm²	61 A

イ. L：1 m　A：2.0 mm
ロ. L：2 m　A：5.5 mm²
ハ. L：10 m　A：8 mm²
ニ. L：15 m　A：14 mm²

図のように，三相の電動機と電熱器が低圧屋内幹線に接続されている場合，幹線の太さを決める根拠となる電流の最小値［A］は。

ただし，需要率は 100 %とする。

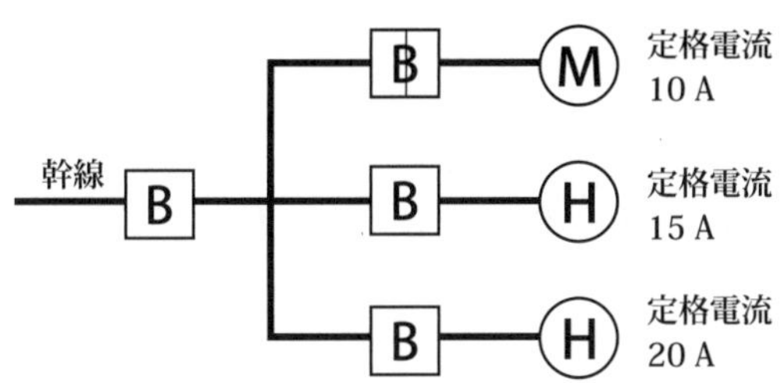

イ. 45　**ロ.** 50　**ハ.** 55　**ニ.** 60

図のような電熱器Ⓗ 1 台と電動機Ⓜ 2 台が接続された単相 2 線式の低圧屋内幹線がある。この幹線の太さを決定する根拠となる電流 I_W［A］と幹線に施設しなければならない過電流遮断器の定格電流を決定する根拠となる電流 I_B［A］の組合せとして，**適切なものは**。

ただし，需要率は 100 %とする。

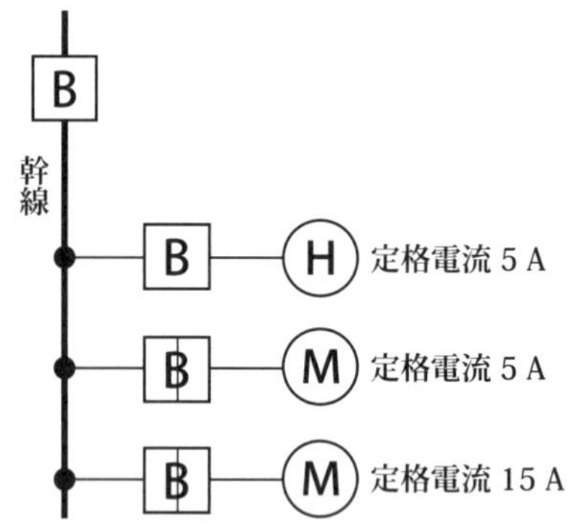

イ. I_W 27 I_B 55	**ロ.** I_W 27 I_B 65	**ハ.** I_W 30 I_B 55	**ニ.** I_W 30 I_B 65

NO. 21

低圧屋内配線の分岐回路の設計で，配線用遮断器の定格電流とコンセントの組合せとして，**不適切なものは**。

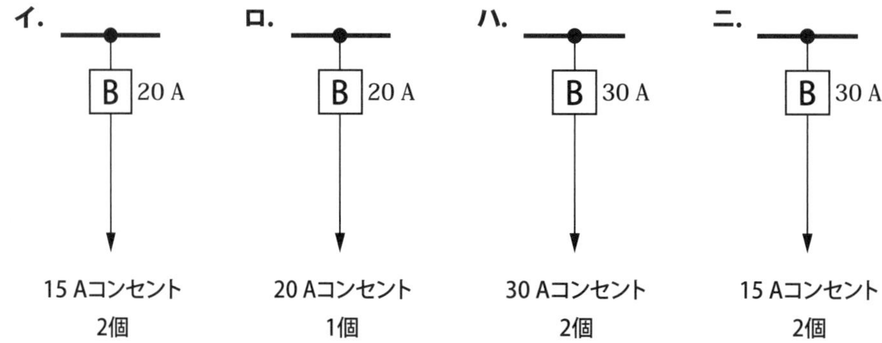

図のように，定格電流 100 A の配線用遮断器で保護された低圧屋内幹線から VVR ケーブルで太さ 5.5 mm^2（許容電流 34 A）で低圧屋内電路を分岐する場合，a-b 間の長さの最大値［m］は。

ただし，低圧屋内幹線に接続される負荷は，電灯負荷とする。

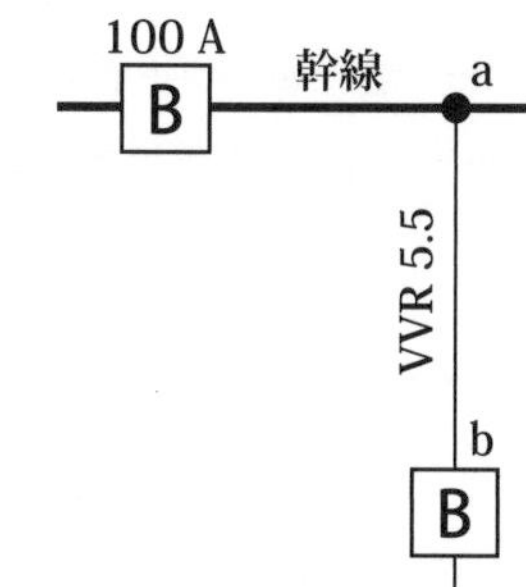

イ．3　　ロ．5　　ハ．8　　ニ．制限なし

低圧の機械器具に簡易接触防護措置を施してない（人が容易に触れるおそれがある）場合，それに電気を供給する電路に漏電遮断器の取り付けが**省略できるものは**。

イ．100 V ルームエアコンの屋外機を水気のある場所に施設し，その金属製外箱の接地抵抗値が 100 Ωであった。

ロ．100 V の電気洗濯機を水気のある場所に設置し，その金属製外箱の接地抵抗値が 80 Ωであった。

ハ．電気用品安全法の適用を受ける二重絶縁構造の機械器具を屋外に施設した。

ニ．工場で 200 V の三相誘導電動機を湿気のある場所に施設し，その鉄台の接地抵抗値が 10 Ωであった。

漏電遮断器に関する記述として，**誤っているものは**。

イ．高速形漏電遮断器は，定格感度電流における動作時間が 0.1 秒以下である。
ロ．漏電遮断器は，零相変流器によって地絡電流を検出する。
ハ．高感度形漏電遮断器は，定格感度電流が 1 000 mA 以下である。
ニ．漏電遮断器には，漏電電流を模擬したテスト装置がある。

低圧電路に使用する定格電流が 20 A の配線用遮断器に 25 A の電流が継続して流れたとき，この配線用遮断器が自動的に動作しなければならない時間［分］の限度（最大の時間）は。

イ．20　　ロ．30　　ハ．60　　ニ．120

許容電流から判断して，公称断面積 0.75 mm^2 のゴムコード（絶縁物が天然ゴムの混合物）を使用できる最も消費電力の大きな電熱器具は。

ただし，電熱器具の定格電圧は 100 V で，周囲温度は 30 ℃以下とする。

イ．150 W の電気はんだごて
ロ．600 W の電気がま
ハ．1 500 W の電気湯沸器
ニ．2 000 W の電気乾燥機

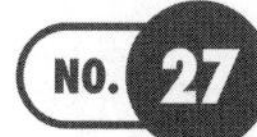

低圧屋内配線で，スイッチSの操作によって
(CL)が点灯すると確認表示灯○が点灯し，
(CL)が消灯すると確認表示灯○も消灯する回路は。

イ.

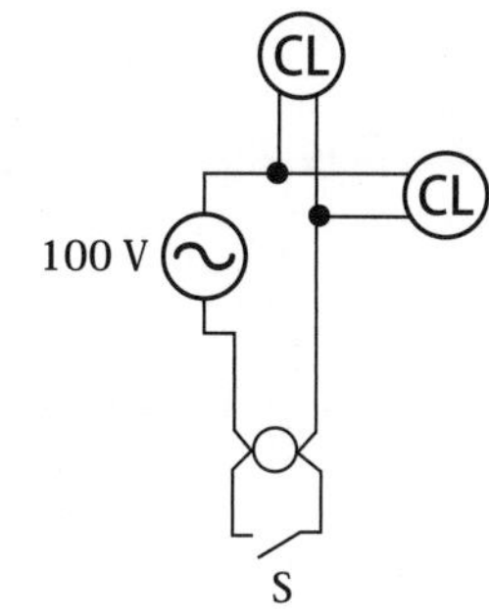

ロ.

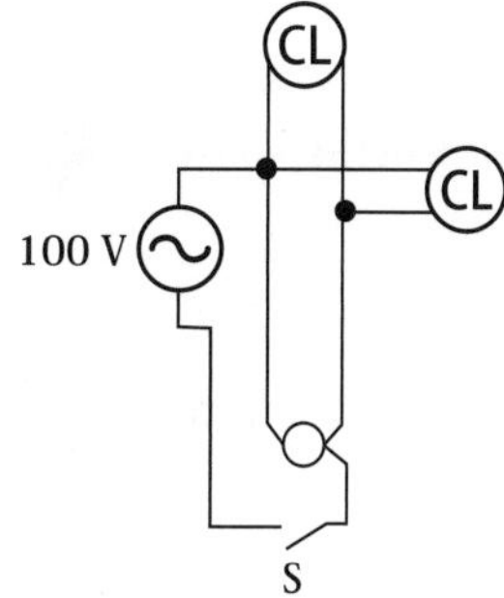

ハ.

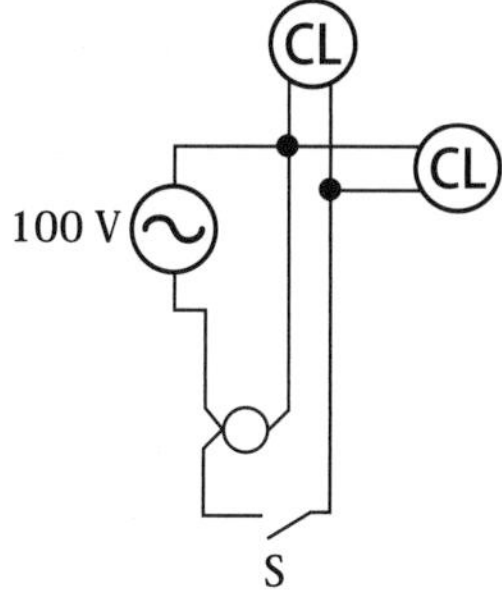

ニ.

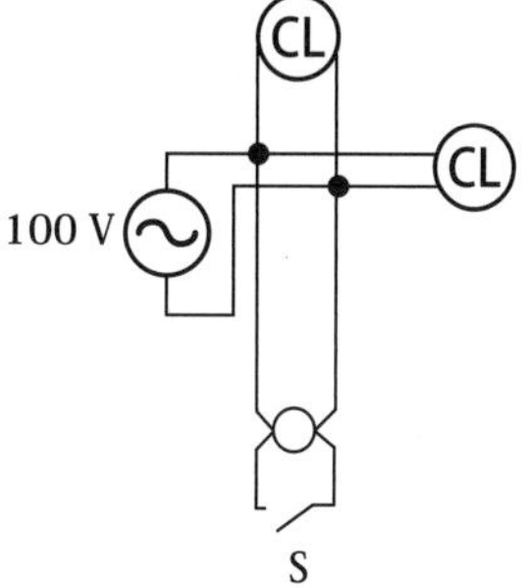

定格電流 30 A の配線用遮断器で保護される分岐回路の電線（軟銅線）の太さと，接続できるコンセントの図記号の組合せとして，**適切なものは**。

ただし，コンセントは兼用コンセントではないものとする。

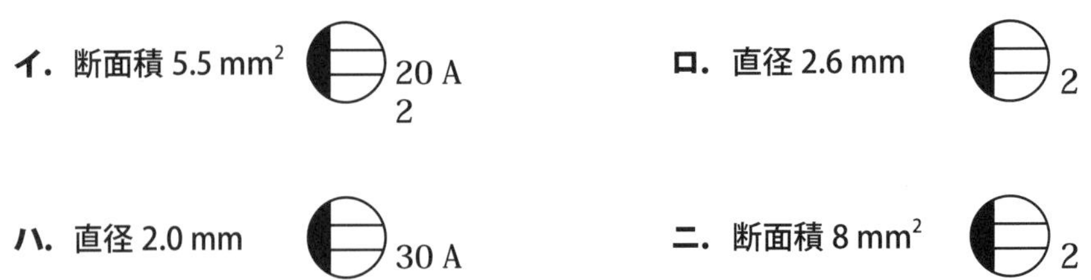

【学科試験】対策

第二種電気工事士

独学支援講座とは？

『独学支援講座』は、時間がない方でも試験の重要ポイントを短時間で完全マスターできるように、無駄な学習をさせないというコンセプトのもと誕生しました。
『独学支援講座』の Web 講義は合格するためだけの必勝法を詰め込んだ特別講義となっています。
必要最低限の時間と努力だけで、効率よく合格を勝ち取りましょう！

本講座について

問題は出題傾向から絞り込み、**合格ラインギリギリの設計**です。
あくまで短期合格を目的としており、**本質的な理解を犠牲**にしています。

CIC独学支援講座式 学科試験の攻略法

1. とにかく**知識問題**を徹底的に！**一般問題20点、配線図10点**を目指す。
2. **機器・器具・材料**と**工事施工方法**は満点を狙う！
3. 苦手なら**力率・計算問題は解く必要なし。複線図も書かない！**

学習する問題を絞って『最短』で合格!

独学支援講座

CBT方式
筆記方式
両方対応

セット内容

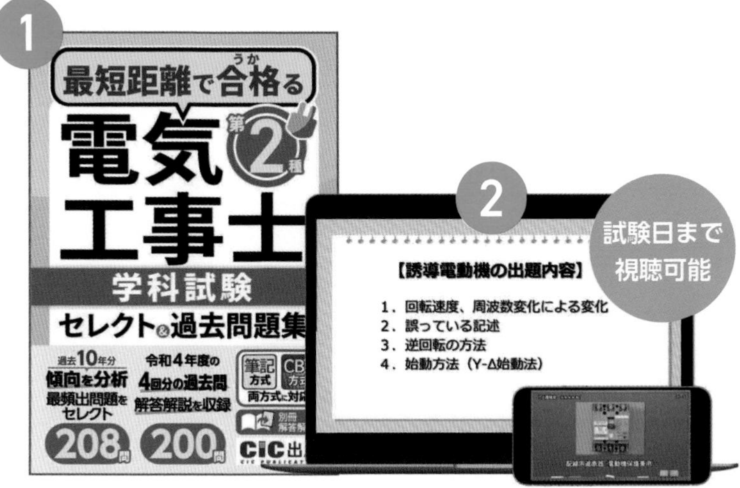

① **最短距離で合格(うか)る セレクト&過去問題集**

② **Web講義**（独学支援講座）

価格

①+② フルセット	9,000円（税込）
② 問題集なしセット	7,020円（税込）

※料金には消費税・送料が含まれます。

APPLICATION

お申し込み方法

お申込はインターネットのみで受付けております。

https://www.cic-ct.co.jp/dokugaku-plus/2denkikouji

商品ページより該当の講座を選択して
お申し込みください。

CONTACT

お問い合わせ

0120-129-209 受付時間 平日9:00～18:00

株式会社日本建設情報センター

〒105-0003 東京都港区西新橋3-24-10 ハリファックス御成門ビル6F

CIC 日本建設情報センター

このパンフレットに記載されている内容は2023年8月現在のものです。
最新情報やお申込みに関しましては、上記の商品ページよりご確認ください。

セレクト問題

3節 電気機器・配線器具・材料・工具

金属管工事において，絶縁ブッシングを使用する主な目的は。

イ．電線の被覆を損傷させないため。
ロ．電線の接続を容易にするため。
ハ．金属管を造営材に固定するため。
ニ．金属管相互を接続するため。

NO. 2

金属管工事に使用される「ねじなしボックスコネクタ」に関する記述として，**誤っているものは**。

イ．ボンド線を接続するための接地用の端子がある。
ロ．ねじなし電線管と金属製アウトレットボックスを接続するのに用いる。
ハ．ねじなし電線管との接続は止めネジを回して，ネジの頭部をねじ切らないように締め付ける。
ニ．絶縁ブッシングを取り付けて使用する。

金属管（鋼製電線管）の切断及び曲げ作業に使用する工具の組合せとして，**適切なものは**。

イ．やすり
パイプレンチ
パイプベンダ

ロ．やすり
金切りのこ
パイプベンダ

ハ．リーマ
金切りのこ
トーチランプ

ニ．リーマ
パイプレンチ
トーチランプ

低圧屋内配線として使用する600V ビニル絶縁電線（IV）の絶縁物の最高許容温度［℃］は。

イ. 45　　ロ. 60　　ハ. 75　　ニ. 90

エントランスキャップの使用目的は。

イ. 主として垂直な金属管の上端部に取り付けて , 雨水の浸入を防止するために使用する。
ロ. コンクリート打ち込み時に金属管内にコンクリートが浸入するのを防止するために使用する。
ハ. 金属管工事で管が直角に屈曲する部分に使用する。
ニ. フロアダクトの終端部を閉そくするために使用する。

多数の金属管が集合する場所等で, 通線を容易にするために用いられるものは。

イ. 分電盤
ロ. プルボックス
ハ. フィクスチュアスタッド
ニ. スイッチボックス

低圧の地中配線を直接埋設式により施設する場合に**使用できるものは**。

イ. 600V 架橋ポリエチレン絶縁ビニルシースケーブル（CV）
ロ. 屋外用ビニル絶縁電線（OW）
ハ. 引込用ビニル絶縁電線（DV）
ニ. 600V ビニル絶縁電線（IV）

アウトレットボックス（金属製）の使用方法として，**不適切なものは。**

イ． 金属管工事で電線の引き入れを容易にするのに用いる。
ロ． 金属管工事で電線相互を接続する部分に用いる。
ハ． 配線用遮断器を集合して設置するのに用いる。
ニ． 照明器具等を取り付ける部分で電線を引き出す場合に用いる。

組み合わせて使用する機器で，その組合せが明らかに**誤っているものは。**

イ． ネオン変圧器と高圧水銀灯
ロ． 零相変流器と漏電警報器
ハ． 光電式自動点滅器と庭園灯
ニ． スターデルタ始動器と一般用低圧三相かご形誘導電動機

電気工事の種類と，その工事で使用する工具の組合せとして，**適切なものは。**

イ． 金属管工事とリーマ
ロ． 合成樹脂管工事とパイプベンダ
ハ． 金属線ぴ工事とボルトクリッパ
ニ． バスダクト工事と圧着ペンチ

住宅で使用する電気食器洗い機用のコンセントとして，**最も適しているものは。**

イ． 接地端子付コンセント　　**ロ．** 抜け止め形コンセント
ハ． 接地極付接地端子付コンセント　　**ニ．** 引掛形コンセント

NO. 12 写真に示す器具の用途は。

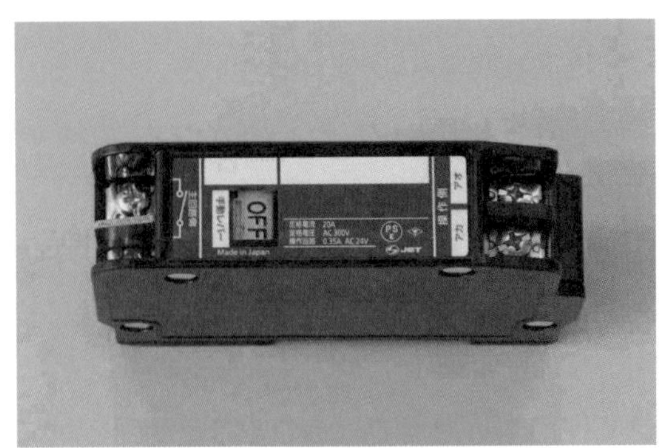

イ. リモコンリレー操作用のセレクタスイッチとして用いる。
ロ. リモコン配線の操作電源変圧器として用いる。
ハ. リモコン配線のリレーとして用いる。
ニ. リモコン用調光スイッチとして用いる。

NO. 13 白熱電球と比較して，電球形 LED ランプ（制御装置内蔵形）の特徴として，**誤っているものは**。

イ. 寿命が短い。
ロ. 発光効率が高い（同じ明るさでは消費電力が少ない）。
ハ. 価格が高い。
ニ. 力率が低い。

NO. 14 漏電遮断器に内蔵されている零相変流器の役割は。

イ. 地絡電流の検出
ロ. 短絡電流の検出
ハ. 過電圧の検出
ニ. 不足電圧の検出

コンクリート壁に金属管を取り付けるときに用いる材料及び工具の組合せとして，**適切なものは**。

イ． カールプラグ
ステープル
ホルソ
ハンマ

ロ． サドル
振動ドリル
カールプラグ
木ねじ

ハ． たがね
コンクリート釘
ハンマ
ステープル

ニ． ボルト
ホルソ
振動ドリル
サドル

ねじなし電線管の曲げ加工に使用する工具は。

イ． トーチランプ
ロ． ディスクグラインダ
ハ． パイプレンチ
ニ． パイプベンダ

三相誘導電動機の始動電流を小さくするために用いられる方法は。

イ． 三相電源の 3 本の結線を 3 本とも入れ替える。
ロ． 三相電源の 3 本の結線のうち，いずれか 2 本を入れ替える。
ハ． コンデンサを取り付ける。
ニ． スターデルタ始動装置を取り付ける。

NO. 18

低圧電路に使用する定格電流 20 A の配線用遮断器に 40 A の電流が継続して流れたとき，この配線用遮断器が自動的に動作しなければならない時間［分］の限度（最大の時間）は。

イ. 1　　**ロ.** 2　　**ハ.** 4　　**ニ.** 60

必要に応じ，スターデルタ始動を行う電動機は。

イ. 三相かご形誘導電動機
ロ. 三相巻線形誘導電動機
ハ. 直流分巻電動機
ニ. 単相誘導電動機

写真に示す材料の用途は。

イ. 合成樹脂製可とう電線管相互を接続するのに用いる。
ロ. 合成樹脂製可とう電線管と硬質ポリ塩化ビニル電線管（硬質塩化ビニル電線管）とを接続するのに用いる。
ハ. 硬質ポリ塩化ビニル電線管（硬質塩化ビニル電線管）相互を接続するのに用いる。
ニ. 鋼製電線管と合成樹脂製可とう電線管とを接続するのに用いる。

写真に示す器具の用途は。

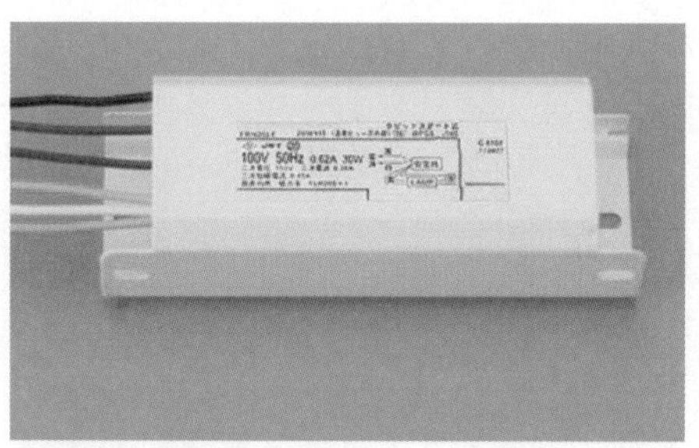

イ. 手元開閉器として用いる。
ロ. 電圧を変成するために用いる。
ハ. 力率を改善するために用いる。
ニ. 蛍光灯の放電を安定させるために用いる。

写真に示す工具の用途は。

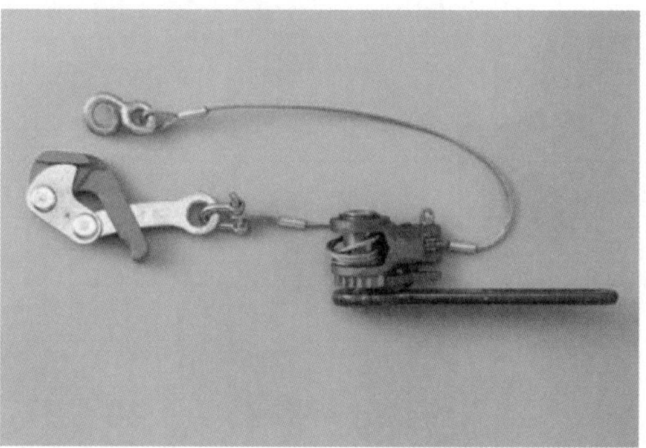

イ. 電線の支線として用いる。
ロ. 太い電線を曲げてくせをつけるのに用いる。
ハ. 施工時の電線管の回転等すべり止めに用いる。
ニ. 架空線のたるみを調整するのに用いる。

NO. 23 写真に示す材料の用途は。

イ. 硬質ポリ塩化ビニル電線管（硬質塩化ビニル電線管）相互を接続するのに用いる。
ロ. 金属管と硬質ポリ塩化ビニル電線管（硬質塩化ビニル電線管）とを接続するのに用いる。
ハ. 合成樹脂製可とう電線管相互を接続するのに用いる。
ニ. 合成樹脂製可とう電線管と CD 管とを接続するのに用いる。

NO. 24 写真に示す器具の用途は。

イ. キーソケット
ロ. 線付防水ソケット
ハ. プルソケット
ニ. ランプレセプタクル

写真に示す測定器の名称は。

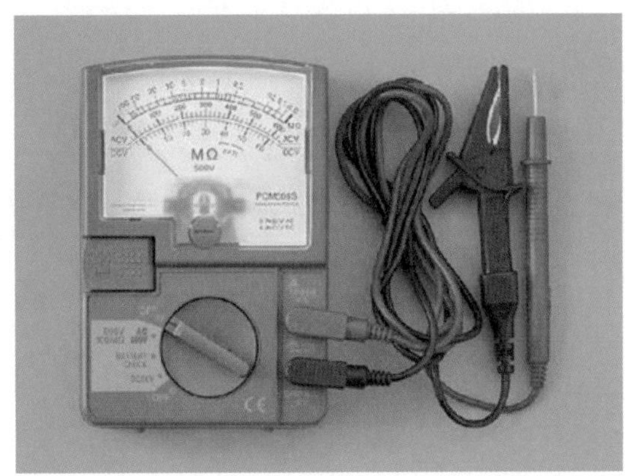

イ. 接地抵抗計
ロ. 漏れ電流計
ハ. 絶縁抵抗計
ニ. 検相器

写真に示す工具の用途は。

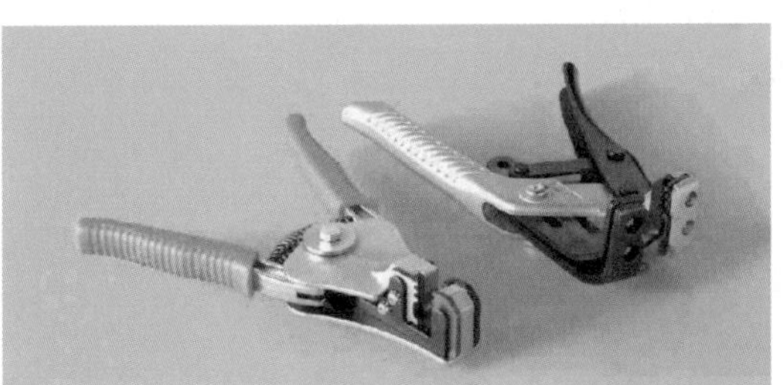

イ. VFF コード（ビニル平形コード）の絶縁被覆をはぎ取るのに用いる。
ロ. CV ケーブル (低圧用) の外装や絶縁被覆をはぎ取るのに用いる。
ハ. VVR ケーブルの外装や絶縁被覆をはぎ取るのに用いる。
ニ. VVF ケーブルの外装や絶縁被覆をはぎ取るのに用いる。

低圧三相誘導電動機に対して低圧進相コンデンサを並列に接続する目的は。

イ. 回路の力率を改善する。
ロ. 電動機の振動を防ぐ。
ハ. 電源の周波数の変動を防ぐ。
ニ. 回転速度の変動を防ぐ。

写真に示す工具の名称は。

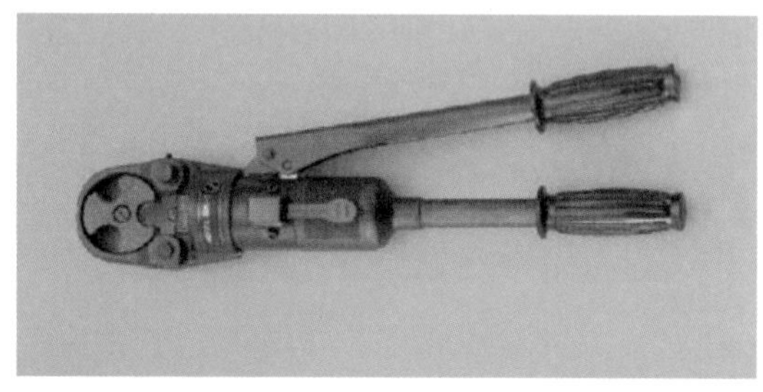

イ. 手動油圧式圧着器
ロ. 手動油圧式カッタ
ハ. ノックアウトパンチャ（油圧式）
ニ. 手動油圧式圧縮器

4節 電気工事の施工方法

NO. 1　単相3線式100/200Vの屋内配線工事で漏電遮断器を**省略できないものは**。

イ. 乾燥した場所の天井に取り付ける照明器具に電気を供給する電路
ロ. 小勢力回路の電路
ハ. 簡易接触防護措置を施してない場所に施設するライティングダクトの電路
ニ. 乾燥した場所に施設した，金属製外箱を有する使用電圧200Vの電動機に電気を供給する電路

NO. 2　D種接地工事の施工方法として，**不適切なものは**。

イ. 移動して使用する電気機械器具の金属製外箱の接地線として，多心キャブタイヤケーブルの断面積0.75 mm^2 の1心を使用した。
ロ. 低圧電路に地絡を生じた場合に0.5秒以内に自動的に電路を遮断する装置を設置し，接地抵抗値が300Ωであった。
ハ. 単相100Vの電動機を水気のある場所に設置し，定格感度電流30mA，動作時間0.1秒の電流動作型漏電遮断器を取り付けたので，接地工事を省略した。
ニ. ルームエアコンの接地線として，直径1.6mmの軟銅線を使用した。

NO. 3　D種接地工事を**省略できないものは**。
ただし，電路には定格感度電流15mA，動作時間が0.1秒以下の電流動作型の漏電遮断器が取り付けられているものとする。

イ. 乾燥した場所に施設する三相200V（対地電圧200V）動力配線の電線を収めた長さ3mの金属管。
ロ. 乾燥した木製の床の上で取り扱うように施設する三相200V（対地電圧200V）空気圧縮機の金属製外箱部分。
ハ. 水気のある場所のコンクリートの床に施設する三相200V（対地電圧200V）誘導電動機の鉄台。
ニ. 乾燥した場所に施設する単相3線式100/200V（対地電圧100V）配線の電線を収めた長さ7mの金属管。

機械器具の金属製外箱に施すD種接地工事に関する記述で，**不適切なものは**。

イ. 一次側 200 V，二次側 100 V，3 kV・A の絶縁変圧器（二次側非接地）の二次側電路に電動丸のこぎりを接続し，接地を施さないで使用した。
ロ. 三相 200 V 定格出力 0.75 kW 電動機外箱の接地線に直径 1.6 mm の IV 電線（軟銅線）を使用した。
ハ. 単相 100 V 移動式の電気ドリル（一重絶縁）の接地線として多心コードの断面積 0.75 mm^2 の 1 心を使用した。
ニ. 単相 100 V 定格出力 0.4 kW の電動機を水気のある場所に設置し，定格感度電流 15 mA，動作時間 0.1 秒の電流動作型漏電遮断器を取り付けたので，接地工事を省略した。

簡易接触防護措置を施した乾燥した場所に施設する低圧屋内配線工事で，D種接地工事を**省略できないものは**。

イ. 三相 3 線式 200 V の合成樹脂管工事に使用する金属製ボックス
ロ. 三相 3 線式 200 V の金属管工事で電線を収める管の全長が 5 m の金属管
ハ. 単相 100 V の電動機の鉄台
ニ. 単相 100 V の金属管工事で電線を収める管の全長が 5 m の金属管

低圧屋内配線の合成樹脂管工事で，合成樹脂管（合成樹脂製可とう電線管及び CD 管を除く）を造営材の面に沿って取り付ける場合，管の支持点間の距離の最大値［m］は。

イ. 1　**ロ.** 1.5　**ハ.** 2　**ニ.** 2.5

低圧屋内配線工事で，600V ビニル絶縁電線（軟銅線）をリングスリーブ用圧着工具とリングスリーブＥ形を用いて終端接続を行った。接続する電線に適合するリングスリーブの種類と圧着マーク（刻印）の組合せで，a～d のうちから**不適切なものを全て選んだ組合せとして，正しいものは**。

	接続する電線の太さ（直径）及び本数	リングスリーブの種類	圧着マーク（刻印）
a	1.6 mm　2 本	小	○
b	1.6 mm　2 本と 2.0 mm　1 本	中	中
c	1.6 mm　4 本	中	中
d	1.6 mm　1 本と 2.0 mm　2 本	中	中

イ. a，b　**ロ.** b，c　**ハ.** c，d　**ニ.** a，d

低圧屋内配線工事で，600V ビニル絶縁電線を合成樹脂管に収めて使用する場合，その電線の許容電流を求めるための電流減少係数に関して，同一管内の電線数と電線の電流減少係数との組合せで，**誤っているものは**。

ただし，周囲温度は 30℃以下とする。

イ. 2 本　0.80　**ロ.** 4 本　0.63　**ハ.** 5 本　0.56　**ニ.** 7 本　0.49

低圧屋内配線工事（臨時配線工事の場合を除く）で，600V ビニル絶縁ビニルシースケーブルを用いたケーブル工事の施工方法として，**適切なものは**。

イ. 接触防護措置を施した場所で，造営材の側面に沿って垂直に取り付け，その支持点間の距離を 8 m とした。
ロ. 金属製遮へい層のない電話用弱電流電線と共に同一の合成樹脂管に収めた。
ハ. 建物のコンクリート壁の中に直接埋設した。
ニ. 丸形ケーブルを，屈曲部の内側の半径をケーブル外径の 8 倍にして曲げた。

NO. 10

図に示す一般的な低圧屋内配線の工事で，スイッチボックス部分の回路は。

ただし，ⓐは電源からの非接地側電線（黒色），ⓑは電源からの接地側電線（白色）を示し，負荷には電源からの接地側電線が直接に結線されているものとする。

なお，パイロットランプは 100 V 用を使用する。

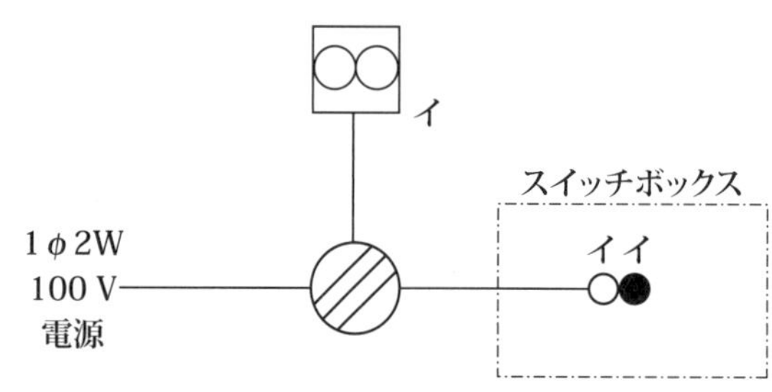

○は確認表示灯（パイロットランプ）を示す。

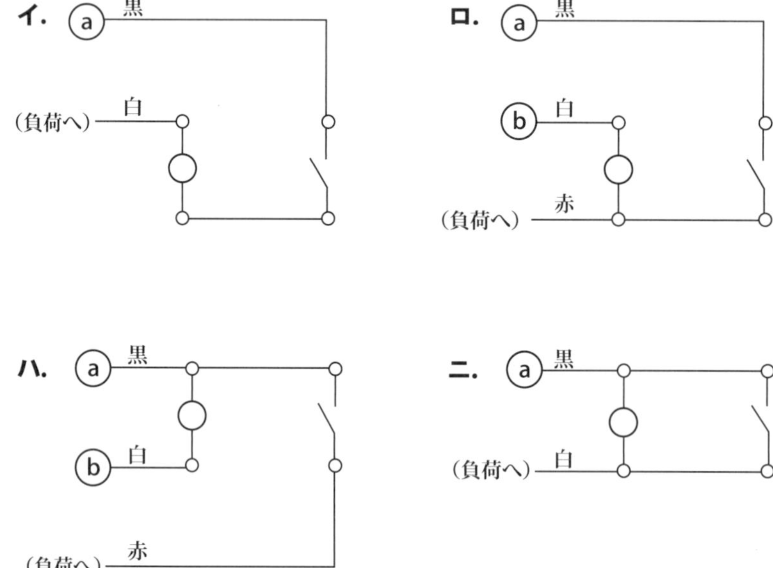

低圧屋内配線の金属可とう電線管（使用する電線管は 2 種金属製可とう電線管とする）工事で，**不適切なものは**。

イ. 管の内側の曲げ半径を管の内径の 6 倍以上とした。
ロ. 管内に 600V ビニル絶縁電線を収めた。
ハ. 管とボックスとの接続にストレートボックスコネクタを使用した。
ニ. 管と金属管（鋼製電線管）との接続に TS カップリングを使用した。

使用電圧 300 V 以下の低圧屋内配線の工事方法として，**不適切なものは**。

イ．金属可とう電線管工事で，より線（600V ビニル絶縁電線）を用いて，管内に接続部分を設けないで収めた。
ロ．ライティングダクト工事で，ダクトの開口部を下に向けて施設した。
ハ．合成樹脂管工事で，施設する低圧配線と水管が接触していた。
ニ．金属ダクト工事で，電線を分岐する場合，接続部分に十分な絶縁被覆を施し，かつ，接続部分を容易に点検できるようにしてダクトに収めた。

金属管工事による低圧屋内配線の施工方法として，**不適切なものは**。

イ．太さ 25 mm の薄鋼電線管に断面積 8 mm^2 の 600V ビニル絶縁電線 3 本を引き入れた。
ロ．太さ 25 mm の薄鋼電線管相互の接続にコンビネーションカップリングを使用した。
ハ．薄鋼電線管とアウトレットボックスとの接続部にロックナットを使用した。
ニ．ボックス間の配管でノーマルベンドを使った屈曲箇所を 2 箇所設けた。

単相 100 V の屋内配線工事における絶縁電線相互の接続で，次のような箇所があった。a ～ d のうちから**適切なものを全て選んだ組合せとして，正しいものは**。

a：電線の絶縁物と同等以上の絶縁効力のあるもので十分に被覆した。
b：電線の引張強さが 10 % 減少した。
c：電線の電気抵抗が 5 % 増加した。
d：電線の電気抵抗を増加させなかった。

イ．a のみ　ロ．b 及び c　ハ．b 及び d　ニ．a, b 及び d

ケーブル工事による低圧屋内配線で，ケーブルと弱電流電線の接近又は交差する箇所がa～dの4箇所あった。a～dのうちから**適切なものを全て選んだ組合せとして，正しいものは**。

a：弱電流電線と交差する箇所で接触していた。

b：弱電流電線と重なり合って接触している長さが3mあった。

c：弱電流電線と接触しないように離隔距離を10cm離して施設していた。

d：弱電流電線と接触しないように堅ろうな隔壁を設けて施設していた。

イ. dのみ　**ロ.** c，d　**ハ.** b，c，d　**ニ.** a，b，c，d

低圧屋内配線の工事方法として，**不適切なものは**。

イ. 金属可とう電線管工事で，より線（絶縁電線）を用いて，管内に接続部分を設けないで収めた。

ロ. ライティングダクト工事で，ダクトの開口部を下に向けて施設した。

ハ. 金属線ぴ工事で，長さ3mの2種金属製線ぴ内で電線を分岐し，D種接地工事を省略した。

ニ. 金属ダクト工事で，電線を分岐する場合，接続部分に十分な絶縁被覆を施し，かつ，接続部分を容易に点検できるようにしてダクトに収めた。

使用電圧200Vの三相電動機回路の施工方法で，**不適切なものは**。

イ. 湿気の多い場所に1種金属製可とう電線管を用いた金属可とう電線管工事を行った。

ロ. 造営材に沿って取り付けた600Vビニル絶縁ビニルシースケーブルの支持点間の距離を2m以下とした。

ハ. 金属管工事に600Vビニル絶縁電線を使用した。

ニ. 乾燥した場所の金属管工事で，管の長さが3mなので金属管のD種接地工事を省略した。

三相誘導電動機回路の力率を改善するために，低圧進相コンデンサを接続する場合，その接続場所及び接続方法として，**最も適切なものは**。

イ． 手元開閉器の負荷側に電動機と並列に接続する。
ロ． 主開閉器の電源側に各台数分をまとめて電動機と並列に接続する。
ハ． 手元開閉器の負荷側に電動機と直列に接続する。
ニ． 手元開閉器の電源側に電動機と並列に接続する。

NO. 19

次表は単相 100 V 屋内配線の施設場所と工事の種類との施工の可否を示す表である。表中の a ～ f のうち，**「施設できない」ものを全て選んだ組合せとして，正しいものは**。

施設場所の区分	工事の種類		
	合成樹脂管工事（CD 管を除く）	ケーブル工事	ライティングダクト工事
展開した場所で湿気の多い場所	a	c	e
点検できる隠ぺい場所で乾燥した場所	b	d	f

イ． a, f　　**ロ．** e のみ　　**ハ．** b のみ　　**ニ．** e, f

使用電圧 100 V の屋内配線の施設場所による工事の種類として，**適切なものは**。

イ． 点検できない隠ぺい場所であって，乾燥した場所の金属線ぴ工事
ロ． 点検できない隠ぺい場所であって，湿気の多い場所の平形保護層工事
ハ． 展開した場所であって，湿気の多い場所のライティングダクト工事
ニ． 展開した場所であって，乾燥した場所の金属ダクト工事

使用電圧 100 V の屋内配線で，湿気の多い場所における工事の種類として，**不適切なものは**。

イ. 展開した場所で，ケーブル工事
ロ. 展開した場所で，金属線ぴ工事
ハ. 点検できない隠ぺい場所で，防湿装置を施した金属管工事
ニ. 点検できない隠ぺい場所で，防湿装置を施した合成樹脂管工事（CD 管を除く）

NO. 22

金属管工事で金属管とアウトレットボックスとを電気的に接続する方法として，**施工上，最も適切なものは**。

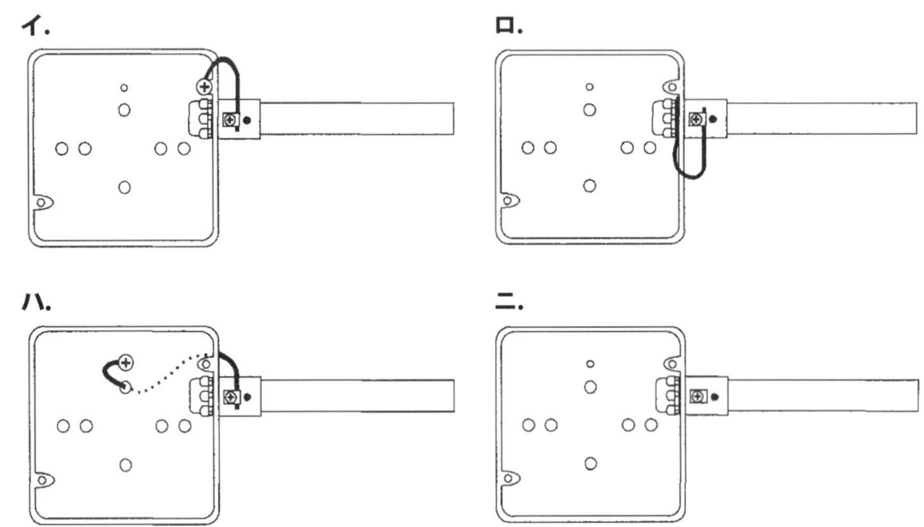

NO. 23

店舗付き住宅に三相 200 V，定格消費電力 2.8 kW のルームエアコンを施設する屋内配線工事の方法として，**不適切なものは**。

イ. 屋内配線には，簡易接触防護措置を施す。
ロ. 電路には，漏電遮断器を施設する。
ハ. 電路には，他負荷の電路と共用の配線用遮断器を施設する。
ニ. ルームエアコンは，屋内配線と直接接続して施設する。

住宅の屋内に三相 200 V のルームエアコンを施設した。工事方法として，**適切なものは**。

ただし，三相電源の対地電圧は 200 V で，ルームエアコン及び配線は簡易接触防護措置を施すものとする。

イ. 定格消費電力が 1.5 kW のルームエアコンに供給する電路に，専用の配線用遮断器を取り付け，合成樹脂管工事で配線し，コンセントを使用してルームエアコンと接続した。
ロ. 定格消費電力が 1.5 kW のルームエアコンに供給する電路に，専用の漏電遮断器を取り付け，合成樹脂管工事で配線し，ルームエアコンと直接接続した。
ハ. 定格消費電力が 2.5 kW のルームエアコンに供給する電路に，専用の配線用遮断器と漏電遮断器を取り付け，ケーブル工事で配線し，ルームエアコンと直接接続した。
ニ. 定格消費電力が 2.5 kW のルームエアコンに供給する電路に，専用の配線用遮断器を取り付け，金属管工事で配線し，コンセントを使用してルームエアコンと接続した。

NO. 25

電磁的不平衡を生じないように，電線を金属管に挿入する方法として，**適切なものは**。

イ.
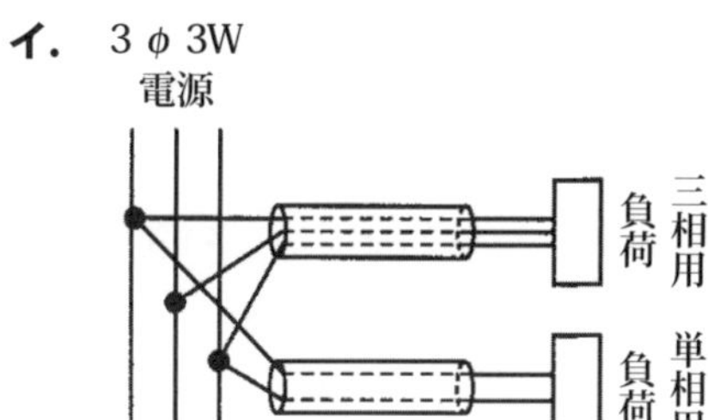

ロ.
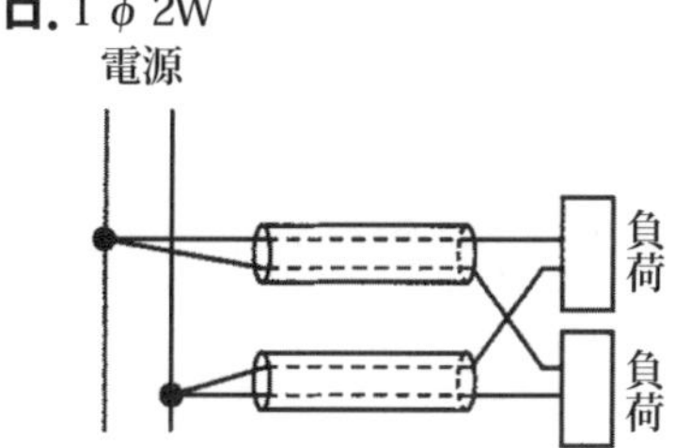

ハ.
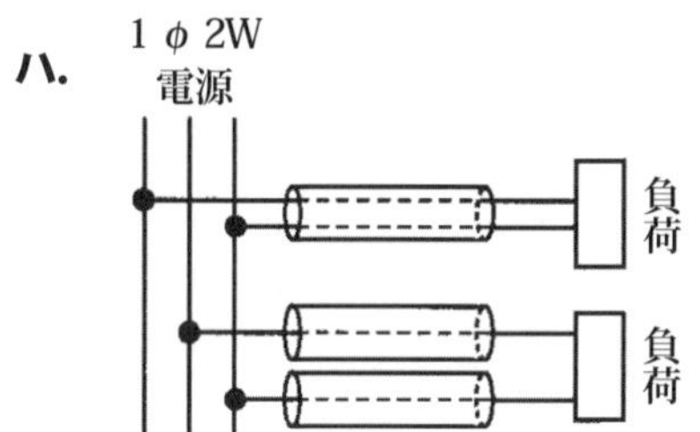

ニ.
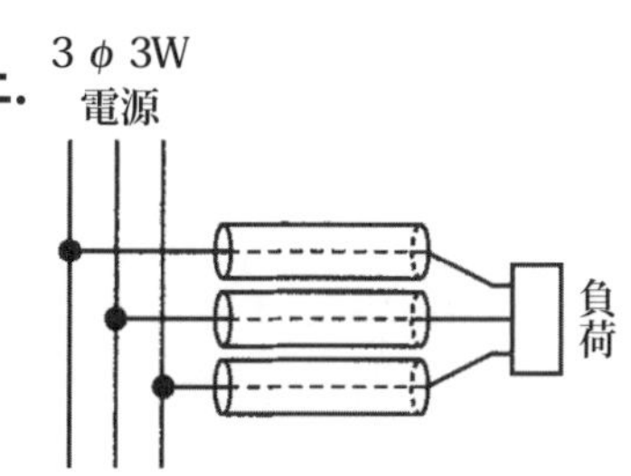

図に示す雨線外に施設する金属管工事の末端Ⓐ又はⒷ部分に使用するものとして，**不適切なものは**。

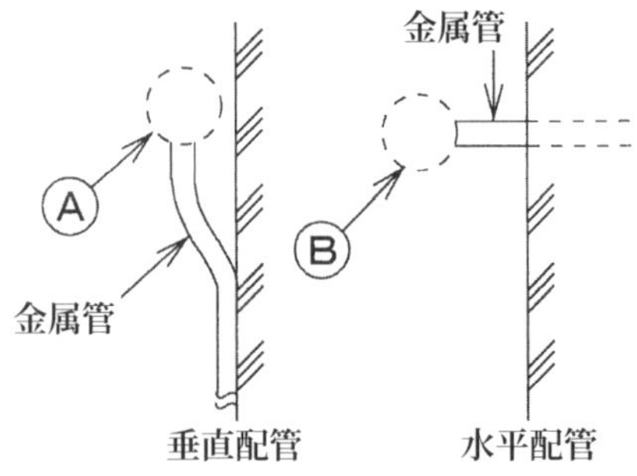

イ. Ⓐ部分にエントランスキャップを使用した。　**ロ.** Ⓑ部分にターミナルキャップを使用した。
ハ. Ⓑ部分にエントランスキャップを使用した。　**ニ.** Ⓐ部分にターミナルキャップを使用した。

NO. 27

木造住宅の金属板張り（金属系サイディング）の壁を貫通する部分の低圧屋内配線工事として，**適切なものは**。

ただし，金属管工事，金属可とう電線管工事に使用する電線は，600V ビニル絶縁電線とする。

イ. ケーブル工事とし，壁の金属板張りを十分に切り開き，600V ビニル絶縁ビニルシースケーブルを合成樹脂管に収めて電気的に絶縁し，貫通施工した。
ロ. 金属管工事とし，壁に小径の穴を開け，金属板張りと金属管とを接触させ金属管を貫通施工した。
ハ. 金属可とう電線管工事とし，壁の金属板張りを十分に切り開き，金属製可とう電線管を壁と電気的に接続し，貫通施工した。
ニ. 金属管工事とし，壁の金属板張りと電気的に完全に接続された金属管に D 種接地工事を施し，貫通施工した。

木造住宅の単相 3 線式 100/200 V 屋内配線工事で，**不適切な工事方法は**。
ただし，使用する電線は 600V ビニル絶縁電線，直径 1.6 mm（軟銅線）とする。

イ. 同じ径の硬質塩化ビニル電線管（VE）2 本を TS カップリングで接続した。
ロ. 合成樹脂製可とう電線管（CD 管）を木造の床下や壁の内部及び天井裏に配管した。
ハ. 金属管を点検できない隠ぺい場所で使用した。
ニ. 合成樹脂製可とう電線管（PF 管）内に通線し，支持点間の距離を 1.0 m で造営材に固定した。

5節 電気工作物の検査方法

NO. 1　低圧電路で使用する測定器とその用途の組合せとして，**正しいものは。**

イ. 電力計　と　消費電力量の測定
ロ. 検電器　と　電路の充電の有無の確認
ハ. 回転計　と　三相回路の相順（相回転）の確認
ニ. 回路計（テスタ）　と　絶縁抵抗の測定

NO. 2　絶縁抵抗計（電池内蔵）に関する記述として，**誤っているものは。**

イ. 絶縁抵抗計には，ディジタル形と指針形（アナログ形）がある。
ロ. 絶縁抵抗測定の前には，絶縁抵抗計の電池容量が正常であることを確認する。
ハ. 絶縁抵抗計の定格測定電圧（出力電圧）は，交流電圧である。
ニ. 電子機器が接続された回路の絶縁測定を行う場合は，機器等を損傷させない適正な定格測定電圧を選定する。

NO. 3　アナログ計器とディジタル計器の特徴に関する記述として，**誤っているものは。**

イ. アナログ計器は永久磁石可動コイル形計器のように，電磁力等で指針を動かし，振れ角でスケールから値を読み取る。
ロ. ディジタル計器は測定入力端子に加えられた交流電圧等のアナログ波形を入力変換回路で直流電圧に変換し，次にA-D変換回路に送り，直流電圧の大きさに応じたディジタル量に変換し，測定値が表示される。
ハ. 電圧測定では，アナログ計器は入力抵抗が高いので被測定回路に影響を与えにくいが，ディジタル計器は入力抵抗が低いので被測定回路に影響を与えやすい。
ニ. アナログ計器は変化の度合いを読み取りやすく，測定量を直感的に判断できる利点を持つが，読み取り誤差を生じやすい。

低圧回路を試験する場合の試験項目と測定器に関する記述として，**誤っているものは**。

イ． 導通試験に回路計（テスタ）を使用する。
ロ． 絶縁抵抗測定に絶縁抵抗計を使用する。
ハ． 負荷電流の測定にクランプ形電流計を使用する。
ニ． 電動機の回転速度の測定に検相器を使用する。

分岐開閉器を開放して負荷を電源から完全に分離し，その負荷側の低圧屋内電路と大地間の絶縁抵抗を一括測定する方法として，**適切なものは**。

イ． 負荷側の点滅器を全て「切」にして，常時配線に接続されている負荷は，使用状態にしたままで測定する。
ロ． 負荷側の点滅器を全て「入」にして，常時配線に接続されている負荷は，使用状態にしたままで測定する。
ハ． 負荷側の点滅器を全て「切」にして，常時配線に接続されている負荷は，全て取り外して測定する。
ニ． 負荷側の点滅器を全て「入」にして，常時配線に接続されている負荷は，全て取り外して測定する。

接地抵抗計（電池式）に関する記述として，**正しいものは**。

イ． 接地抵抗計はアナログ形のみである。
ロ． 接地抵抗計の出力端子における電圧は，直流電圧である。
ハ． 接地抵抗測定の前には，P 補助極（電圧極），被測定接地極（E 極），C 補助極（電流極）の順に約 10 m 間隔で直線上に配置する。
ニ． 接地抵抗測定の前には，接地極の地電圧が許容値以下であることを確認する。

NO. 7　直読式接地抵抗計（アーステスタ）を使用して直読で接地抵抗を測定する場合，補助接地極（2 箇所）の配置として，**適切なものは**。

イ． 被測定接地極を端とし，一直線上に2箇所の補助接地極を順次10 m程度離して配置する。
ロ． 被測定接地極を中央にして，左右一直線上に補助接地極を 5 m 程度離して配置する。
ハ． 被測定接地極を端とし，一直線上に 2 箇所の補助接地極を順次 1 m 程度離して配置する。
ニ． 被測定接地極と 2 箇所の補助接地極を相互に 5 m 程度離して正三角形に配置する。

NO. 8　アナログ式回路計（電池内蔵）の回路抵抗測定に関する記述として，**誤っているものは**。

イ． 回路計の電池容量が正常であることを確認する。
ロ． 抵抗測定レンジに切り換える。被測定物の概略値が想定される場合は，測定レンジの倍率を適正なものにする。
ハ． 赤と黒の測定端子（テストリード）を開放し，指針が 0 Ωになるよう調整する。
ニ． 被測定物に，赤と黒の測定端子（テストリード）を接続し，その時の指示値を読む。なお，測定レンジに倍率表示がある場合は，読んだ指示値に倍率を乗じて測定値とする。

NO. 9　単相交流電源から負荷に至る回路において，電圧計，電流計，電力計の結線方法として，**正しいものは**。

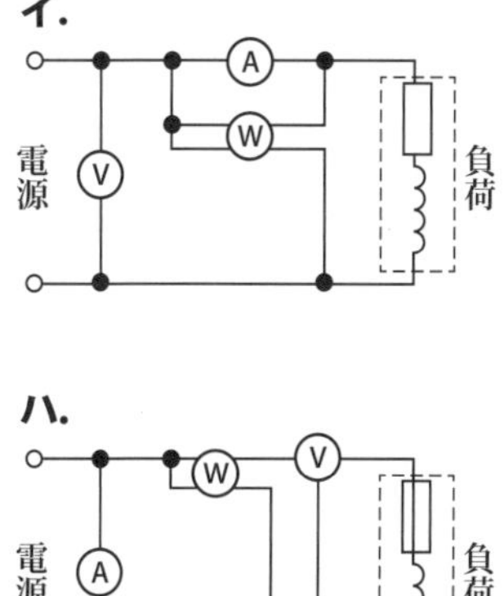

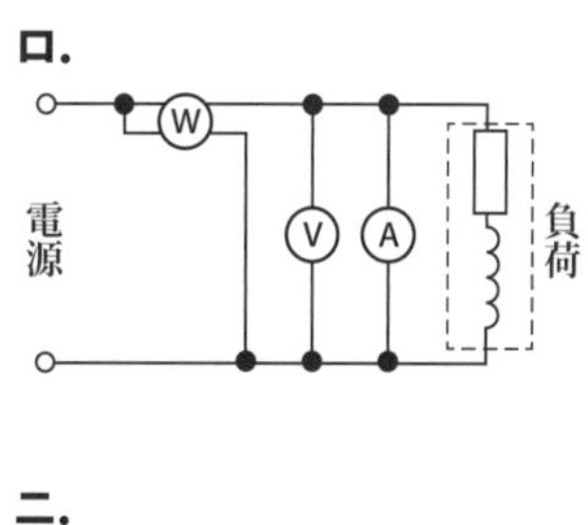

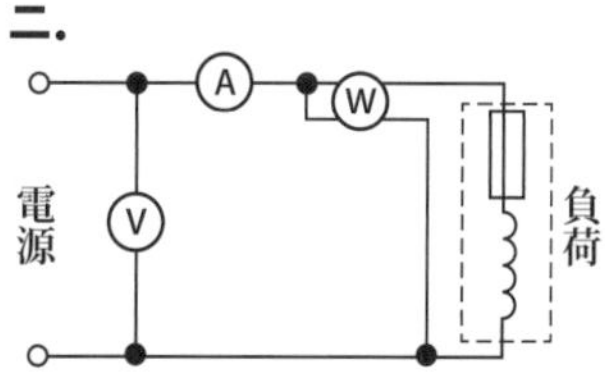

回路計（テスタ）に関する記述として，**正しいものは**。

イ．アナログ式で交流又は直流電圧を測定する場合は，あらかじめ想定される値の直近上位のレンジを選定して使用する。
ロ．抵抗を測定する場合の回路計の端子における出力電圧は，交流電圧である。
ハ．ディジタル式は電池を内蔵しているが，アナログ式は電池を必要としない。
ニ．電路と大地間の抵抗測定を行った。その測定値は電路の絶縁抵抗値として使用して良い。

一般に使用される回路計（テスタ）によって**測定できないものは**。

イ．直流電圧　　ロ．交流電圧　　ハ．回路抵抗　　ニ．漏れ電流

導通試験の目的として，**誤っているものは**。

イ．電路の充電の有無を確認する。
ロ．器具への結線の未接続を発見する。
ハ．電線の断線を発見する。
ニ．回路の接続の正誤を判別する。

直動式指示電気計器の目盛板に図のような記号がある。記号の意味及び測定できる回路で，**正しいものは**。

イ． 永久磁石可動コイル形で目盛板を水平に置いて，直流回路で使用する。
ロ． 永久磁石可動コイル形で目盛板を水平に置いて，交流回路で使用する。
ハ． 可動鉄片形で目盛板を鉛直に立てて，直流回路で使用する。
ニ． 可動鉄片形で目盛板を水平に置いて，交流回路で使用する。

電気計器の目盛板に図のような記号があった。記号の意味として**正しいものは**。

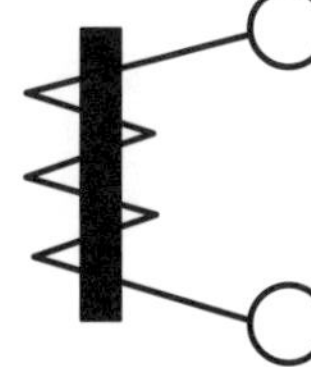

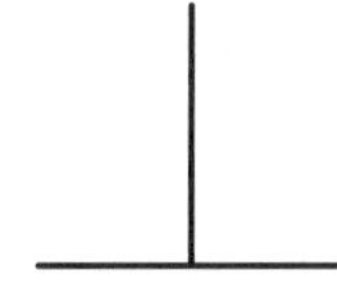

イ． 可動コイル形で目盛板を水平に置いて使用する。
ロ． 可動コイル形で目盛板を鉛直に立てて使用する。
ハ． 誘導形で目盛板を水平に置いて使用する。
ニ． 可動鉄片形で目盛板を鉛直に立てて使用する。

計器の目盛板に図のような表示記号があった。この計器の動作原理を示す種類と測定できる回路で，**正しいものは**。

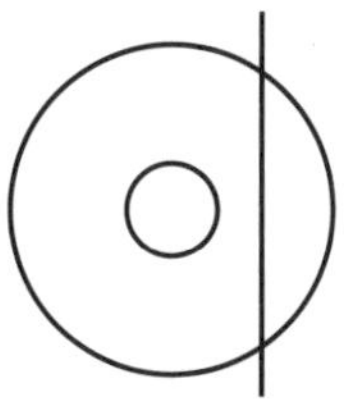

イ． 誘導形で交流回路に用いる。
ロ． 流力計形で交流回路に用いる。
ハ． 整流形で直流回路に用いる。
ニ． 熱電形で直流回路に用いる。

屋内配線の検査を行う場合，器具の使用方法で，**不適切なものは**。

イ． 検電器で充電の有無を確認する。
ロ． 接地抵抗計（アーステスタ）で接地抵抗を測定する。
ハ． 回路計（テスタ）で電力量を測定する。
ニ． 絶縁抵抗計（メガー）で絶縁抵抗を測定する。

図のような単相3線式回路で，開閉器を閉じて機器Aの両端の電圧を測定したところ150Vを示した。この原因として，**考えられるものは**。

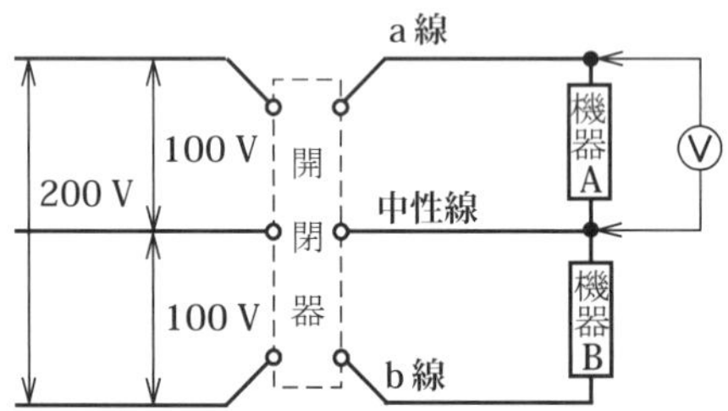

イ． 機器Aの内部で断線している。
ロ． a線が断線している。
ハ． b線が断線している。
ニ． 中性線が断線している。

NO. 18

工場の400V三相誘導電動機への配線の絶縁抵抗値［MΩ］及びこの電動機の鉄台の接地抵抗値［Ω］を測定した。電気設備技術基準等に適合する測定値の組合せとして，**適切なものは**。

ただし，400V電路に施設された漏電遮断器の動作時間は0.1秒とする。

イ．	**ロ．**	**ハ．**	**ニ．**
4.0 MΩ	0.2 MΩ	0.4 MΩ	0.6 MΩ
600 Ω	10 Ω	600 Ω	50 Ω

工場の200 V三相誘導電動機（対地電圧200 V）への配線の絶縁抵抗値［MΩ］及びこの電動機の鉄台の接地抵抗値［Ω］を測定した。電気設備技術基準等に適合する測定値の組合せとして，**適切なものは**。

ただし，200 V電路に施設された漏電遮断器の動作時間は0.1秒とする。

イ.	**ロ.**	**ハ.**	**ニ.**
0.2 MΩ 300 Ω	0.4 MΩ 600 Ω	0.1 MΩ 200 Ω	0.1 MΩ 50 Ω

NO. 20

低圧屋内電路に接続されている単相負荷の力率を求める場合，必要な測定器の組合せとして，**正しいものは**。

イ. 周波数計　電圧計　電力計
ロ. 周波数計　電圧計　電流計
ハ. 電圧計　電流計　電力計
ニ. 周波数計　電流計　電力計

NO. 21

一般用電気工作物の低圧屋内配線工事が完了したときの検査で，一般に**行われていないものは**。

イ. 絶縁耐力試験
ロ. 絶縁抵抗の測定
ハ. 接地抵抗の測定
ニ. 目視点検

NO. 22

三相誘導電動機の回転方向を確認するため，三相交流の相順（相回転）を調べるものは。

イ. 回転計　**ロ.** 検相器　**ハ.** 検流計　**ニ.** 回路計

低圧屋内配線の絶縁抵抗測定を行いたいが，その電路を停電して測定することが困難なため，漏えい電流により絶縁性能を確認した。「電気設備の技術基準の解釈」に定める絶縁性能を有していると判断できる漏えい電流の最大値［mA］は。

イ. 0.1　**ロ.** 0.2　**ハ.** 0.4　**ニ.** 1.0

低圧検電器に関する記述として，**誤っているものは**。

イ. 低圧交流電路の充電の有無を確認する場合，いずれかの一相が充電されていないことを確認できた場合は，他の相についての充電の有無を確認する必要がない。
ロ. 電池を内蔵する検電器を使用する場合は，チェック機構（テストボタン）によって機能が正常に働くことを確認する。
ハ. 低圧交流電路の充電の有無を確認する場合，検電器本体からの音響や発光により充電の確認ができる。
ニ. 検電の方法は，感電しないように注意して，検電器の握り部を持ち検知部（先端部）を被検電部に接触させて充電の有無を確認する。

変流器（CT）の用途として，**正しいものは**。

イ. 交流を直流に変換する。
ロ. 交流の周波数を変える。
ハ. 交流電圧計の測定範囲を拡大する。
ニ. 交流電流計の測定範囲を拡大する。

低圧屋内配線の電路と大地間の絶縁抵抗を測定した。「電気設備に関する技術基準を定める省令」に**適合していないものは**。

イ. 三相3線式の使用電圧200 V（対地電圧200 V）電動機回路の絶縁抵抗を測定したところ0.18 MΩであった。

ロ. 単相3線式100/200 Vの使用電圧200 V空調回路の絶縁抵抗を測定したところ0.16 MΩであった。

ハ. 単相2線式の使用電圧100 V屋外庭園灯回路の絶縁抵抗を測定したところ0.12 MΩであった。

ニ. 単相2線式の使用電圧100 V屋内配線の絶縁抵抗を，分電盤で各回路を一括して測定したところ，1.5 MΩであったので個別分岐回路の測定を省略した。

測定器の用途に関する記述として，**誤っているものは**。

イ. クランプ形電流計で負荷電流を測定する。

ロ. 回路計で導通試験を行う。

ハ. 回転計で電動機の回転速度を測定する。

ニ. 検電器で三相交流の相順（相回転）を調べる。

NO. 28

単相3線式100/200 Vの屋内配線において，開閉器又は過電流遮断器で区切ることができる電路ごとの絶縁抵抗の最小値として，「電気設備に関する技術基準を定める省令」に規定されている値［MΩ］の組合せで，**正しいものは**。

イ. 電路と大地間　0.1
　　電線相互間　0.1

ロ. 電路と大地間　0.1
　　電線相互間　0.2

ハ. 電路と大地間　0.2
　　電線相互間　0.2

ニ. 電路と大地間　0.2
　　電線相互間　0.4

セレクト問題

6節 保安に関する法令

「電気工事士法」において，一般用電気工作物の工事又は作業で電気工事士でなければ**従事できないものは**。

イ. 差込み接続器にコードを接続する工事
ロ. 配電盤を造営材に取り付ける作業
ハ. 地中電線用の暗きょを設置する工事
ニ. 火災感知器に使用する小型変圧器（二次電圧が 36 V 以下）二次側の配線工事

電気の保安に関する法令についての記述として，**誤っているものは**。

イ. 「電気工事士法」は，電気工事の作業に従事する者の資格及び義務を定めた法律である。
ロ. 一般用電気工作物の定義は，「電気設備に関する技術基準を定める省令」において定めている。
ハ. 「電気用品安全法」は，電気用品の製造，販売等を規制すること等により，電気用品による危険及び障害の発生を防止することを目的とした法律である。
ニ. 「電気用品安全法」では，電気工事士は，同法に基づく表示のない電気用品を電気工事に使用してはならないと定めている。

電気工事士法に**違反しているものは**。

イ. 電気工事士試験に合格したが，電気工事の作業に従事しないので都道府県知事に免状の交付申請をしなかった。
ロ. 電気工事士が電気工事士免状を紛失しないよう，これを営業所に保管したまま電気工事の作業に従事した。
ハ. 電気工事士が住所を変更したが，30 日以内に都道府県知事にこれを届け出なかった。
ニ. 電気工事士が経済産業大臣に届け出をしないで，複数の都道府県で電気の作業に従事した。

「電気工事士法」の主な目的は。

- **イ.** 電気工事に従事する主任電気工事士の資格を定める。
- **ロ.** 電気工作物の保安調査の義務を明らかにする。
- **ハ.** 電気工事士の身分を明らかにする。
- **ニ.** 電気工事の欠陥による災害発生の防止に寄与する。

電気工事士の義務又は制限に関する記述として，**誤っているものは**。

- **イ.** 電気工事士は，都道府県知事から電気工事の業務に関して報告するよう求められた場合には，報告しなければならない。
- **ロ.** 電気工事士は，「電気工事士法」で定められた電気工事の作業に従事するときは，電気工事士免状を事務所に保管していなければならない。
- **ハ.** 電気工事士は，「電気工事士法」で定められた電気工事の作業に従事するときは，「電気設備に関する技術基準を定める省令」に適合するよう作業を行わなければならない。
- **ニ.** 電気工事士は，氏名を変更したときは，免状を交付した都道府県知事に申請して免状の書換えをしてもらわなければならない。

電気工事士の義務又は制限に関する記述として，**誤っているものは**。

- **イ.** 電気工事士は，電気工事士法で定められた電気工事の作業に従事するときは，電気工事士免状を携帯していなければならない。
- **ロ.** 電気工事士は，氏名を変更したときは，免状を交付した都道府県知事に申請して免状の書換えをしてもらわなければならない。
- **ハ.** 第二種電気工事士のみの免状で，需要設備の最大電力が 500 kW 未満の自家用電気工作物の低圧部分の電気工事の全ての作業に従事することができる。
- **ニ.** 電気工事士は，電気工事士法で定められた電気工事の作業を行うときは，「電気設備に関する技術基準を定める省令」に適合するよう作業を行わなければならない。

NO. 7　電気工事士の義務又は制限に関する記述として，**誤っているものは**。

イ. 電気工事士は，都道府県知事から電気工事の業務に関して報告するよう求められた場合には，報告しなければならない。

ロ. 電気工事士は，電気工事士法で定められた電気工事の作業に従事するときは，電気工事士免状を携帯しなければならない。

ハ. 電気工事士は，電気工事士法で定められた電気工事の作業に従事するときは，「電気設備に関する技術基準を定める省令」に適合するよう作業を行わなければならない。

ニ. 電気工事士は，住所を変更したときは，免状を交付した都道府県知事に申請して免状の書換えをしてもらわなければならない。

NO. 8　電気工事士法において，第二種電気工事士免状の交付を受けている者であってもできない工事は。

イ. 一般用電気工作物のネオン工事

ロ. 一般用電気工作物の接地工事

ハ. 自家用電気工作物（500 kW 未満の需要設備）の地中電線用の管の設置工事

ニ. 自家用電気工作物（500 kW 未満の需要設備）の非常用予備発電装置の工事

NO. 9　「電気用品安全法」の適用を受ける電気用品に関する記述として，**誤っているものは**。

イ. 電気工事士は，「電気用品安全法」に定められた所定の表示が付されているものでなければ，電気用品を電気工作物の設置又は変更の工事に使用してはならない。

ロ. <PS>E の記号は，電気用品のうち特定電気用品を示す。

ハ. （PS）E の記号は，輸入した特定電気用品を示す。

ニ. (PS)E の記号は，電気用品のうち特定電気用品以外の電気用品を示す。

No. 10

電気用品安全法において，特定電気用品の適用を受けるものは。

- **イ.** 消費電力 40 W の蛍光ランプ
- **ロ.** 外径 19 mm の金属製電線管
- **ハ.** 消費電力 30 W の換気扇
- **ニ.** 定格電流 20 A の配線用遮断器

No. 11

「電気用品安全法」について述べた記述で，**正しいものは**。

- **イ.** 電気工事士は，適法な表示が付されているものでなければ，電気用品を電気工作物の設置等の工事に使用してはならない（経済産業大臣の承認を受けた特定の用途に使用される電気用品を除く）。
- **ロ.** 特定電気用品には〈PS/E〉又は（PS）E の表示が付されている。
- **ハ.** 定格使用電圧 100 V の漏電遮断器は特定電気用品以外の電気用品である。
- **ニ.** 電気工作物の部分となり，又はこれに接続して用いられる機械，器具又は材料は全て電気用品である。

NO. 12

「電気用品安全法」の適用を受ける次の電気用品のうち，特定電気用品は。

- **イ.** 定格電流 20 A の配線用遮断器
- **ロ.** 消費電力 30 W の換気扇
- **ハ.** 外径 19 mm の金属製電線管
- **ニ.** 消費電力 1 kW の電気ストーブ

No. 13

「電気用品安全法」において，特定電気用品の適用を受けるものは。

- **イ.** 外径 25 mm の金属製電線管
- **ロ.** 定格電流 60 A の配線用遮断器
- **ハ.** ケーブル配線用スイッチボックス
- **ニ.** 公称断面積 150 mm^2 の合成樹脂絶縁電線

低圧の屋内電路に使用する次のもののうち，特定電気用品の組合せとして，**正しいものは**。

A：定格電圧 100 V，定格電流 20 A の漏電遮断器
B：定格電圧 100 V，定格消費電力 25 W の換気扇
C：定格電圧 600 V，導体の太さ（直径）2.0 mm の 3 心ビニル絶縁ビニルシースケーブル
D：内径 16 mm の合成樹脂製可とう電線管（PF 管）

イ. A及びB　**ロ.** A及びC　**ハ.** B及びD　**ニ.** C及びD

電気用品安全法における特定電気用品に関する記述として，**誤っているものは**。

イ. 電気用品の製造の事業を行う者は，一定の要件を満たせば製造した特定電気用品に◇PSEの表示を付すことができる。
ロ. 電線，ヒューズ，配線器具等の部品材料であって構造上表示スペースを確保することが困難な特定電気用品にあっては，特定電気用品に表示する記号に代えて< PS > E とすることができる。
ハ. 電気用品の輸入の事業を行う者は，一定の要件を満たせば輸入した特定電気用品に○PSEの表示を付すことができる。
ニ. 電気用品の販売の事業を行う者は，経済産業大臣の承認を受けた場合等を除き，法令に定める表示のない特定電気用品を販売してはならない。

電気用品安全法により，電気工事に使用する特定電気用品に付すことが**要求されていない**表示事項は。

イ. ◇PSE又は< PS > E の記号　**ロ.** 届出事業者名
ハ. 登録検査機関名　**ニ.** 製造年月

NO. 17　電気用品安全法における電気用品に関する記述として，**誤っているものは**。

イ． 電気用品の製造又は輸入の事業を行う者は，電気用品安全法に規定する義務を履行したときに，経済産業省令で定める方式による表示を付すことができる。

ロ． 特定電気用品には(PS/E)又は（PS）Eの表示が付されている。

ハ． 電気用品の販売の事業を行う者は，経済産業大臣の承認を受けた場合等を除き，法令に定める表示のない電気用品を販売してはならない。

ニ． 電気工事士は，電気用品安全法に規定する表示の付されていない電気用品を電気工作物の設置又は変更の工事に使用してはならない。

NO. 18　電気用品安全法における電気用品に関する記述として，**誤っているものは**。

イ． 電気用品の製造又は輸入の事業を行う者は，電気用品安全法に規定する義務を履行したときに，経済産業省令で定める方式による表示を付すことができる。

ロ． 電気用品の製造，輸入又は販売の事業を行う者は，法令に定める表示のない電気用品を販売し，又は販売の目的で陳列してはならない。

ハ． 電気用品を輸入して販売する事業を行う者は，輸入した電気用品に，JIS マークの表示をしなければならない。

ニ． 電気工事士は，電気用品安全法に規定する表示の付されていない電気用品を電気工作物の設置又は変更の工事に使用してはならない。

NO. 19　「電気用品安全法」の適用を受ける次の配線器具のうち，特定電気用品の組合せとして，**正しいものは**。

　ただし，定格電圧，定格電流，極数等から全てが「電気用品安全法」に定める電気用品であるとする。

イ． タンブラースイッチ，カバー付ナイフスイッチ

ロ． 電磁開閉器，フロートスイッチ

ハ． タイムスイッチ，配線用遮断器

ニ． ライティングダクト，差込み接続器

小規模事業用電気工作物の適用を受けるものは。
ただし，発電設備は電圧 600 V 以下で，1 構内に設置するものとする。※

イ. 低圧受電で，受電電力 30 kW，出力 40 kW の太陽電池発電設備と電気的に接続した出力 15 kW の風力発電設備を備えた農園
ロ. 低圧受電で，受電電力 30 kW，出力 20 kW の非常用内燃力発電設備を備えた映画館
ハ. 低圧受電で，受電電力 30 kW，出力 30 kW の太陽電池発電設備を備えた幼稚園
ニ. 高圧受電で，受電電力 50 kW の機械工場

小規模事業用電気工作物の適用を受けるものは。
ただし，発電設備は電圧 600 V 以下で，同一構内に設置するものとする。※

イ. 低圧受電で，受電電力の容量が 40 kW，出力 15 kW の非常用内燃力発電設備を備えた映画館
ロ. 高圧受電で，受電電力の容量が 55 kW の機械工場
ハ. 低圧受電で，受電電力の容量が 40 kW，出力 15 kW の太陽電池発電設備を備えた幼稚園
ニ. 高圧受電で，受電電力の容量が 55 kW のコンビニエンスストア

一般用電気工作物に関する記述として，**誤っているものは**。※

イ. 低圧で受電するもので，出力 60 kW の太陽電池発電設備を同一構内に施設するものは，一般用電気工作物となる。
ロ. 低圧で受電するものは，小規模事業用電気工作物を同一構内に施設すると一般用電気工作物とならない。
ハ. 低圧で受電するものであっても，火薬類を製造する事業場など，設置する場所によっては一般用電気工作物とならない。
ニ. 高圧で受電するものは，受電電力の容量，需要場所の業種にかかわらず，一般用電気工作物とならない。

※ NO.20 ～ NO.23 は，電気事業法の改正により一部改題

電気事業法の規定において，一般用電気工作物に関する記述として，**正しいものは**。

ただし，煙火以外の火薬類を製造する事業場等の需要設備を除く。※

イ． 低圧で受電する需要設備は，出力 25 kW の内燃力を原動力とする火力発電設備を同一構内に施設しても，一般用電気工作物となる。

ロ． 低圧で受電する需要設備は，小規模事業用電気工作物を同一構内に施設しても，一般用電気工作物となる。

ハ． 低圧で受電する需要設備は，出力 5 kW の燃料電池発電設備を同一構内に施設しても，一般用電気工作物となる。

ニ． 高圧で受電する需要設備は，受電電力の容量，需要場所の業種にかかわらず，全て一般用電気工作物となる。

NO. 24

「電気設備に関する技術基準を定める省令」において，次の空欄（A）及び（B）の組合せとして，**正しいものは**。

電圧の種別が低圧となるのは，電圧が直流にあっては［　A　］，交流にあっては［　B　］のものである。

イ．（A）600 V 以下　（B）650 V 以下

ロ．（A）650 V 以下　（B）750 V 以下

ハ．（A）750 V 以下　（B）600 V 以下

ニ．（A）750 V 以下　（B）650 V 以下

「電気設備に関する技術基準を定める省令」で定められている交流の電圧区分で，**正しいものは**。

イ． 低圧は 600 V 以下，高圧は 600 V を超え 10 000 V 以下

ロ． 低圧は 600 V 以下，高圧は 600 V を超え 7 000 V 以下

ハ． 低圧は 750 V 以下，高圧は 750 V を超え 10 000 V 以下

ニ． 低圧は 750 V 以下，高圧は 750 V を超え 7 000 V 以下

「電気設備に関する技術基準を定める省令」における電圧の低圧区分の組合せで，**正しいものは**。

イ． 交流 600 V 以下，直流 750 V 以下
ロ． 交流 600 V 以下，直流 700 V 以下
ハ． 交流 600 V 以下，直流 600 V 以下
ニ． 交流 750 V 以下，直流 600 V 以下

電気工事士法において，一般用電気工作物の工事又は作業で電気工事士でなければ**従事できないものは**。

イ． インターホーンの施設に使用する小型変圧器（二次電圧が 36 V 以下）の二次側の配線をする。
ロ． 電線を支持する柱，腕木を設置する。
ハ． 電圧 600 V 以下で使用する電力量計を取り付ける。
ニ． 電線管とボックスを接続する。

電気工事業の業務の適正化に関する法律に定める内容に，**適合していないものは**。

イ． 一般用電気工事の業務を行う登録電気工事業者は，第一種電気工事士又は第二種電気工事士免状の取得後電気工事に関し 3 年以上の実務経験を有する第二種電気工事士を，その業務を行う営業所ごとに，主任電気工事士として置かなければならない。
ロ． 電気工事業者は，営業所ごとに帳簿を備え，経済産業省令で定める事項を記載し，5 年間保存しなければならない。
ハ． 登録電気工事業者の登録の有効期限は 7 年であり，有効期間の満了後引き続き電気工事業を営もうとする者は，更新の登録を受けなければならない。
ニ． 一般用電気工事の業務を行う電気工事業者は，営業所ごとに，絶縁抵抗計，接地抵抗計並びに抵抗及び交流電圧を測定することができる回路計を備えなければならない。

セレクト問題

7節 配線図

● NO.1 ～ NO.20 の全体の配線図は，78 ページを参照●

①で示す図記号の名称は。

イ．プルボックス
ロ．VVF 用ジョイントボックス
ハ．ジャンクションボックス
ニ．ジョイントボックス

②で示す図記号の器具の名称は。

イ．一般形点滅器　　ロ．一般形調光器
ハ．ワイド形調光器　　ニ．ワイドハンドル形点滅器

③で示す部分の最少電線本数（心線数）は。

イ．2　　ロ．3　　ハ．4　　ニ．5

④で示す部分の工事の種類として，**正しいものは**。

イ．ケーブル工事（CVT）　　ロ．金属線ぴ工事
ハ．金属ダクト工事　　ニ．金属管工事

⑤で示す部分に施設する機器は。

イ． 3 極 2 素子配線用遮断器（中性線欠相保護付）
ロ． 3 極 2 素子漏電遮断器（過負荷保護付，中性線欠相保護付）
ハ． 3 極 3 素子配線用遮断器
ニ． 2 極 2 素子漏電遮断器（過負荷保護付）

⑥で示す部分の電路と大地間の絶縁抵抗として，許容される最小値［MΩ］は。

イ． 0.1　　**ロ．** 0.2　　**ハ．** 0.4　　**ニ．** 1.0

⑦で示す部分に照明器具としてペンダントを取り付けたい。図記号は。

イ． CL　　**ロ．** CH　　**ハ．**　　**ニ．**

⑧で示す部分の接地工事の種類及びその接地抵抗の許容される最大値［Ω］の組合せとして，**正しいものは**。

イ． A 種接地工事　10 Ω
ロ． A 種接地工事　100 Ω
ハ． D 種接地工事　100 Ω
ニ． D 種接地工事　500 Ω

⑨で示す部分の配線工事で用いる管の種類は。

イ. 波付硬質合成樹脂管
ロ. 硬質ポリ塩化ビニル電線管（硬質塩化ビニル電線管）
ハ. 耐衝撃性硬質ポリ塩化ビニル電線管（耐衝撃性硬質塩化ビニル電線管）
ニ. 耐衝撃性硬質ポリ塩化ビニル管（耐衝撃性硬質塩化ビニル管）

NO. 10

⑩で示す部分の図記号の傍記表示「LK」の種類は。

イ. 引掛形
ロ. ワイド形
ハ. 抜け止め形
ニ. 漏電遮断器付

NO. 11

⑪で示す部分の配線を器具の裏面から見たものである。**正しいものは。**
ただし，電線の色別は，白色は電源からの接地側電線，黒色は電源からの非接地側電線とする。

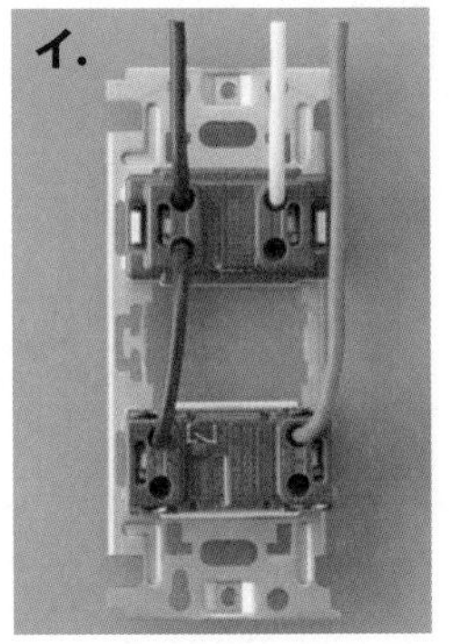

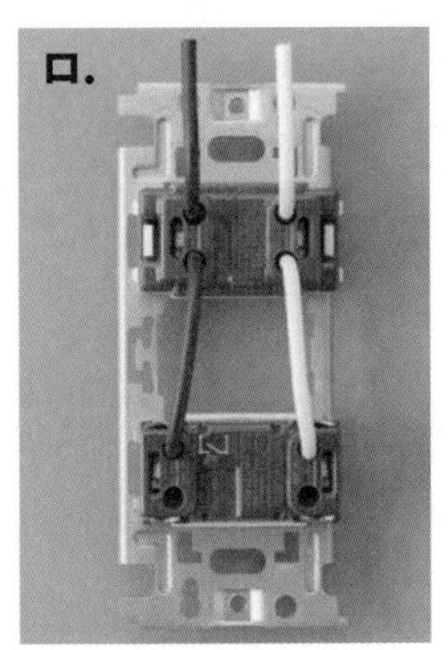

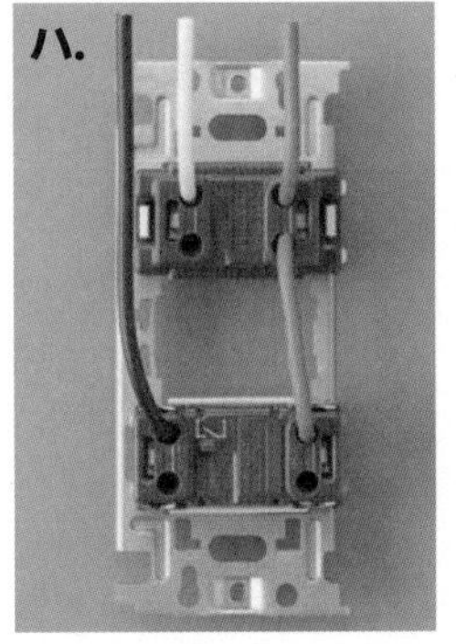

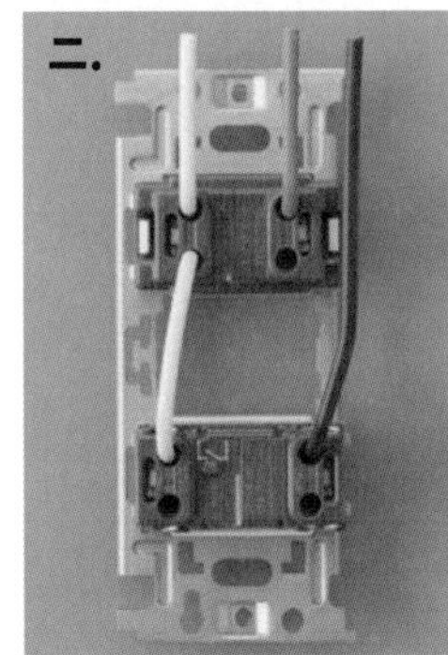

⑫で示す点滅器の取付け工事に使用する材料として，**適切なものは**。

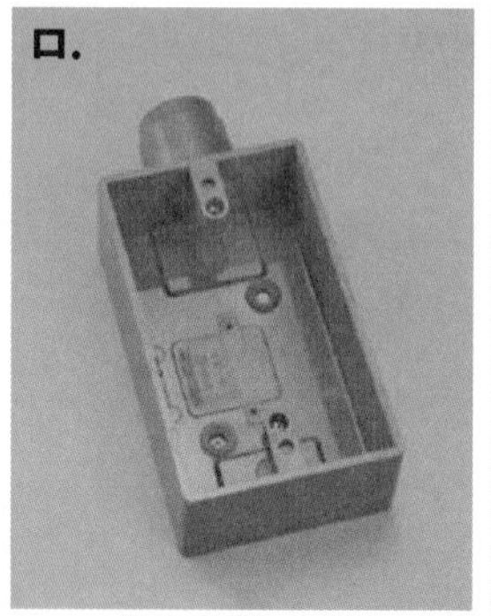

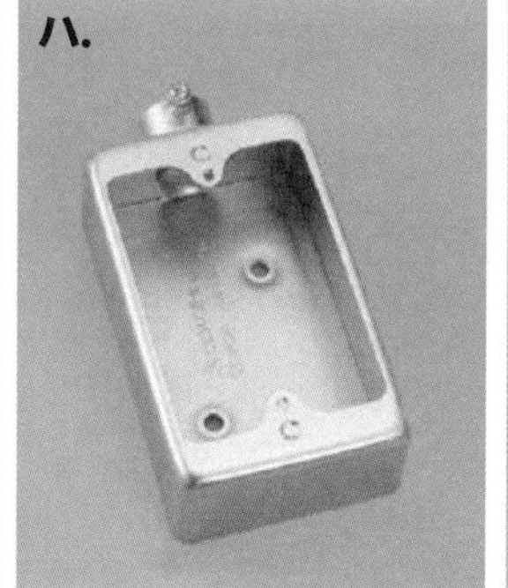

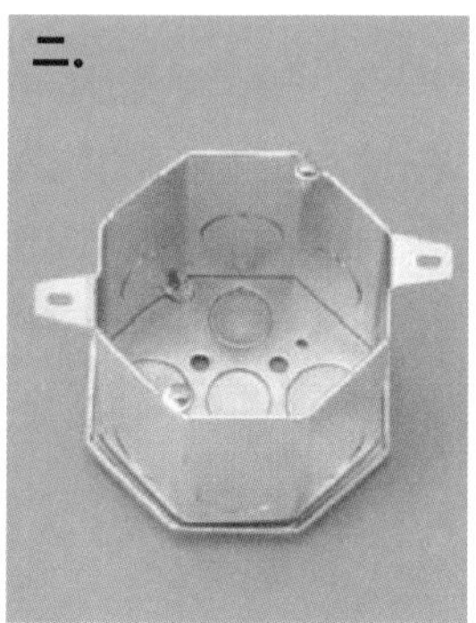

NO. 13

⑬で示す図記号の器具は。

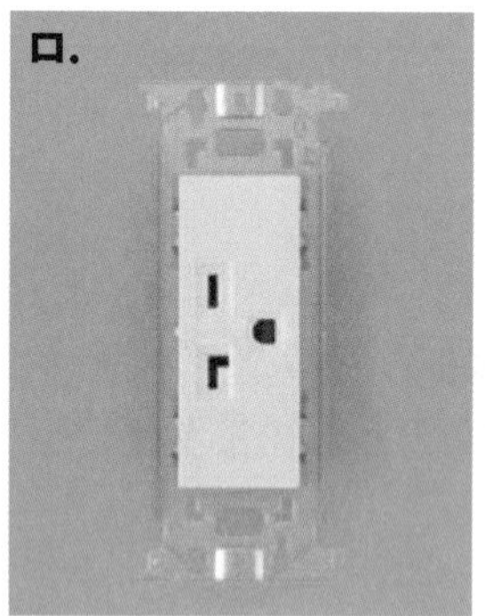

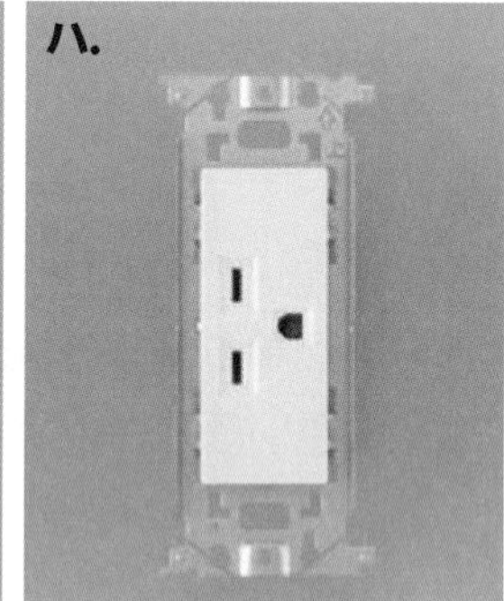

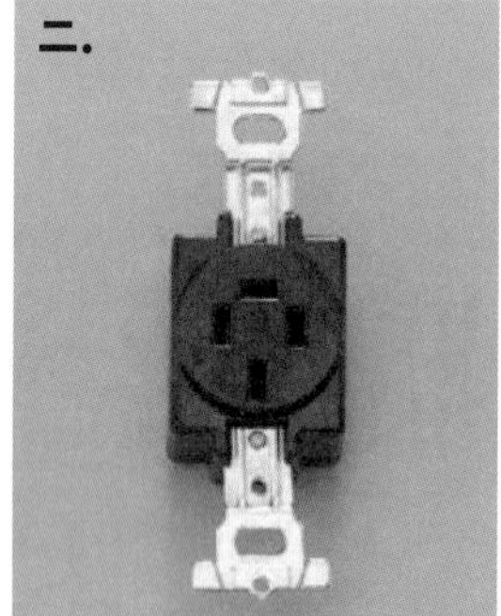

⑭で示すボックス内の接続をリングスリーブで圧着接続した場合のリングスリーブの種類，個数及び圧着接続後の刻印との組合せで，**正しいものは**。

ただし，使用する電線は特記のないもの VVF1.6 とする。

また，写真に示す**リングスリーブ中央の○，小，中**は刻印を表す。

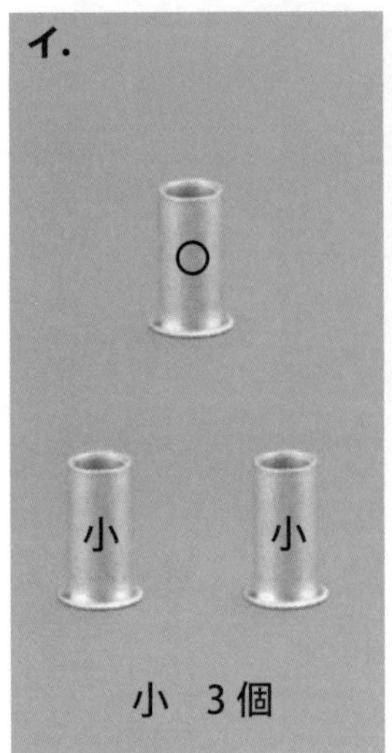

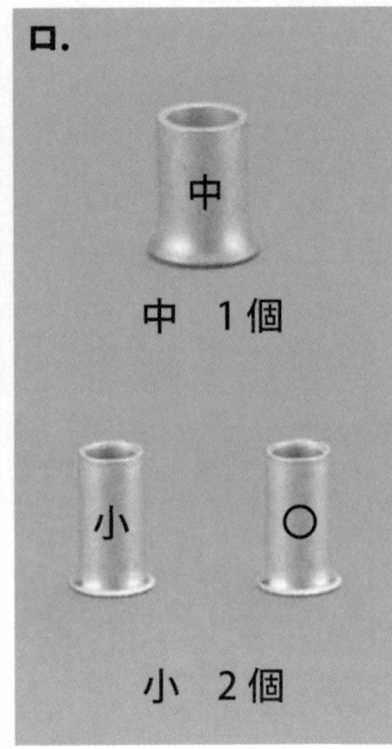

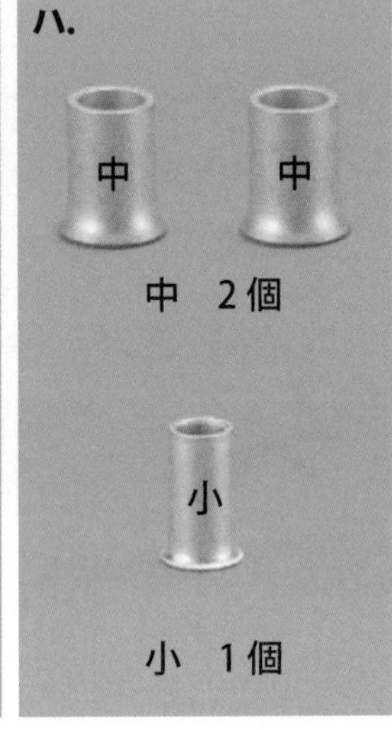

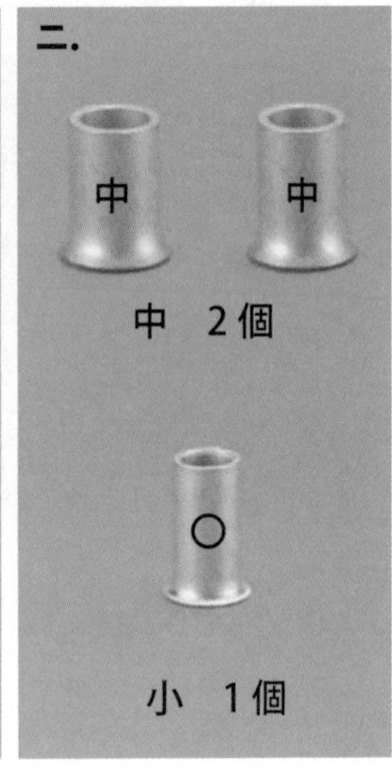

NO. 15

⑮で示すボックス内の接続を全て差込形コネクタとする場合，使用する差込形コネクタの種類と最少個数の組合せで，**正しいものは**。

ただし，使用する電線は全て VVF1.6 とする。

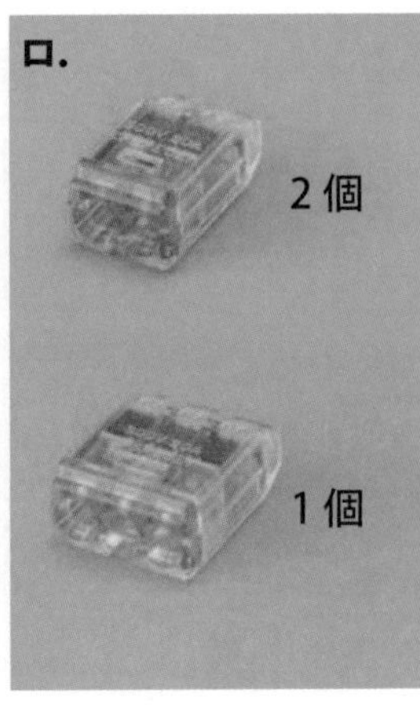

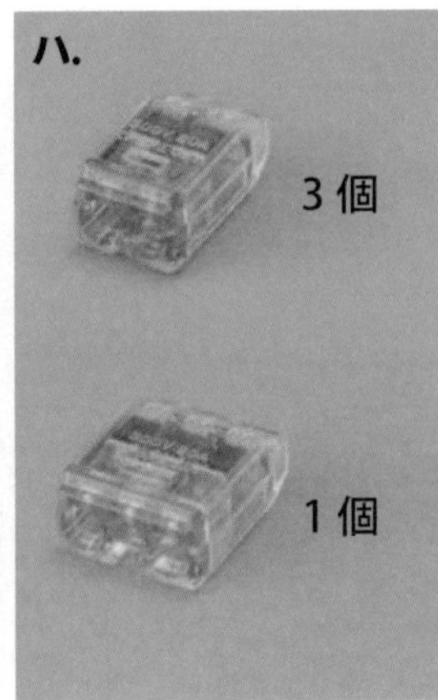

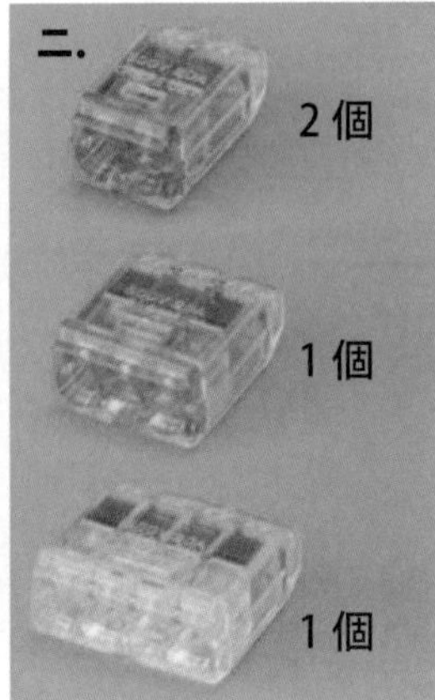

NO. 16

⑯で示す図記号の機器は。

イ.

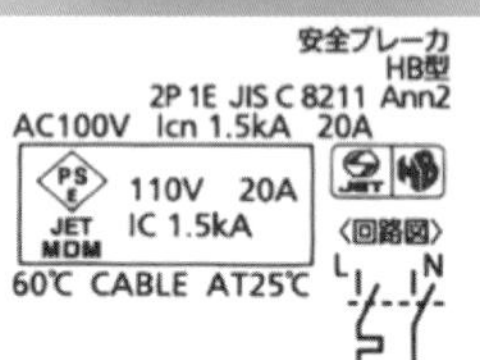

安全ブレーカ
HB型
2P 1E JIS C 8211 Ann2
AC100V Icn 1.5kA 20A
110V 20A
IC 1.5kA
JET
MDM
〈回路図〉
L N
60℃ CABLE AT25℃

ロ.

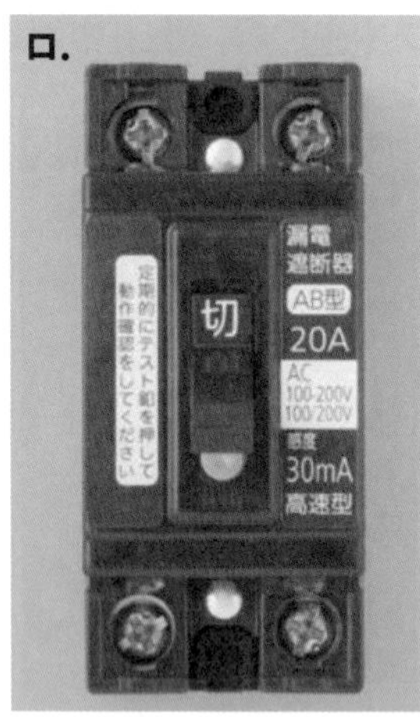

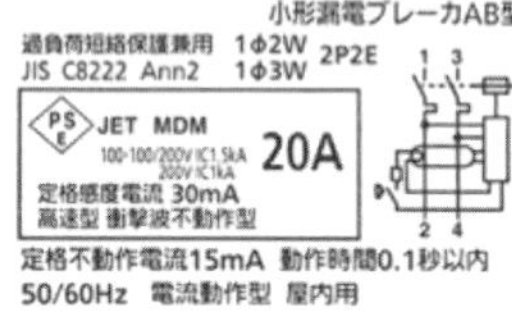

ハ.

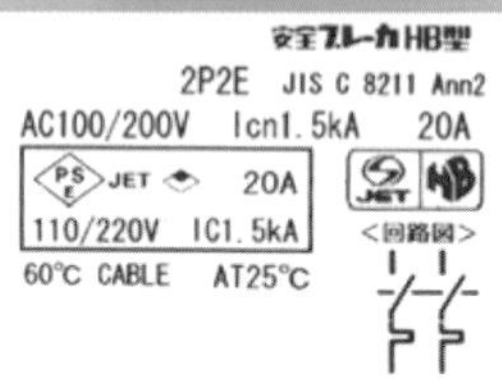

ニ.

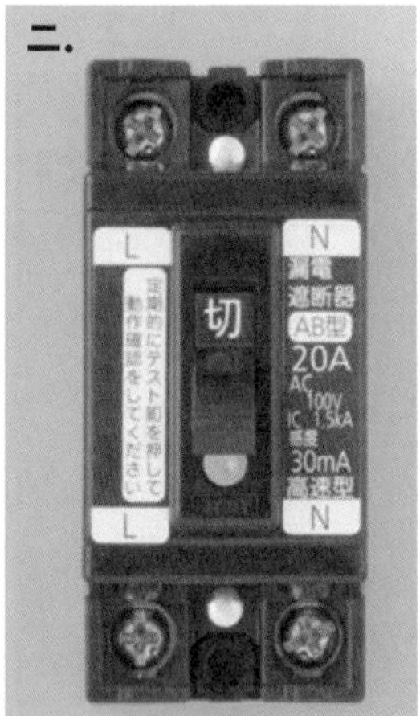

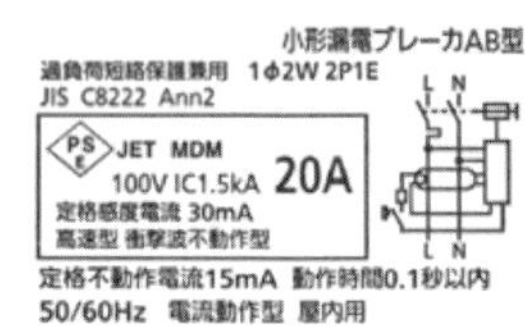

小形漏電ブレーカAB型
過負荷短絡保護兼用 1φ2W 2P1E
JIS C8222 Ann2
JET MDM
100V IC1.5kA 20A
定格感度電流 30mA
高速型 衝撃波不動作型
定格不動作電流15mA 動作時間0.1秒以内
50/60Hz 電流動作型 屋内用

NO. 17

⑰で示すボックス内の接続を全て圧着接続とする場合，使用するリングスリーブの種類と最少個数の組合せで，**正しいものは**。

ただし，使用する電線は全てVVF1.6とする。

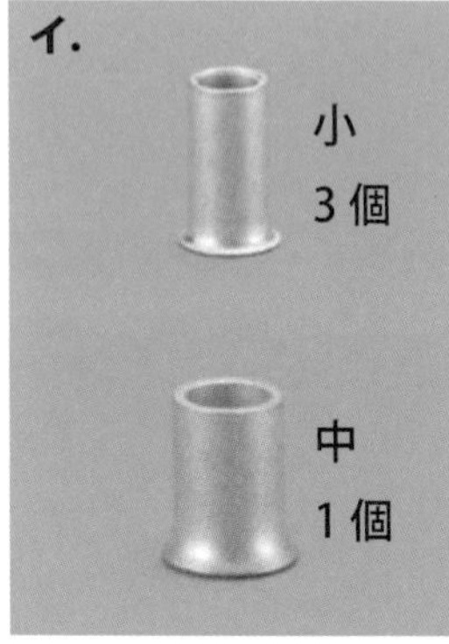

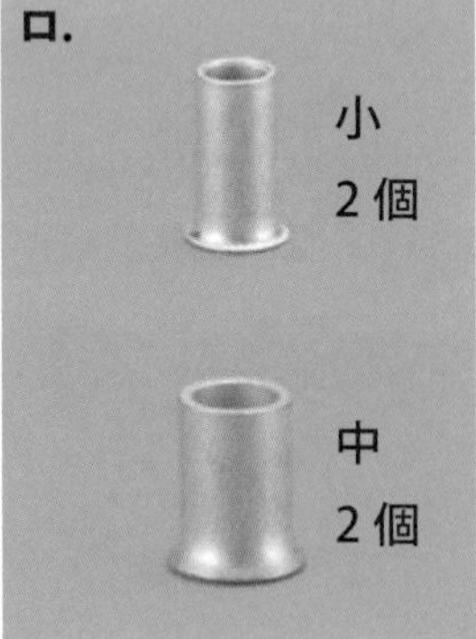

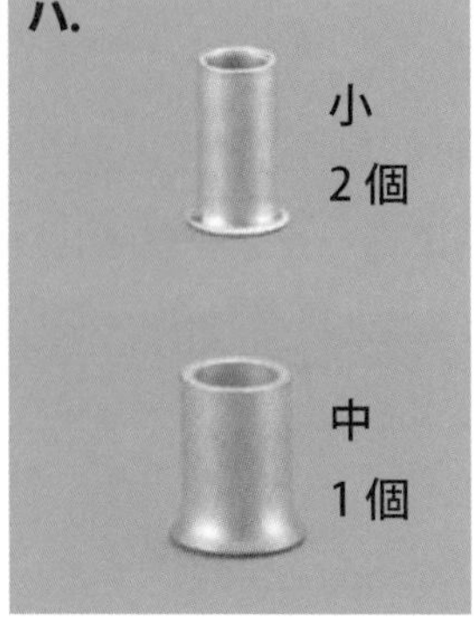

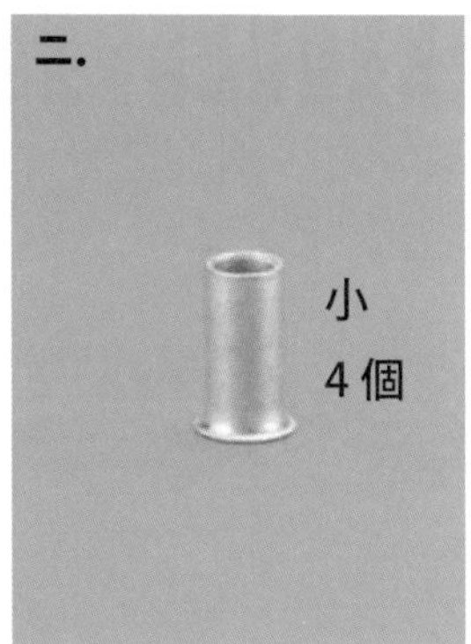

NO. 18　この配線図の図記号から，この工事で**使用されていない**スイッチは。
ただし，写真下の図は，接点の構成を示す。

イ.

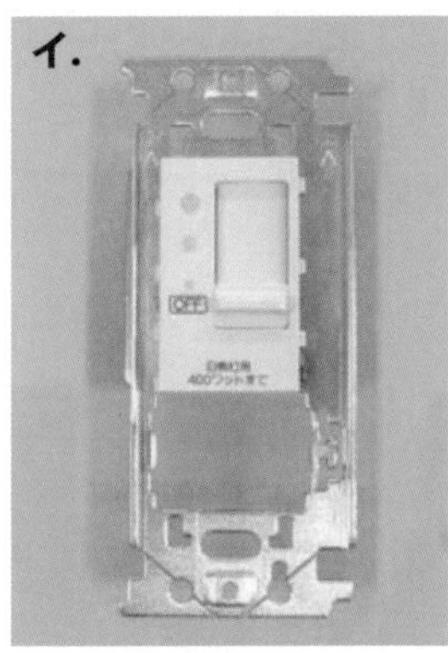

ロ.

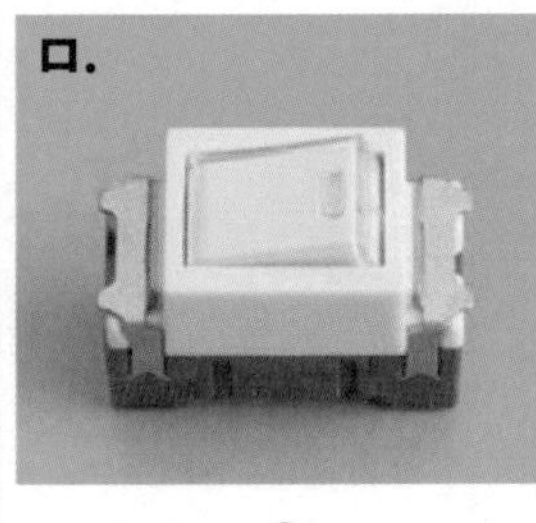

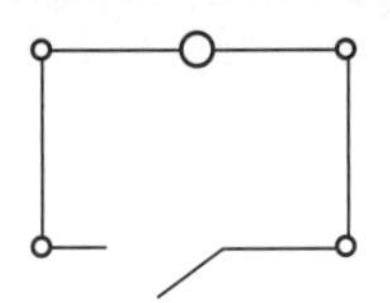

ハ.

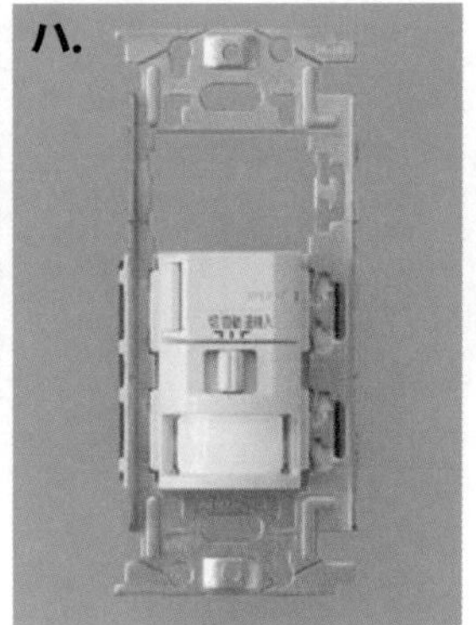

ニ.

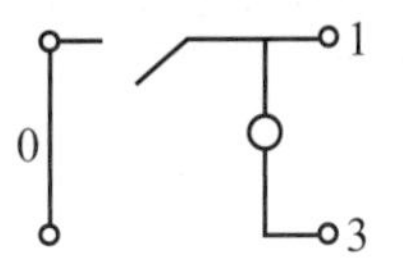

NO. 19　この配線図の施工で，**使用されていないものは**。

イ.

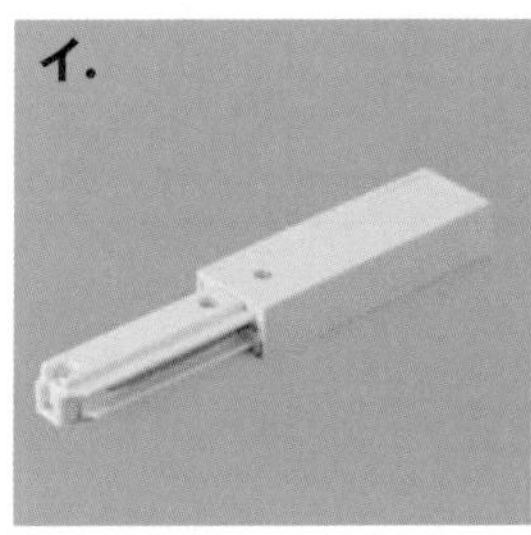

ロ.

ハ.

ニ.

NO. 20　この配線図の施工に関して，一般的に**使用されることのないものは**。

イ.

ロ.

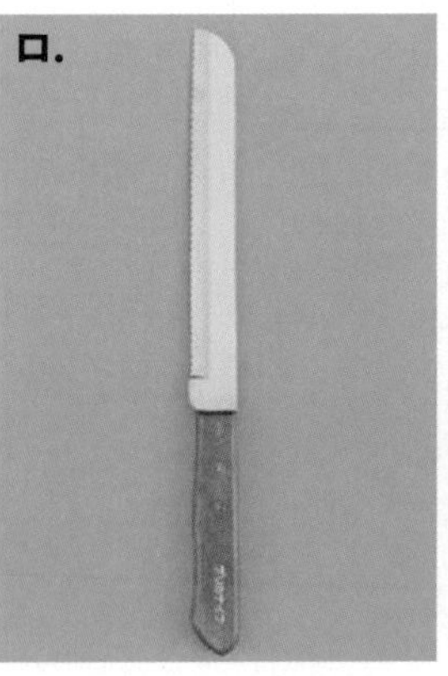

ハ.

ニ.

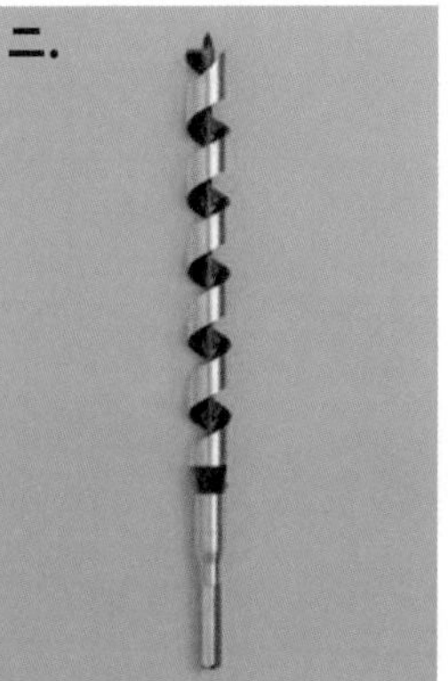

＊木造3階建住宅

【注意】

●漏電遮断器は，定格感度電流 30 mA，動作時間 0.1 秒以内のものを使用している。

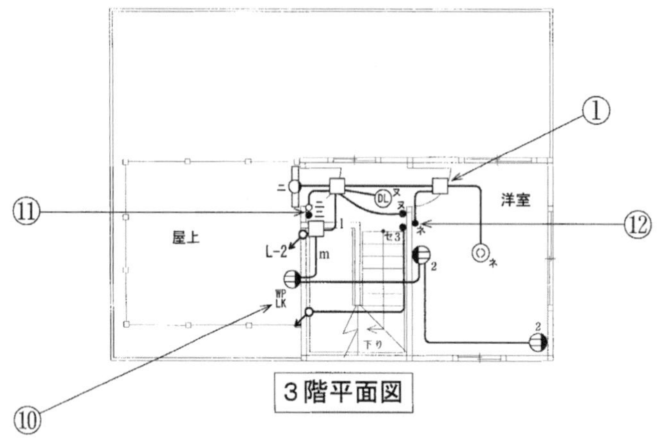

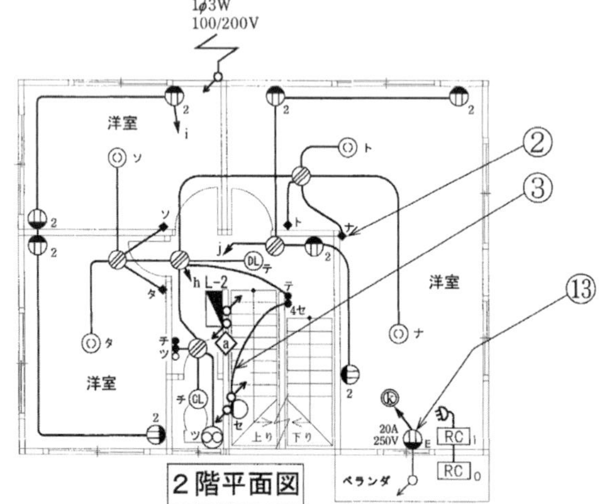

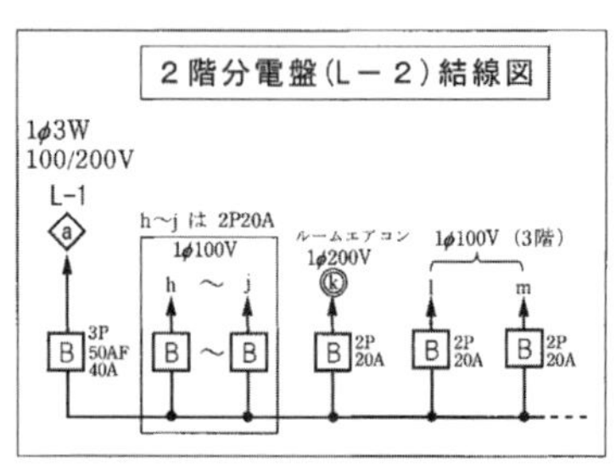

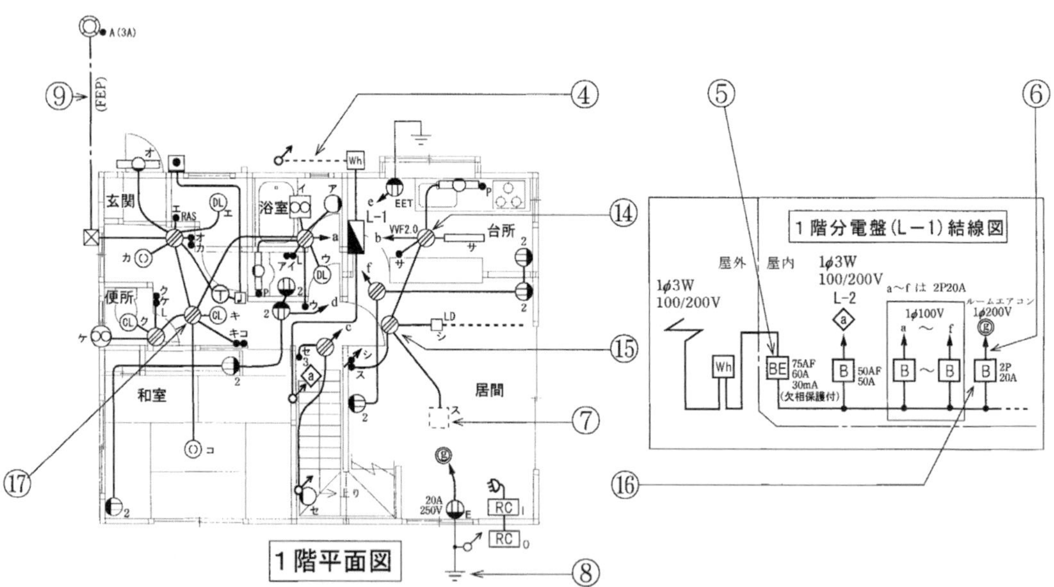

● NO.21 ～ NO.40 の全体の配線図は，86 ページを参照●

NO. 21　①で示す部分の最少電線本数（心線数）は。

イ. 3　**ロ.** 4　**ハ.** 5　**ニ.** 6

NO. 22　②で示す引込口開閉器が省略できる場合の，工場と倉庫との間の電路の長さの最大値［m］は。

イ. 5　**ロ.** 10　**ハ.** 15　**ニ.** 20

NO. 23　③で示す図記号の名称は。

イ. 圧力スイッチ
ロ. 押しボタン
ハ. 電磁開閉器用押しボタン
ニ. 握り押しボタン

NO. 24　④で示す部分に使用できるものは。

イ. 引込用ビニル絶縁電線
ロ. 架橋ポリエチレン絶縁ビニルシースケーブル
ハ. ゴム絶縁丸打コード
ニ. 屋外用ビニル絶縁電線

NO. 25

⑤で示す屋外灯の種類は。

イ． 水銀灯
ロ． メタルハライド灯
ハ． ナトリウム灯
ニ． 蛍光灯

⑥で示す部分に施設してはならない過電流遮断装置は。

イ． 2 極にヒューズを取り付けたカバー付ナイフスイッチ
ロ． 2 極 2 素子の配線用遮断器
ハ． 2 極にヒューズを取り付けたカットアウトスイッチ
ニ． 2 極 1 素子の配線用遮断器

⑦で示す図記号の計器の使用目的は。

イ． 電力を測定する。
ロ． 力率を測定する。
ハ． 負荷率を測定する。
ニ． 電力量を測定する。

⑧で示す部分の接地工事の電線（軟銅線）の最小太さと，接地抵抗の最大値との組合せで，**正しいものは**。

イ． 1.6 mm　100 Ω
ロ． 1.6 mm　500 Ω
ハ． 2.0 mm　100 Ω
ニ． 2.0 mm　600 Ω

⑨で示す部分に使用するコンセントの極配置（刃受）は。

イ． 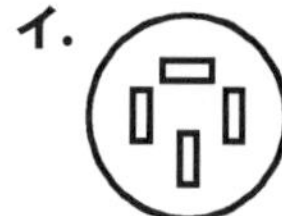
ロ． 
ハ． 
ニ． 

⑩で示す部分に取り付けるモータブレーカの図記号は。

イ． 

ロ． 

ハ． 

ニ． 

NO. 31 ⑪で示す部分の接地抵抗を測定するものは。

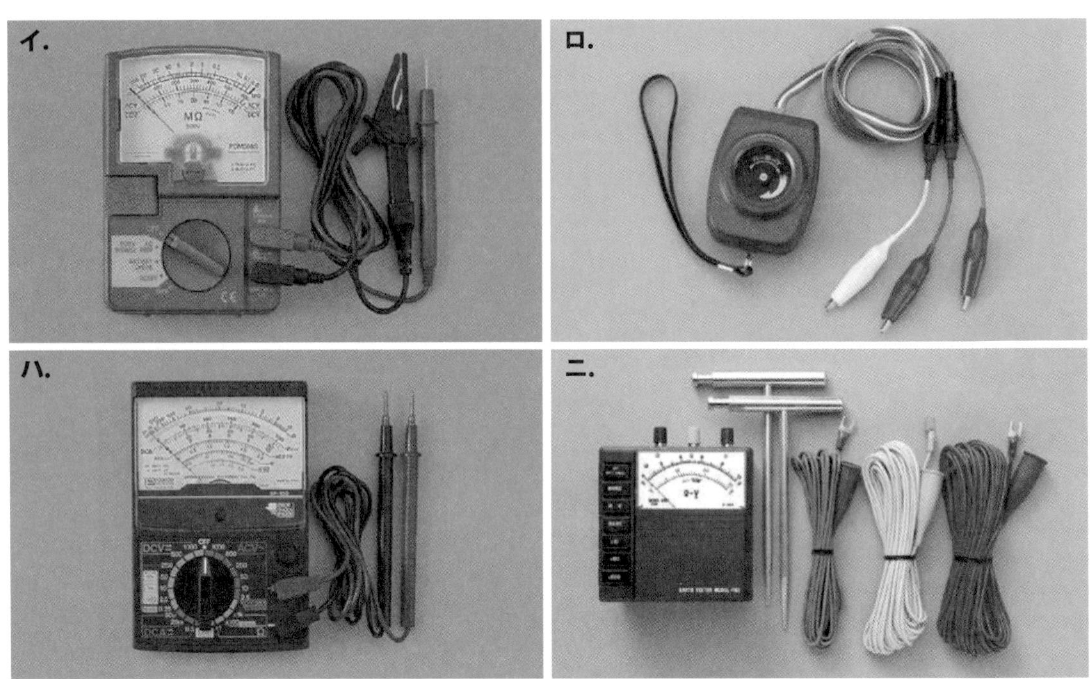

NO. 32 ⑫で示すジョイントボックス内の接続を全て圧着接続とする場合，使用するリングスリーブの種類と最少個数の組合せで，**正しいものは**。

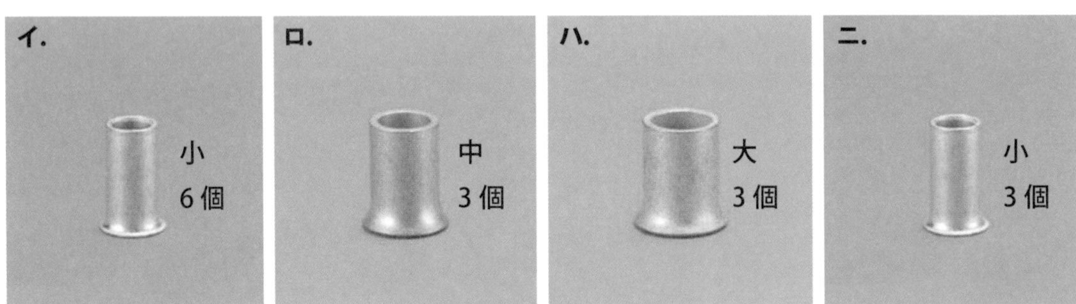

⑬で示すVVF用ジョイントボックス内の接続を全て差込形コネクタとする場合，使用する差込形コネクタの種類と最少個数の組合せで，**正しいものは**。

ただし，使用する電線は全てVVF1.6とする。

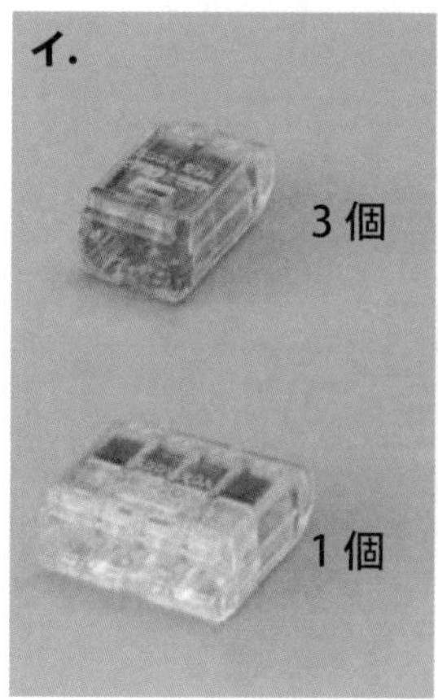

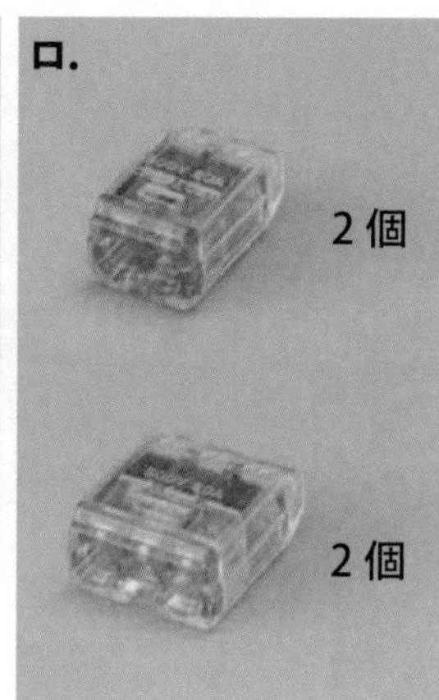

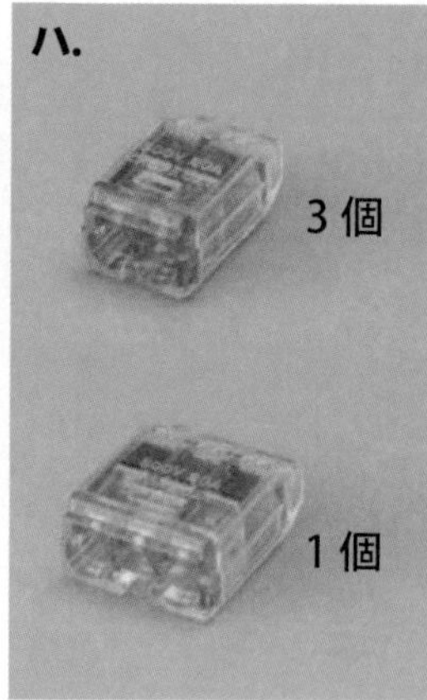

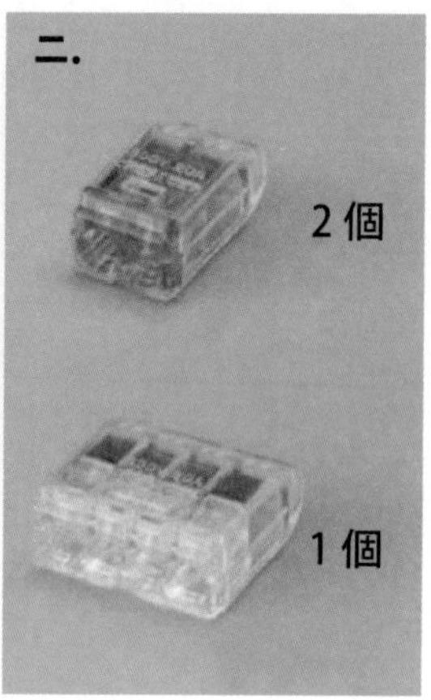

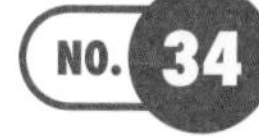

⑭で示す点滅器の取付け工事に**使用されることのない**材料は。

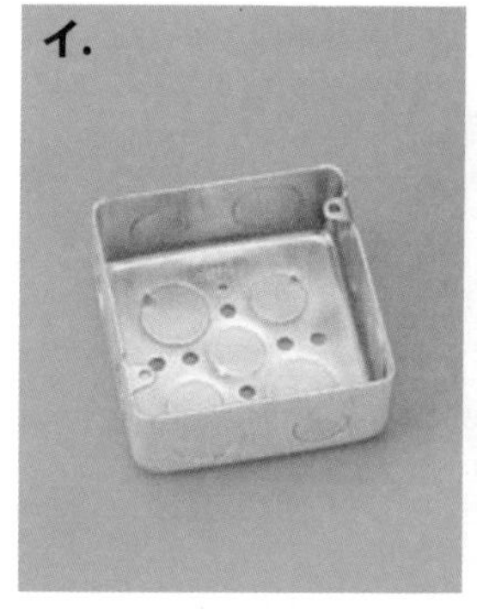

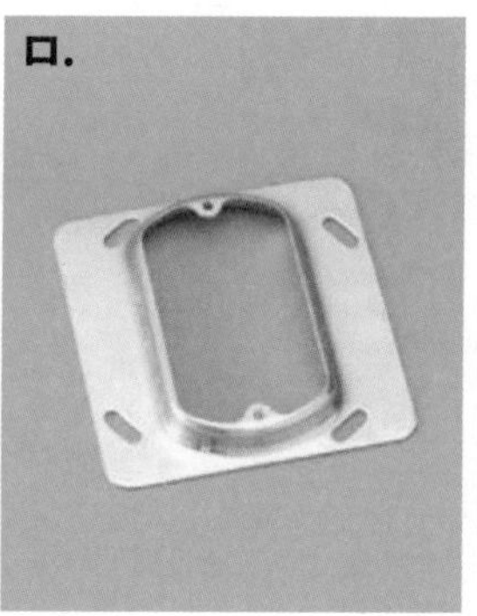

⑮で示す図記号のコンセントは。

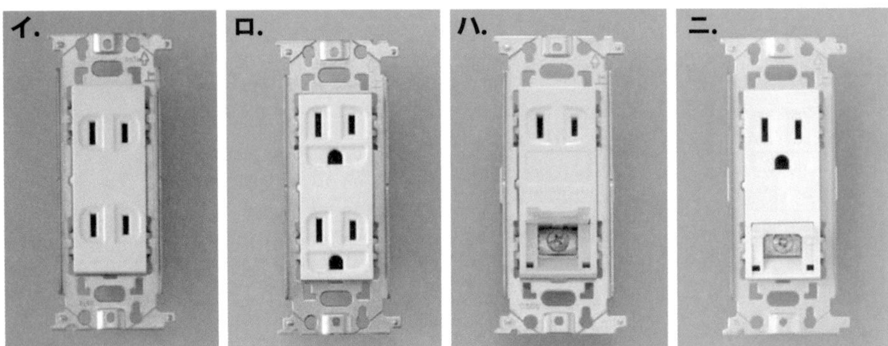

NO. 36

⑯で示す部分の配線工事に必要なケーブルは。
ただし，心線数は最少とする。

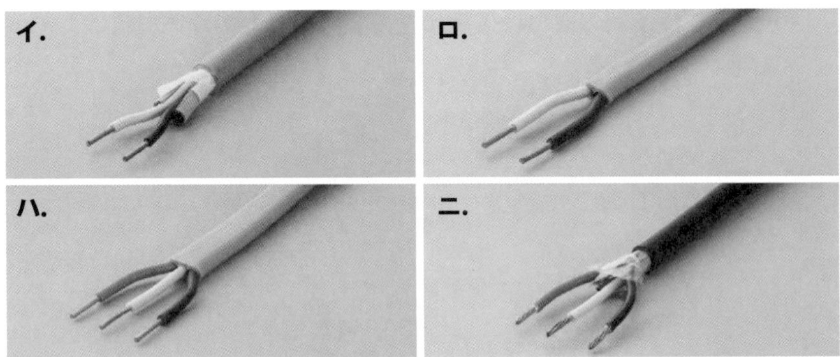

NO. 37

⑰で示す部分に使用するトラフは。

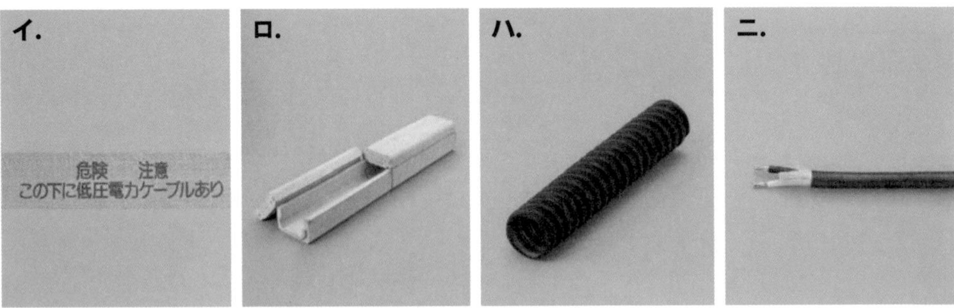

⑱で示す図記号の機器は。

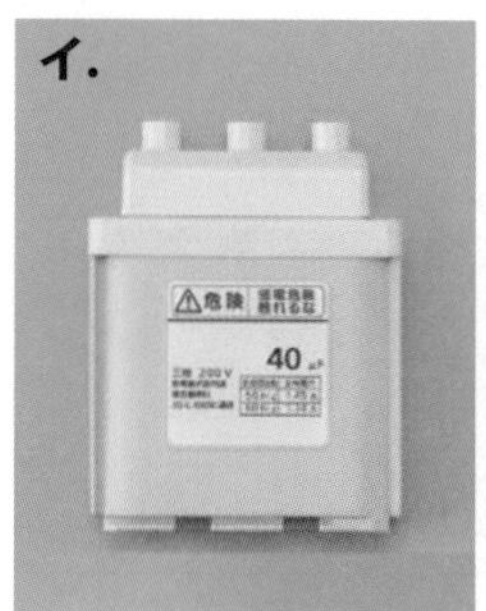

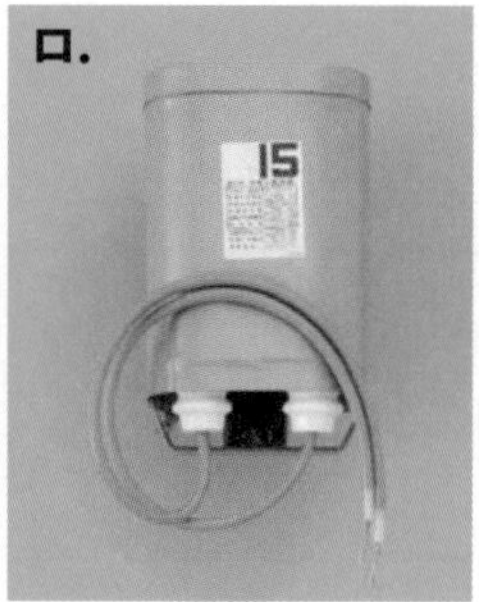

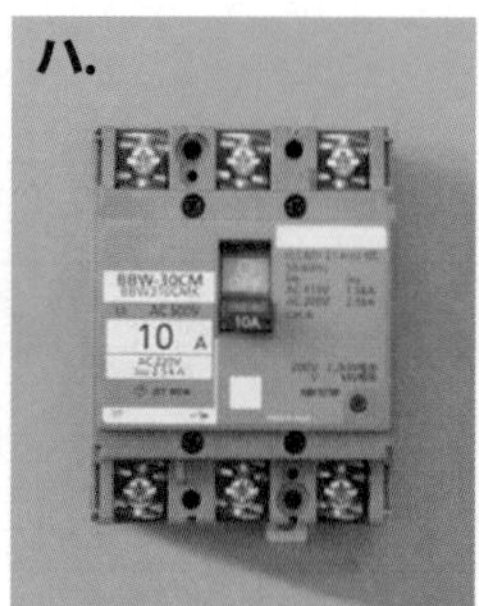

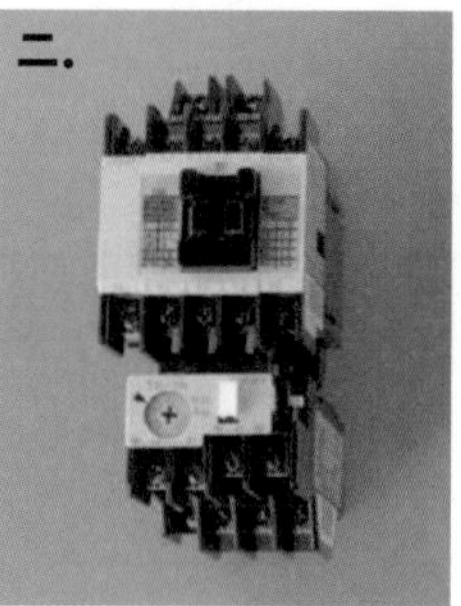

NO. 39

⑲で示す部分を金属管工事で行う場合，管の支持に用いる材料は。

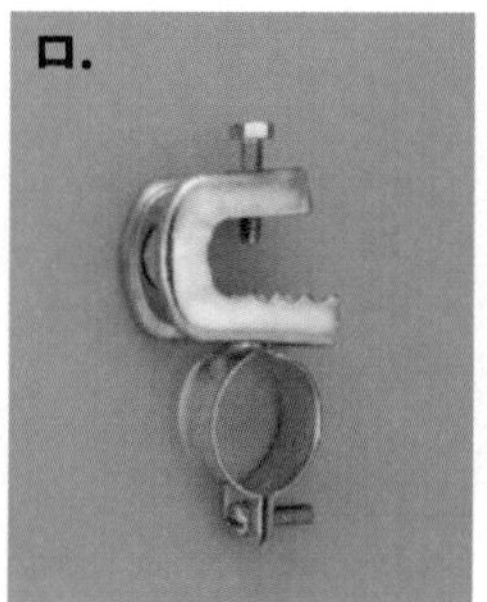

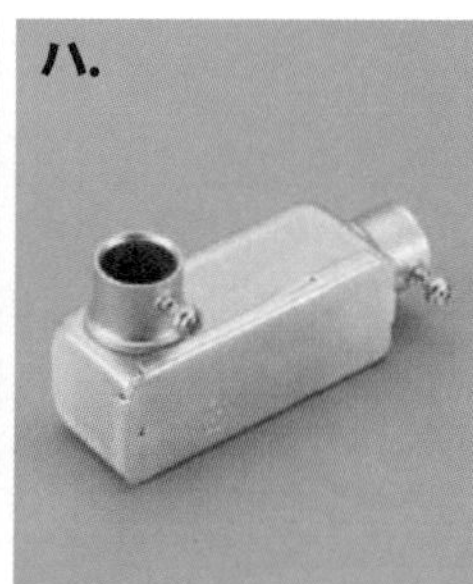

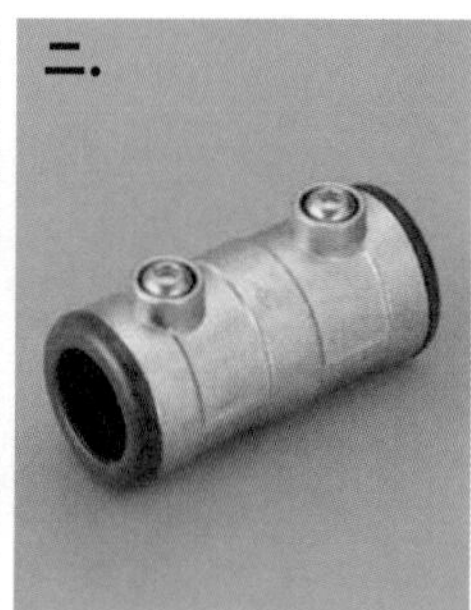

NO. 40

⑳で示すジョイントボックス内の電線相互の接続作業に**使用されることのないものは**。

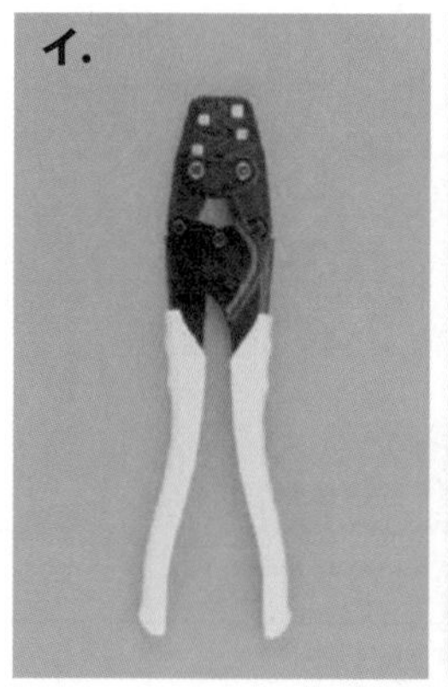

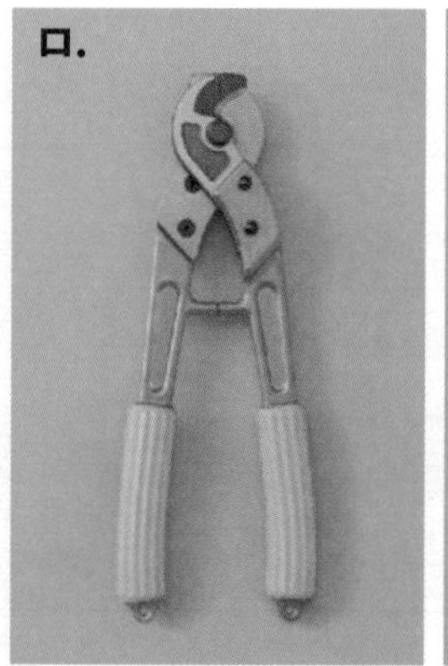

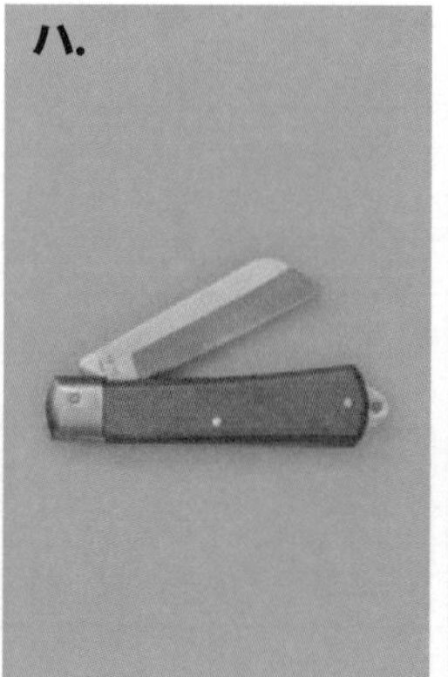

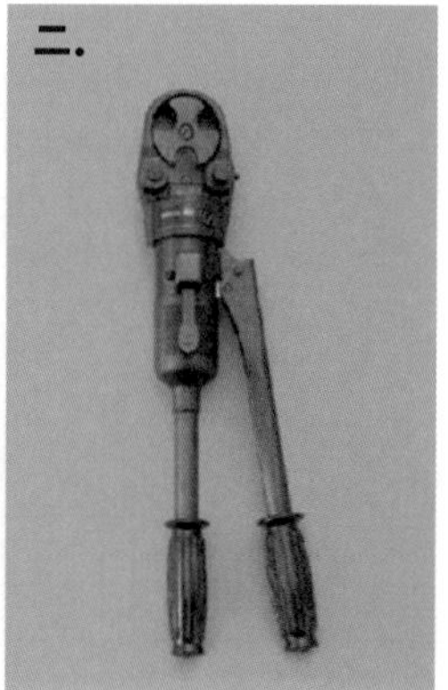

7 節 NO.21 ～ NO.40 の配線図

＊鉄骨軽量コンクリート造一部 2 階建工場及び倉庫

【注意】

●屋内配線の工事は，特記のある場合を除き電灯回路は 600V ビニル絶縁ビニルシースケーブル平形（VVF），動力回路は 600V 架橋ポリエチレン絶縁ビニルシースケーブル（CV）を用いたケーブル工事である。

●漏電遮断器は，定格感度電流 30 mA，動作時間が 0.1 秒以内のものを使用している。

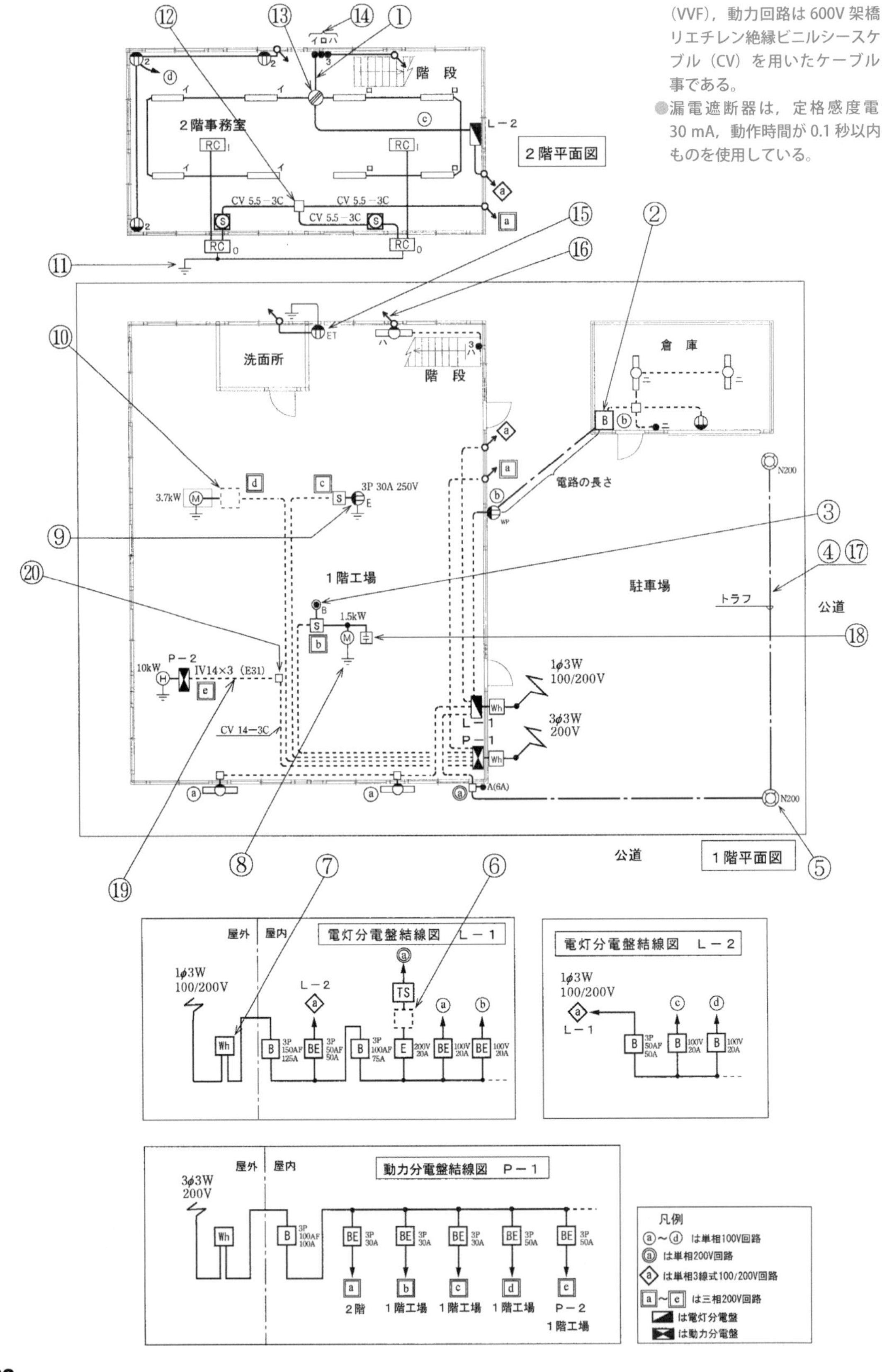

2 階平面図

2 階事務室　階段　L－2　CV 5.5－3C

1 階平面図

洗面所　階段　倉庫　1 階工場　駐車場　公道　トラフ　電路の長さ

3P 30A 250V　3.7kW　1.5kW　10kW　P－2　IV14×3（E31）　CV 14－3C

1φ3W 100/200V　3φ3W 200V　L－1　P－1　A(6A)　N200

電灯分電盤結線図　L－1

屋外　屋内　1φ3W 100/200V　Wh　L－2　TS　B 3P 150AF 125A　BE 3P 50AF 50A　B 3P 100AF 75A　E 200V 20A　BE 100V 20A　BE 100V 20A

電灯分電盤結線図　L－2

1φ3W 100/200V　L－1　B 3P 50AF 50A　B 100V 20A　B 100V 20A

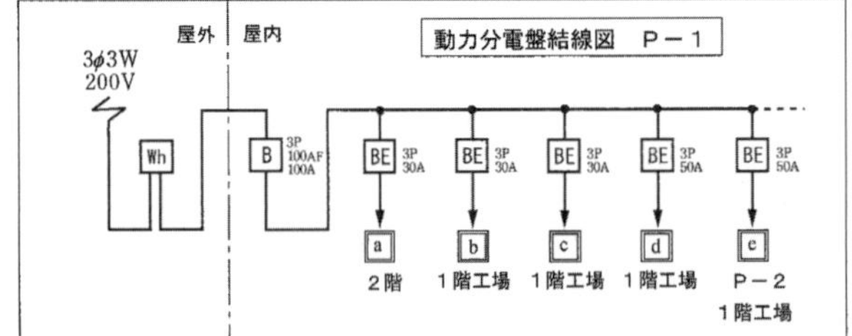

凡例

ⓐ～ⓓ は単相100V回路

ⓐ は単相200V回路

◇ⓐ は単相3線式100/200V回路

[a]～[e] は三相200V回路

は電灯分電盤

は動力分電盤

第 2 章

第二種電気工事士　筆記試験
令和 4 年度

《下期・午後》

試験問題に使用する図記号等と国際規格の本試験での取り扱いについて

1．試験問題に使用する図記号等

試験問題に使用される図記号は，原則として「JIS C 0617-1 ～ 13 電気用図記号」及び「JIS C 0303：2000 構内電気設備の配線用図記号」を使用することとします。

2．「電気設備の技術基準の解釈」の適用について

「電気設備の技術基準の解釈について」の第 218 条，第 219 条の「国際規格の取り入れ」の条項は本試験には適用しません。

問題 1　**一般問題（問題数 30，配点は 1 問当たり 2 点）**

[注] 本問題の計算で$\sqrt{2}$，$\sqrt{3}$ 及び円周率πを使用する場合の数値は次によること。

$\sqrt{2} = 1.41$，$\sqrt{3} = 1.73$，$\pi = 3.14$

次の各問いには 4 通りの答え（**イ，ロ，ハ，ニ**）が書いてある。それぞれの問いに対して答えを 1 つ選びなさい。

なお，選択肢が数値の場合は最も近い値を選びなさい。

	問い	答え
1	図のような直流回路で，a−b 間の電圧［V］は。 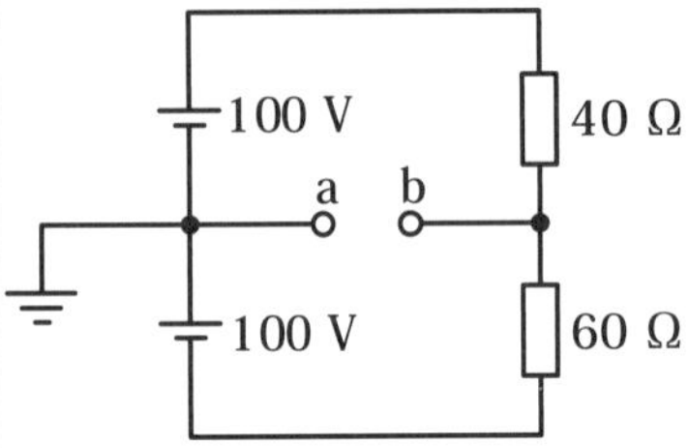	**イ.** 20　**ロ.** 30　**ハ.** 40　**ニ.** 50
2	抵抗 R［Ω］に電圧 V［V］を加えると，電流 I［A］が流れ，P［W］の電力が消費される場合，抵抗 R［Ω］を示す式として，**誤っているものは**。	**イ.** $\frac{V}{I}$　**ロ.** $\frac{P}{I^2}$　**ハ.** $\frac{V^2}{P}$　**ニ.** $\frac{PI}{V}$
3	抵抗器に100 Vの電圧を印加したとき，4 Aの電流が流れた。1時間20分の間に抵抗器で発生する熱量［kJ］は。	**イ.** 960　**ロ.** 1 920　**ハ.** 2 400　**ニ.** 2 700
4	図のような交流回路の力率［%］を示す式は。 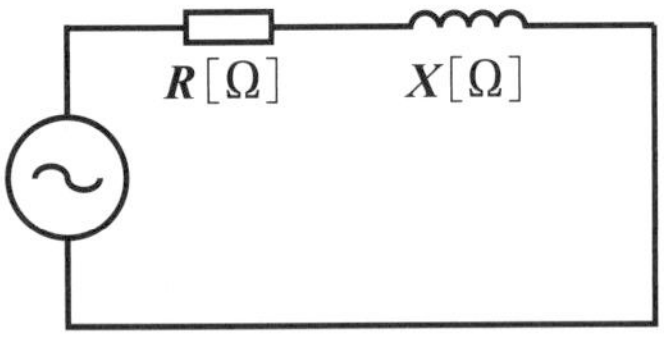	**イ.** $\frac{100RX}{R^2+X^2}$　**ロ.** $\frac{100R}{\sqrt{R^2+X^2}}$　**ハ.** $\frac{100X}{\sqrt{R^2+X^2}}$　**ニ.** $\frac{100R}{R+X}$

	問い	答え
5	図のような三相 3 線式回路に流れる電流 I [A] は。 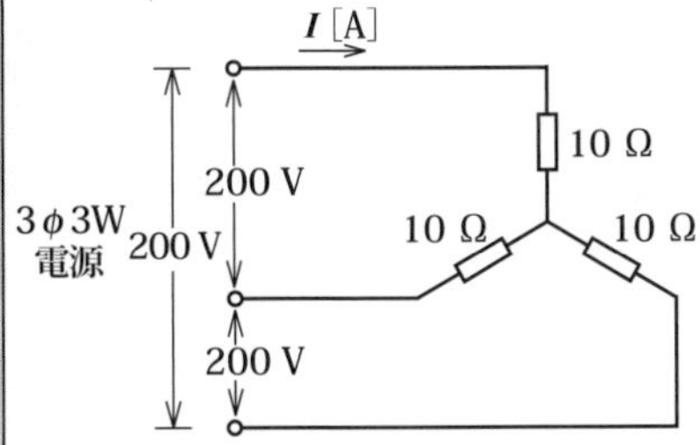 	**イ．** 8.3　**ロ．** 11.6　**ハ．** 14.3　**ニ．** 20.0
6	図のように，電線のこう長 8 m の配線により，消費電力 2 000 W の抵抗負荷に電力を供給した結果，負荷の両端の電圧は 100 V であった。配線における電圧降下 [V] は。 ただし，電線の電気抵抗は長さ 1 000 m 当たり 5.0 Ω とする。 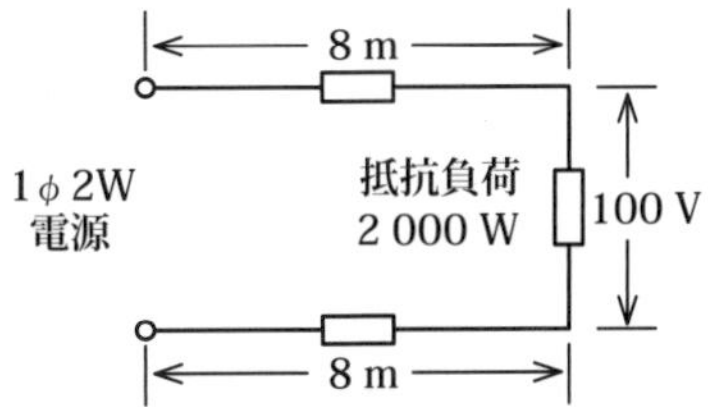 	**イ．** 0.2　**ロ．** 0.8　**ハ．** 1.6　**ニ．** 2.4
7	図のような単相 3 線式回路で，電線 1 線当たりの抵抗が 0.1 Ω，抵抗負荷に流れる電流がともに 20 A のとき，この電線路の電力損失 [W] は。 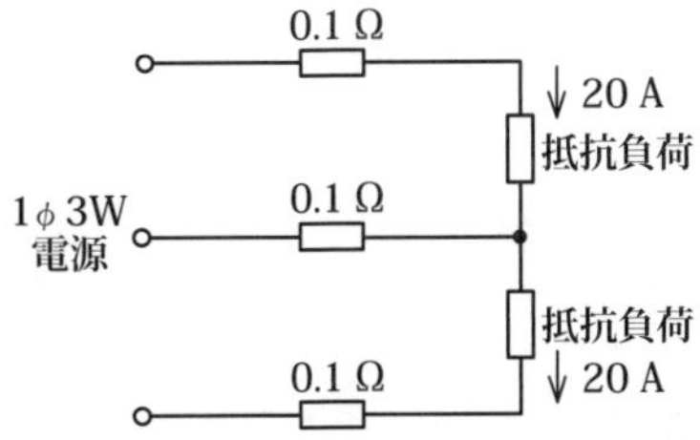 	**イ．** 40　**ロ．** 69　**ハ．** 80　**ニ．** 120

	問い	答え
8	金属管による低圧屋内配線工事で，管内に直径 2.0 mm の 600V ビニル絶縁電線（軟銅線）5 本を収めて施設した場合，電線 1 本当たりの許容電流［A］は。 ただし，周囲温度は 30 ℃以下，電流減少係数は0.56 とする。	**イ.** 15　**ロ.** 19　**ハ.** 27　**ニ.** 35
9	図のように定格電流 50A の過電流遮断器で保護された低圧屋内幹線から分岐して，7 m の位置に過電流遮断器を施設するとき，a−b 間の電流の許容電流の最小値［A］は。 1 φ 2W 電源　50 A　B　a　b　7 m　B	**イ.** 12.5　**ロ.** 17.5　**ハ.** 22.5　**ニ.** 27.5
10	低圧屋内配線の分岐回路の設計で，配線用遮断器，分岐回路の電線の太さ及びコンセントの組合せとして，**適切なものは**。 ただし，分岐点から配線用遮断器までは 3 m，配線用遮断器からコンセントまでは 8 m とし，電線の数値は分岐回路の電線（軟銅線）の太さを示す。 また，コンセントは兼用コンセントではないものとする。	**イ.** B 30 A　2.0 mm　定格電流20 Aのコンセント2個 **ロ.** B 20 A　2.0 mm　定格電流30 Aのコンセント1個 **ハ.** B 30A　2.6 mm　定格電流15 Aのコンセント2個 **ニ.** B 20 A　2.0 mm　定格電流20 Aのコンセント2個
11	プルボックスの主な使用目的は。	**イ.** 多数の金属管が集合する場所等で，電線の引き入れを容易にするために用いる。 **ロ.** 多数の開閉器類を集合して設置するために用いる。 **ハ.** 埋込みの金属管工事で，スイッチやコンセントを取り付けるために用いる。 **ニ.** 天井に比較的重い照明器具を取り付けるために用いる。

	問い	答え
12	使用電圧が 300 V 以下の屋内に施設する器具であって，付属する移動電線にビニルコードが**使用できるものは**。	**イ．** 電気扇風機 **ロ．** 電気こたつ **ハ．** 電気こんろ **ニ．** 電気トースター
13	電気工事の種類と，その工事で使用する工具の組合せとして，**適切なものは**。	**イ．** 金属線ぴ工事とボルトクリッパ **ロ．** 合成樹脂管工事とパイプベンダ **ハ．** 金属管工事とクリックボール **ニ．** バスダクト工事と圧着ペンチ
14	三相誘導電動機が周波数 50 Hz の電源で無負荷運転されている。この電動機を周波数 60 Hz の電源で無負荷運転した場合の回転の状態は。	**イ．** 回転速度は変化しない。 **ロ．** 回転しない。 **ハ．** 回転速度が減少する。 **ニ．** 回転速度が増加する。
15	過電流遮断器として低圧電路に施設する定格電流 40 A のヒューズに 80 A の電流が連続して流れたとき，溶断しなければならない時間［分］の限度（最大の時間）は。 ただし，ヒューズは水平に取り付けられているものとする。	**イ．** 3　**ロ．** 4　**ハ．** 6　**ニ．** 8
16	写真に示す材料の名称は。 拡大	**イ．** 無機絶縁ケーブル **ロ．** 600V ビニル絶縁ビニルシースケーブル平形 **ハ．** 600V 架橋ポリエチレン絶縁ビニルシースケーブル **ニ．** 600V ポリエチレン絶縁耐燃性ポリエチレンシースケーブル平形
17	写真に示す材料の用途は。	**イ．** 照明器具の明るさを調整するのに用いる。 **ロ．** 人の接近による自動点滅器に用いる。 **ハ．** 蛍光灯の力率改善に用いる。 **ニ．** 周囲の明るさに応じて街路灯などを自動点滅させるのに用いる。

<table>
<tr><th></th><th>問い</th><th>答え</th></tr>
<tr><td>18</td><td>写真に示す器具の用途は。</td><td>イ. 三相回路の相順を調べるのに用いる。
ロ. 三相回路の電圧の測定に用いる。
ハ. 三相電動機の回転速度の測定に用いる。
ニ. 三相電動機の軸受けの温度の測定に用いる。</td></tr>
<tr><td>19</td><td>600V ビニル絶縁ビニルシースケーブル平形 1.6 mm を使用した低圧屋内配線工事で，絶縁電線相互の終端接続部分の絶縁処理として，不適切なものは。
ただし，ビニルテープは JIS に定める厚さ約 0.2 mm の電気絶縁用ポリ塩化ビニル粘着テープとする。</td><td>イ. リングスリーブにより接続し，接続部分を自己融着性絶縁テープ（厚さ約 0.5 mm）で半幅以上重ねて 1 回（2 層）巻き，更に保護テープ（厚さ約 0.2 mm）を半幅以上重ねて 1 回（2 層）巻いた。
ロ. リングスリーブにより接続し，接続部分を黒色粘着性ポリエチレン絶縁テープ（厚さ約 0.5 mm）で半幅以上重ねて 2 回（4 層）巻いた。
ハ. リングスリーブにより接続し，接続部分をビニルテープで半幅以上重ねて 1 回（2 層）巻いた。
ニ. 差込形コネクタにより接続し，接続部分をビニルテープで巻かなかった。</td></tr>
<tr><td>20</td><td>次表は使用電圧 100 V の屋内配線の施設場所による工事の種類を示す表である。
表中の a ～ f のうち，「施設できない工事」を全て選んだ組合せとして，正しいものは。
<table>
<tr><th rowspan="2">施設場所の区分</th><th colspan="3">工事の種類</th></tr>
<tr><th>金属線ぴ工事</th><th>金属管工事</th><th>金属ダクト工事</th></tr>
<tr><td>点検できる隠ぺい場所で乾燥した場所</td><td>a</td><td>c</td><td>e</td></tr>
<tr><td>展開した場所で湿気の多い場所</td><td>b</td><td>d</td><td>f</td></tr>
</table></td><td>イ. a
ロ. b，f
ハ. e
ニ. e，f</td></tr>
</table>

	問い	答え
21	図に示す一般的な低圧屋内配線の工事で，スイッチボックス部分におけるパイロットランプの異時点滅（負荷が点灯していないときパイロットランプが点灯）回路は。 ただし，ⓐは電源からの非接地側電線（黒色），ⓑは電源からの接地側電線（白色）を示し，負荷には電源からの接地側電線が直接に結線されているものとする。 なお，パイロットランプは 100 V 用を使用する。 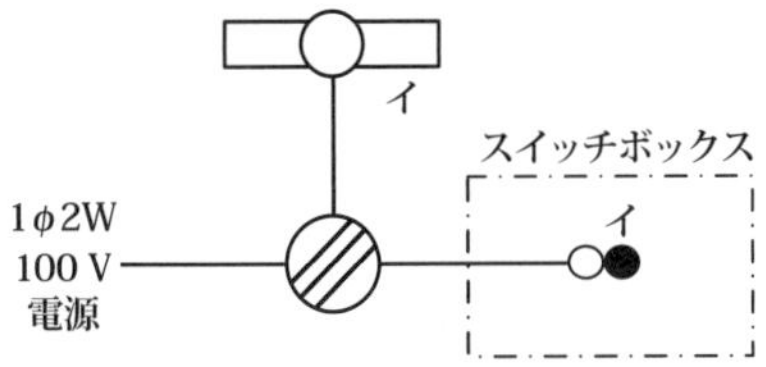 イ スイッチボックス 1φ2W 100 V 電源 イ パイロットランプ○は，異時点滅とする。	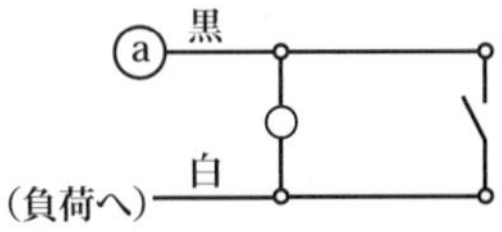 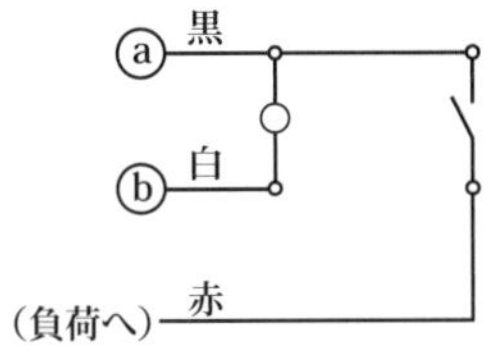 イ． 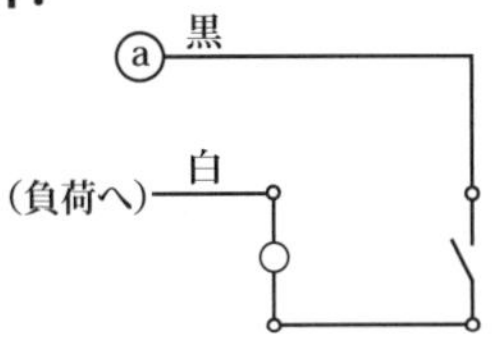 ⓐ 黒 白 （負荷へ） ロ． ⓐ 黒 白 （負荷へ） ハ． ⓐ 黒 ⓑ 白 （負荷へ）赤 ニ． ⓐ 黒 ⓑ 白 （負荷へ）赤 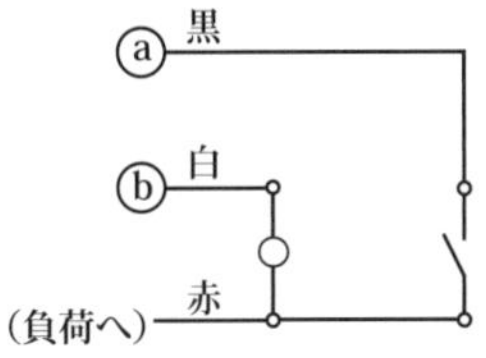
22	D種接地工事を**省略できないもの**は。 ただし，電路には定格感度電流 30 mA，定格動作時間 0.1 秒の漏電遮断器が取り付けられているものとする。	**イ．** 乾燥した場所に施設する三相 200 V（対地電圧 200 V）動力配線の電線を収めた長さ 3 m の金属管。 **ロ．** 乾燥した場所に施設する単相 3 線式 100/200 V（対地電圧 100 V）配線の電線を収めた長さ 6 m の金属管。 **ハ．** 乾燥した木製の床の上で取り扱うように施設する三相 200 V（対地電圧 200 V）空気圧縮機の金属製外箱部分。 **ニ．** 乾燥した場所のコンクリートの床に施設する三相 200 V（対地電圧 200 V）誘導電動機の鉄台。
23	低圧屋内配線工事で，600V ビニル絶縁電線を金属管に収めて使用する場合，その電線の許容電流を求めるための電流減少係数に関して，同一管内の電線数と電線の電流減少係数との組合せで，**誤っているものは**。 ただし，周囲温度は30℃以下とする。	**イ．** 2本　0.80 **ロ．** 4本　0.63 **ハ．** 5本　0.56 **ニ．** 6本　0.56

令和4年 下期午後 一般問題

	問い	答え
24	低圧電路で使用する測定器とその用途の組合せとして，**誤っているものは**。	**イ.** 絶縁抵抗計　と　絶縁不良箇所の確認 **ロ.** 回路計（テスタ）　と　導通の確認 **ハ.** 検相器　と　電動機の回線速度の測定 **ニ.** 検電器　と　電路の充電の有無の確認
25	図のような単相3線式回路で，開閉器を閉じて機器Aの両端の電圧を測定したところ120 Vを示した。この原因として，**考えられるものは**。 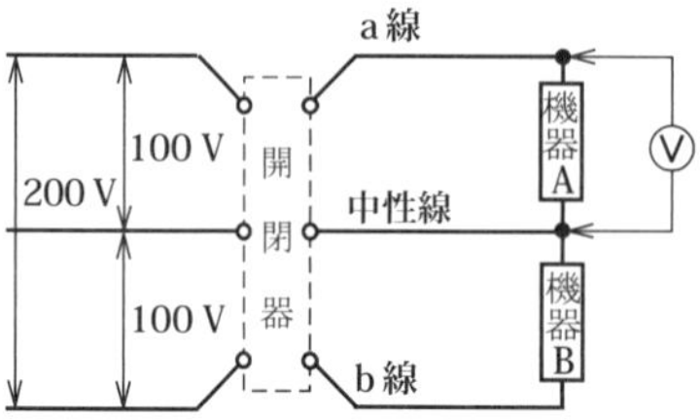	**イ.** a 線が断線している。 **ロ.** 中性線が断線している。 **ハ.** b 線が断線している。 **ニ.** 機器 A の内部で断線している。
26	次の空欄（A），（B）及び（C）に当てはまる組合せとして，**正しいものは**。 使用電圧が 300 V 以下で対地電圧が 150 V を超える低圧の電路の電線相互間及び電路と大地との間の絶縁抵抗は区切ることのできる電路ごとに［（A）］［MΩ］以上でなければならない。また，当該電路に施設する機械器具の金属製の台及び外箱には［（B）］接地工事を施し，接地抵抗値は［（C）］［Ω］以下に施設することが必要である。 ただし，当該電路に施設された地絡遮断装置の動作時間は0.5 秒を超えるものとする。	**イ.**（A）0.4（B）C 種（C）10 **ロ.**（A）0.2（B）C 種（C）500 **ハ.**（A）0.2（B）D 種（C）100 **ニ.**（A）0.2（B）D 種（C）500
27	単相 3 線式回路の漏れ電流の有無を，クランプ形漏れ電流計を用いて測定する場合の測定方法として，**正しいものは**。 ただし， 　は中性線を示す。	**イ.**　**ロ.**　**ハ.**　**ニ.** 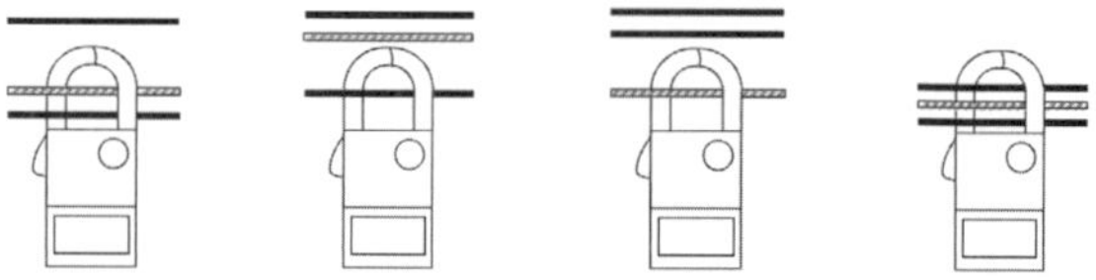

	問い	答え
28	「電気工事士法」において，一般用電気工作物の工事又は作業で電気工事士でなければ**従事できないものは**。	**イ．** インターホーンの施設に使用する小型変圧器（二次電圧が 36 V 以下）の二次側の配線をする。 **ロ．** 電線を支持する柱，腕木を設置する。 **ハ．** 電圧 600 V 以下で使用する電力量計を取り付ける。 **ニ．** 電線管とボックスを接続する。
29	「電気用品安全法」の適用を受ける次の電気用品のうち，特定電気用品は。	**イ．** 定格消費電力 20 W の蛍光ランプ **ロ．** 外形 19 mm の金属製電線管 **ハ．** 定格消費電力 500 W の電気冷蔵庫 **ニ．** 定格電流 30 A の漏電遮断器
30	一般用電気工作物に関する記述として，**誤っているものは**。	**イ．** 低圧で受電するもので，出力 60 kW の太陽電池発電設備を同一構内に施設するものは，一般用電気工作物となる。 **ロ．** 低圧で受電するものは，小出力発電設備を同一構内に施設しても一般用電気工作物となる。 **ハ．** 低圧で受電するものであっても，火薬類を製造する事業場など，設置する場所によっては一般用電気工作物とならない。 **ニ．** 高圧で受電するものは，受電電力の容量，需要場所の業種にかかわらず，一般用電気工作物とならない。

＊電気事業法が 2023（令和 5）年 3 月 20 日に改正されました。旧制度で，一般用電気工作物として区分され一部保安規制は対象外とされていたものが，新制度では，一部保安規制の対象外だった小出力発電設備（太陽電池発電設備〔10 kW 以上 50 kW 未満〕，風力発電設備〔20 kW 未満〕）が新たな区分に位置づけられました。なお，問題文の正誤に影響はありません。

問題2 **配線図（問題数 20，配点は 1 問当たり 2 点）** ※図は 100 頁参照

図は，木造 3 階建住宅の配線図である。この図に関する次の各問いには 4 通りの答え（**イ**，**ロ**，**ハ**，**ニ**）が書いてある。それぞれの問いに対して，答えを 1 つ選びなさい。

【注意】

1. 屋内配線の工事は，特記のある場合を除き 600V ビニル絶縁ビニルシースケーブル平形（VVF）を用いたケーブル工事である。
2. 屋内配線等の電線の本数，電線の太さ，その他，問いに直接関係のない部分等は省略又は簡略化してある。
3. 漏電遮断器は，定格感度電流 30 mA，動作時間 0.1 秒以内のものを使用している。
4. 選択肢（答え）の写真にあるコンセント及び点滅器は，「JIS C 0303：2000 構内電気設備の配線用図記号」で示す「一般形」である。
5. ジョイントボックスを経由する電線は，すべて接続箇所を設けている。
6. 3 路スイッチの記号「0」の端子には，電源側又は負荷側の電線を結線する。

	問い	答え
31	①で示す部分にペンダントを取り付けたい。図記号は。	**イ.** (CH)　**ロ.** (CP)　**ハ.**  ⊖　**ニ.** (CL)
32	②で示す図記号の名称は。	**イ.** 一般形点滅器　**ロ.** 一般形調光器 **ハ.** ワイドハンドル形点滅器　**ニ.** ワイド形調光器
33	③で示すコンセントの極配置（刃受）は。	**イ.** 　**ロ.** 　**ハ.** 　**ニ.** 
34	④で示す部分の工事方法として，**適切なものは**。	**イ.** 金属管工事 **ロ.** 金属可とう電線管工事 **ハ.** 金属線ぴ工事 **ニ.** 600V 架橋ポリエチレン絶縁ビニルシースケーブル（単心 3 本のより線）を使用したケーブル工事
35	⑤で示す部分の電路と大地間の絶縁抵抗として，許容される最小値［MΩ］は。	**イ.** 0.1　**ロ.** 0.2　**ハ.** 0.4　**ニ.** 1.0
36	⑥で示す部分の接地工事の種類及びその接地抵抗の許容される最大値［Ω］の組合せとして，**正しいものは**。	**イ.** C 種接地工事　10 Ω **ロ.** C 種接地工事　100 Ω **ハ.** D 種接地工事　100 Ω **ニ.** D 種接地工事　500 Ω

	問い	答え
37	⑦で示す部分の最少電線本数(心線数)は。	イ．2　ロ．3　ハ．4　ニ．5
38	⑧で示す部分の配線で（PF22）とあるのは。	イ．外径 22 mm の硬質ポリ塩化ビニル電線管である。 ロ．外径 22 mm の合成樹脂製可とう電線管である。 ハ．内径 22 mm の硬質ポリ塩化ビニル電線管である。 ニ．内径 22 mm の合成樹脂製可とう電線管である。
39	⑨で示す部分の小勢力回路で使用できる電圧の最大値［V］は。	イ．24　ロ．30　ハ．40　ニ．60
40	⑩で示す図記号の配線方法は。	イ．天井隠ぺい配線　ロ．床隠ぺい配線 ハ．天井ふところ内配線　ニ．床面露出配線
41	⑪で示すボックス内の接続をすべて差込形コネクタとする場合，使用する差込形コネクタの種類と最少個数の組合せで，**正しいものは**。 ただし，使用する電線はすべてVVF1.6とする。	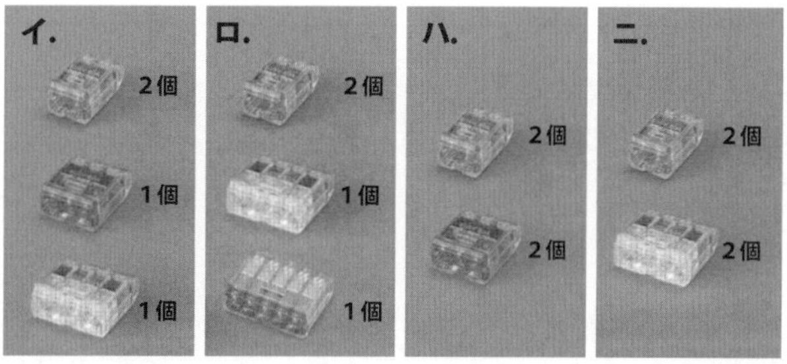 イ．2個　1個　1個 ロ．2個　1個　1個 ハ．2個　2個 ニ．2個　2個
42	⑫で示すボックス内の接続をリングスリーブで圧着接続した場合のリングスリーブの種類，個数及び圧着接続後の刻印との組合せで，**正しいものは**。 ただし，使用する電線はすべてVVF1.6とする。 また，写真に示す**リングスリーブ中央**の**○**，**小**，**中**は刻印を表す。	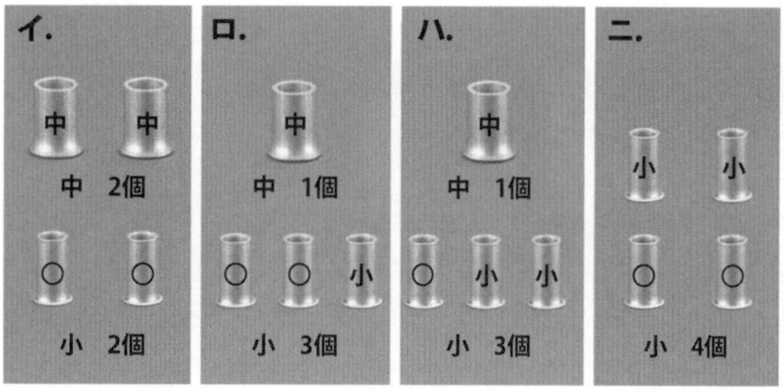 イ．中 中　中　2個　○ ○　小　2個 ロ．中　中　1個　○ ○ 小　小　3個 ハ．中　中　1個　○ 小 小　小　3個 ニ．小 小　○ ○　小　4個
43	⑬で示す部分の配線工事に必要なケーブルは。 ただし，使用するケーブルの心線数は最少とする。	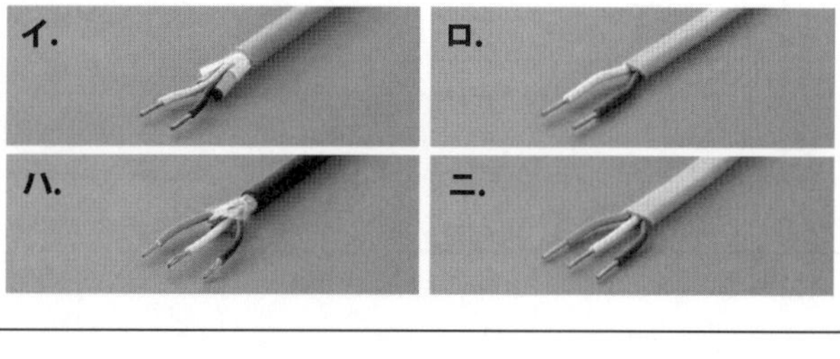 イ．　ロ．　ハ．　ニ．

	問い	答え
44	⑭で示すボックス内の接続をすべて圧着接続とする場合，使用するリングスリーブの種類と最少個数の組合せで，**正しいものは**。 ただし，使用する電線はすべてVVF1.6とする。	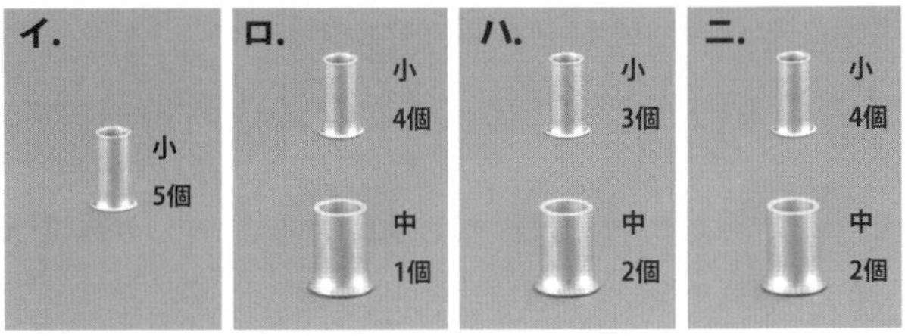 イ．小 5個　ロ．小 4個 中 1個　ハ．小 3個 中 2個　ニ．小 4個 中 2個
45	⑮で示す部分の配線を器具の裏面から見たものである。**正しいものは**。 ただし，電線の色別は，白色は電源からの接地側電線，黒色は電源からの非接地側電線とする。	イ．黒 白 赤　ロ．黒 白　ハ．黒 白 赤　ニ．白 赤 黒 ※電線の色は追記
46	この配線図の施工で，一般的に**使用されることのないものは**。	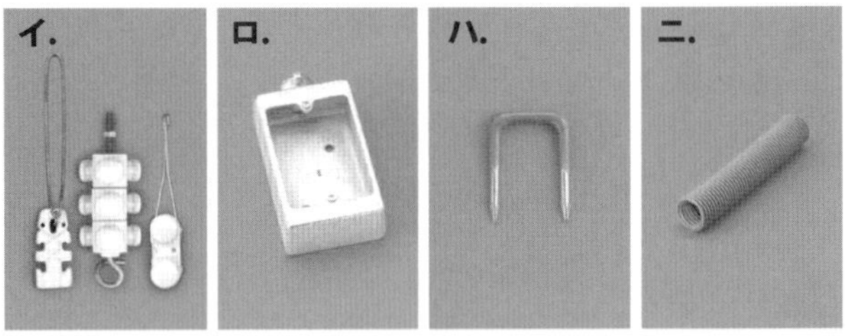 イ．　ロ．　ハ．　ニ．
47	この配線図の施工で，一般的に**使用されることのないものは**。	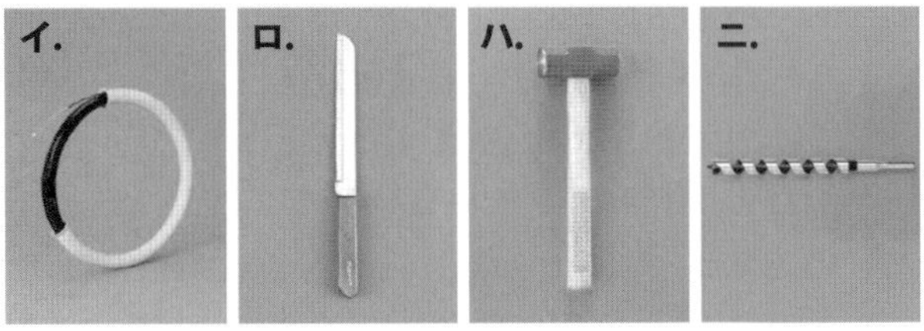 イ．　ロ．　ハ．　ニ．
48	この配線図で，**使用されていない**スイッチは。 ただし，写真下の図は，接点の構成を示す。	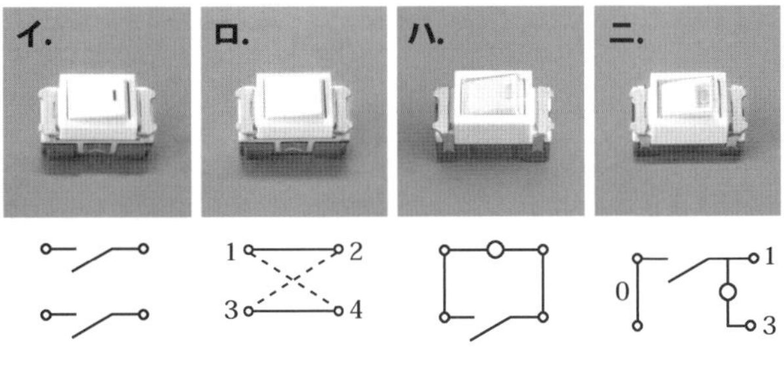 イ．　ロ．1 2 3 4　ハ．　ニ．0 1 3

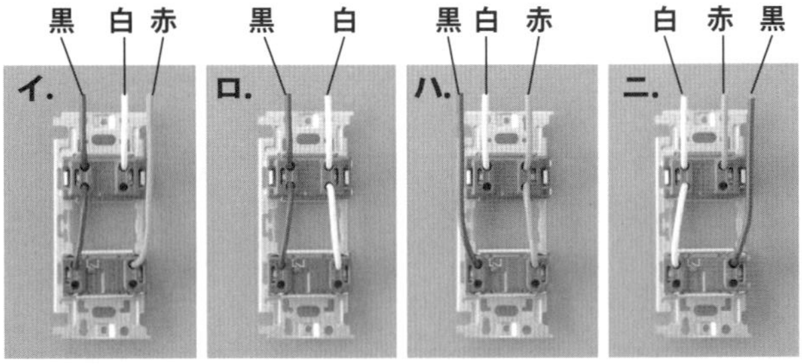

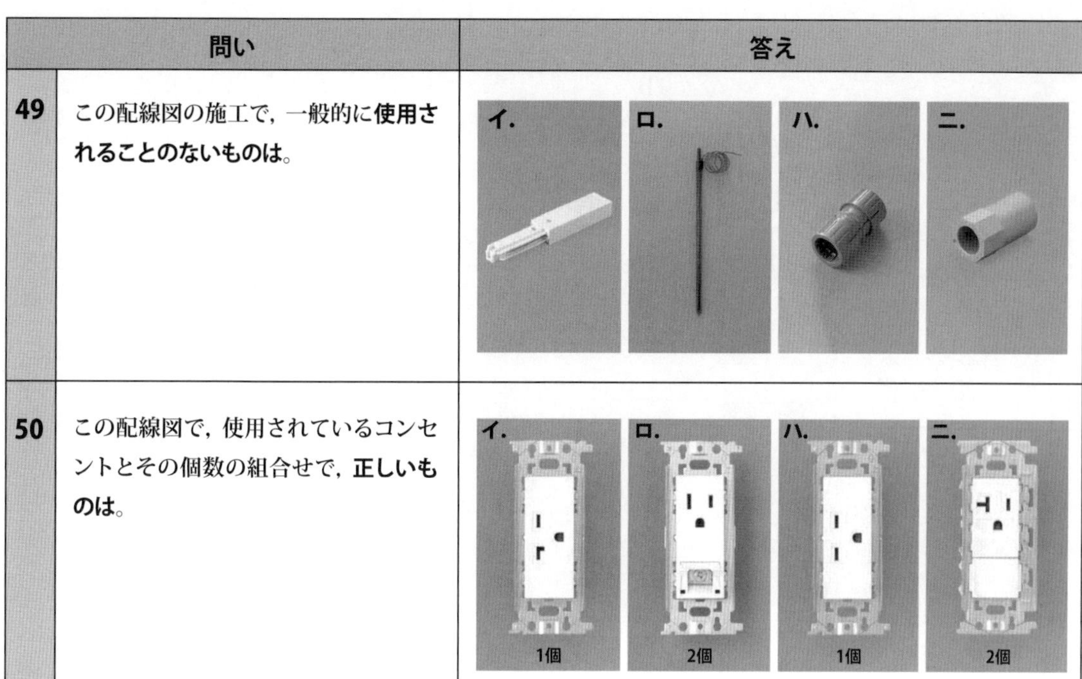

	問い	答え
49	この配線図の施工で，一般的に**使用されることのないものは**。	イ.　ロ.　ハ.　ニ.
50	この配線図で，使用されているコンセントとその個数の組合せで，**正しいものは**。	イ. 1個　ロ. 2個　ハ. 1個　ニ. 2個

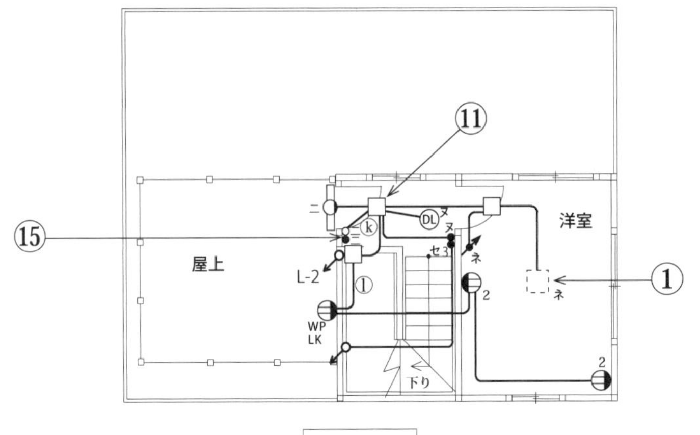

3階平面図

凡例
ⓐ～ⓛ 印は単相100V回路
◎ⓐ～◎ⓑ 印は単相200V回路
◢ は電灯分電盤

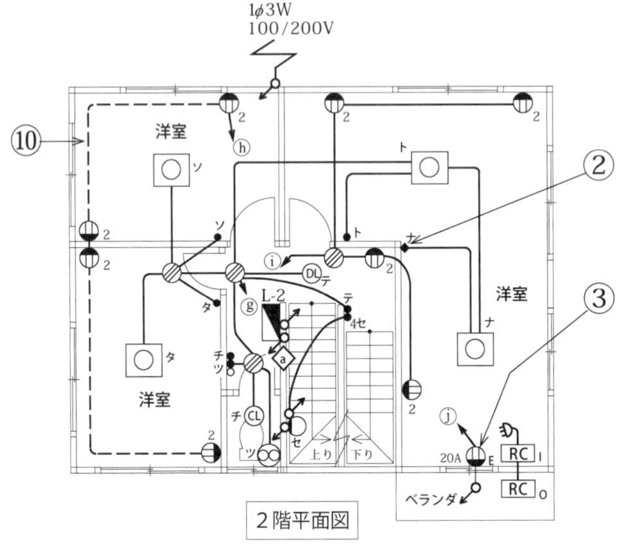

2階平面図

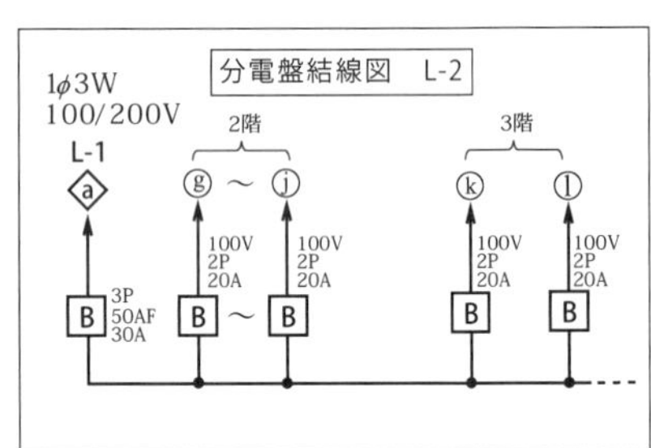

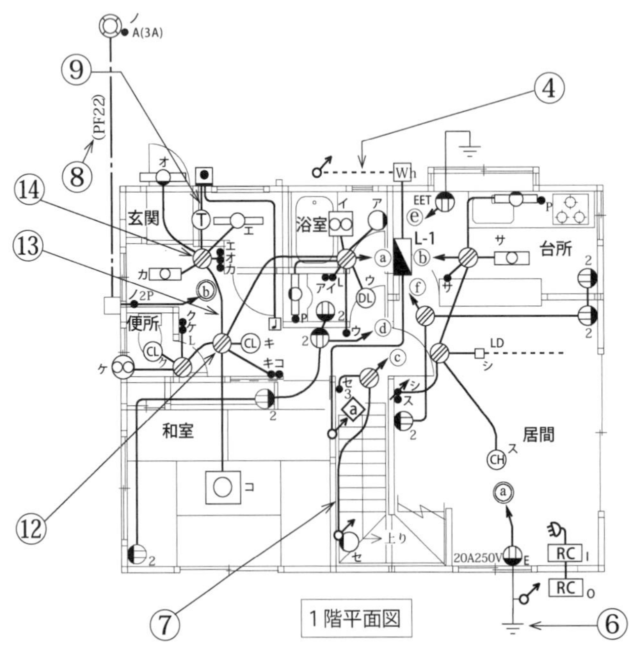

1階平面図

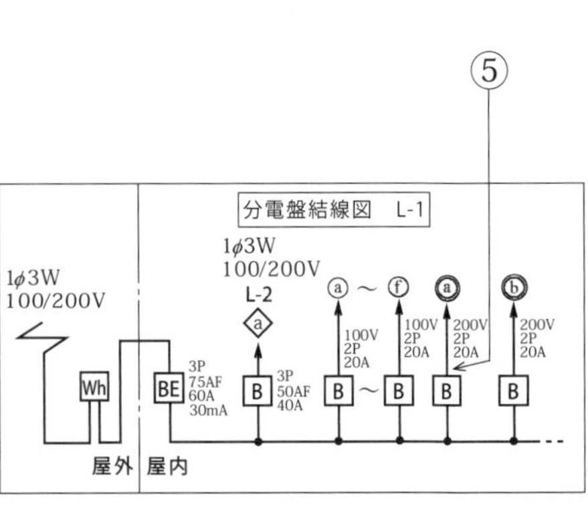

第 2 章

第二種電気工事士　筆記試験
令和 4 年度

《下期・午前》

試験問題に使用する図記号等と国際規格の本試験での取り扱いについて

1．試験問題に使用する図記号等

試験問題に使用される図記号は，原則として「JIS C 0617-1 ～ 13 電気用図記号」及び「JIS C 0303：2000 構内電気設備の配線用図記号」を使用することとします。

2．「電気設備の技術基準の解釈」の適用について

「電気設備の技術基準の解釈について」の第 218 条，第 219 条の「国際規格の取り入れ」の条項は本試験には適用しません。

問題 1 **一般問題（問題数 30，配点は 1 問当たり 2 点）**

[注] 本問題の計算で$\sqrt{2}$，$\sqrt{3}$ 及び円周率πを使用する場合の数値は次によること。

$\sqrt{2} = 1.41$，$\sqrt{3} = 1.73$，$\pi = 3.14$

次の各問いには 4 通りの答え（**イ，ロ，ハ，ニ**）が書いてある。それぞれの問いに対して答えを 1 つ選びなさい。

なお，選択肢が数値の場合は最も近い値を選びなさい。

	問い	答え
1	図のような直流回路に流れる電流 I [A] は。 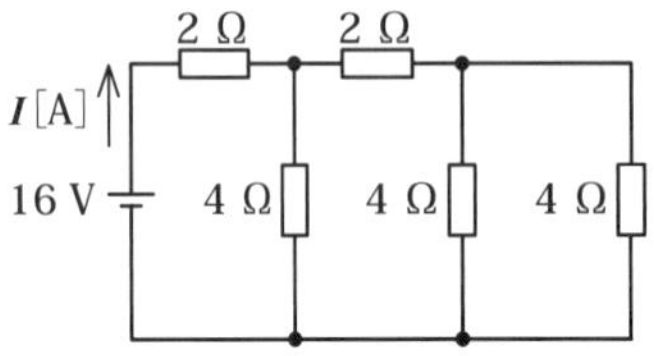 	**イ.** 1　**ロ.** 2　**ハ.** 4　**ニ.** 8
2	ビニル絶縁電線（単線）の抵抗又は許容電流に関する記述として，**誤っているものは**。	**イ.** 許容電流は，周囲の温度が上昇すると，大きくなる。 **ロ.** 許容電流は，導体の直径が大きくなると，大きくなる。 **ハ.** 電線の抵抗は，導体の長さに比例する。 **ニ.** 電線の抵抗は，導体の直径の 2 乗に反比例する。
3	電熱器により，90 kg の水の温度を 20 K 上昇させるのに必要な電力量 [kW・h] は。 ただし，水の比熱は4.2 kJ/(kg・K) とし，熱効率は 100 %とする。	**イ.** 0.7　**ロ.** 1.4　**ハ.** 2.1　**ニ.** 2.8
4	図のような交流回路において，抵抗 12 Ωの両端の電圧 V [V] は。 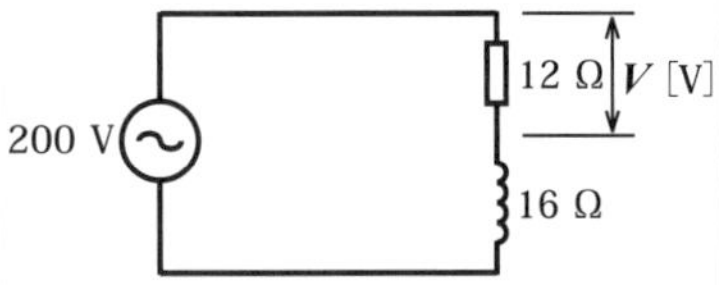 	**イ.** 86　**ロ.** 114　**ハ.** 120　**ニ.** 160

	問い	答え
5	図のような電源電圧 E [V] の三相3線式回路で，図中の×印点で断線した場合，断線後の a−c 間の抵抗 R [Ω] に流れる電流 I [A] を示す式は。 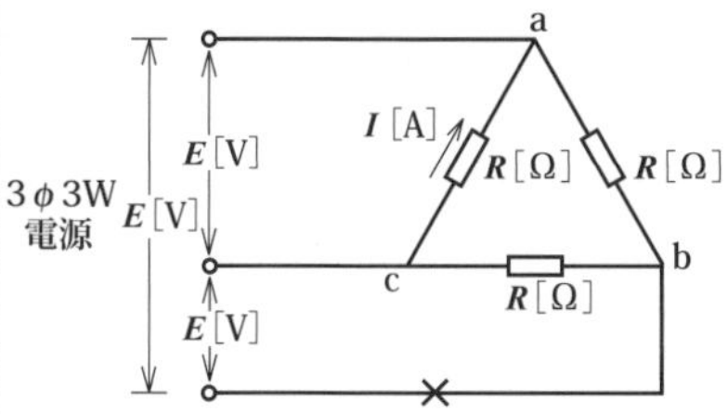	イ．$\frac{E}{2R}$　ロ．$\frac{E}{\sqrt{3}R}$　ハ．$\frac{E}{R}$　ニ．$\frac{3E}{2R}$
6	図のような単相2線式電線路において，線路の長さは 50 m，負荷電流は 25 A で，抵抗負荷が接続されている。線路の電圧降下（$Vs-Vr$）を 4 V 以内にするための電線の最小太さ（断面積）[mm^2] は。 ただし，電線の抵抗は表のとおりとする。 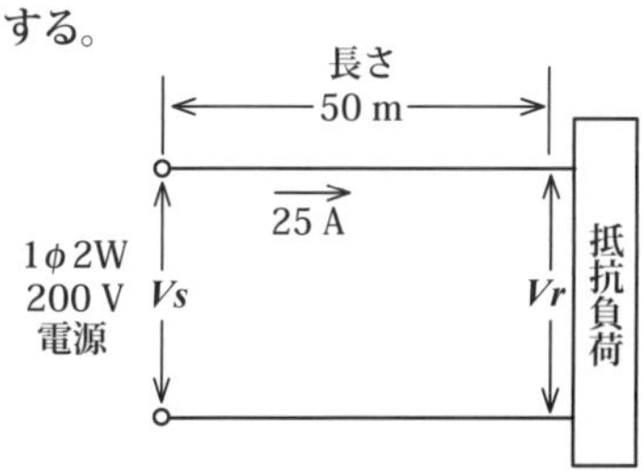 電線の太さ [mm^2]：1km 当たりの導体抵抗 [Ω／km] 5.5：3.33 8：2.31 14：1.30 22：0.82	イ．5.5　ロ．8　ハ．14　ニ．22
7	図のような単相3線式回路において，電線1線当たりの抵抗が 0.1 Ω，抵抗負荷に流れる電流がともに 15 A のとき，この電線路の電力損失 [W] は。 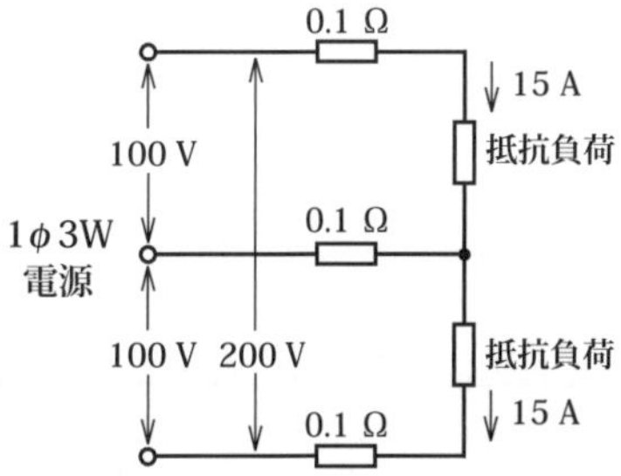	イ．23　ロ．39　ハ．45　ニ．68

	問い	答え
8	金属管による低圧屋内配線工事で，管内に直径 1.6 mm の 600V ビニル絶縁電線（軟銅線）3 本を収めて施設した場合，電線 1 本当たりの許容電流［A］は。 ただし，周囲温度は 30 ℃以下，電流減少係数は0.70 とする。	**イ.** 19　**ロ.** 24　**ハ.** 27　**ニ.** 34
9	図のように定格電流 60 A の過電流遮断器で保護された低圧屋内幹線から分岐して，10 m の位置に過電流遮断器を施設するとき，a―b 間の電線の許容電流の最小値［A］は。 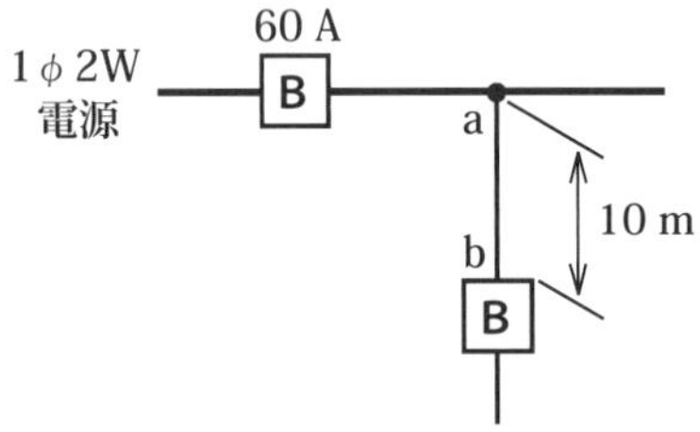 60 A　1φ2W 電源　B　a　b　10 m　B	**イ.** 15　**ロ.** 21　**ハ.** 27　**ニ.** 33
10	低圧屋内配線の分岐回路の設計で，配線用遮断器，分岐回路の電線の太さ及びコンセントの組合せとして，**不適切なものは**。 ただし，分岐点から配線用遮断器までは 3 m，配線用遮断器からコンセントまでは 8 m とし，電線の数値は分岐回路の電線（軟銅線）の太さを示す。 また，コンセントは兼用コンセントではないものとする。	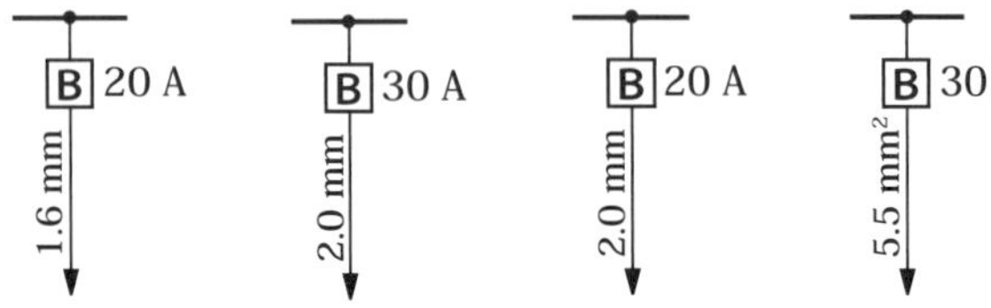 **イ.** B 20 A　1.6 mm　定格電流15 Aのコンセント2個 **ロ.** B 30 A　2.0 mm　定格電流30 Aのコンセント2個 **ハ.** B 20 A　2.0 mm　定格電流20 Aのコンセント3個 **ニ.** B 30 A　5.5 mm²　定格電流20 Aのコンセント1個
11	合成樹脂管工事に使用される 2 号コネクタの使用目的は。	**イ.** 硬質ポリ塩化ビニル電線管相互を接続するのに用いる。 **ロ.** 硬質ポリ塩化ビニル電線管をアウトレットボックス等に接続するのに用いる。 **ハ.** 硬質ポリ塩化ビニル電線管の管端を保護するのに用いる。 **ニ.** 硬質ポリ塩化ビニル電線管と合成樹脂製可とう電線管とを接続するのに用いる。

	問い	答え
12	絶縁物の最高許容温度が最も高いものは。	**イ.** 600V 架橋ポリエチレン絶縁ビニルシースケーブル（CV） **ロ.** 600V 二種ビニル絶縁電線（HIV） **ハ.** 600V ビニル絶縁ビニルシースケーブル丸形（VVR） **ニ.** 600V ビニル絶縁電線（IV）
13	電気工事の種類と，その工事で使用する工具の組合せとして，**適切なものは**。	**イ.** 金属線ぴ工事とボルトクリッパ **ロ.** 合成樹脂管工事とパイプベンダ **ハ.** 金属管工事とクリックボール **ニ.** バスダクト工事と圧着ペンチ
14	三相誘導電動機が周波数 60 Hz の電源で無負荷運転されている。この電動機を周波数 50 Hz の電源で無負荷運転した場合の回転の状態は。	**イ.** 回転速度は変化しない。 **ロ.** 回転しない。 **ハ.** 回転速度が減少する。 **ニ.** 回転速度が増加する。
15	点灯管を用いる蛍光灯と比較して，高周波点灯専用形の蛍光灯の特徴として，**誤っているものは**。	**イ.** ちらつきが少ない。 **ロ.** 発光効率が高い。 **ハ.** インバータが使用されている。 **ニ.** 点灯に要する時間が長い。
16	写真に示す材料の名称は。	**イ.** 無機絶縁ケーブル **ロ.** 600V ビニル絶縁ビニルシースケーブル平形 **ハ.** 600V 架橋ポリエチレン絶縁ビニルシースケーブル **ニ.** 600V ポリエチレン絶縁耐燃性ポリエチレンシースケーブル平形
17	写真に示す機器の名称は。	**イ.** 水銀灯用安定器 **ロ.** 変流器 **ハ.** ネオン変圧器 **ニ.** 低圧進相コンデンサ

令和4年 下期午前　一般問題

	問い	答え
18	写真に示す器具の用途は。 白 赤　青 ※色は追記	**イ.** 三相回路の相順を調べるのに用いる。 **ロ.** 三相回路の電圧の測定に用いる。 **ハ.** 三相電動機の回転速度の測定に用いる。 **ニ.** 三相電動機の軸受けの温度の測定に用いる。
19	単相100 Vの屋内配線工事における絶縁電線相互の接続で，**不適切なものは**。	**イ.** 絶縁電線の絶縁物と同等以上の絶縁効力のあるもので十分被覆した。 **ロ.** 電線の電気抵抗が 10 %増加した。 **ハ.** 終端部を圧着接続するのにリングスリーブ（E 形）を使用した。 **ニ.** 電線の引張強さが 15 %減少した。
20	同一敷地内の車庫へ使用電圧 100 V の電気を供給するための低圧屋側配線部分の工事として，**不適切なものは**。	**イ.** 600V 架橋ポリエチレン絶縁ビニルシースケーブル（CV）によるケーブル工事 **ロ.** 硬質ポリ塩化ビニル電線管（VE）による合成樹脂管工事 **ハ.** 1 種金属製線ぴによる金属線ぴ工事 **ニ.** 600V ビニル絶縁ビニルシースケーブル丸形（VVR）によるケーブル工事
21	木造住宅の単相 3 線式 100/200 V 屋内配線工事で，**不適切な工事方法は**。 ただし，使用する電線は 600V ビニル絶縁電線，直径 1.6 mm（軟銅線）とする。	**イ.** 合成樹脂製可とう電線管（CD管）を木造の床下や壁の内部及び天井裏に配管した。 **ロ.** 合成樹脂製可とう電線管（PF管）内に通線し，支持点間の距離を 1.0 m で造営材に固定した。 **ハ.** 同じ径の硬質ポリ塩化ビニル電線管(VE)2本をTSカップリングで接続した。 **ニ.** 金属管を点検できない隠ぺい場所で使用した。

	問い	答え
22	特殊場所とその場所に施工する低圧屋内配線工事の組合せで，**不適切なものは**。	**イ.** プロパンガスを他の小さな容器に小分けする可燃性ガスのある場所 厚鋼電線管で保護した 600V ビニル絶縁ビニルシースケーブルを用いたケーブル工事 **ロ.** 小麦粉をふるい分けする可燃性粉じんのある場所 硬質ポリ塩化ビニル電線管 VE28 を使用した合成樹脂管工事 **ハ.** 石油を貯蔵する危険物の存在する場所 金属線ぴ工事 **ニ.** 自動車修理工場の吹き付け塗装作業を行う可燃性ガスのある場所 厚鋼電線管を使用した金属管工事
23	使用電圧 200 V の電動機に接続する部分の金属可とう電線管工事として，**不適切なものは**。 ただし，管は 2 種金属製可とう電線管を使用する。	**イ.** 管とボックスとの接続にストレートボックスコネクタを使用した。 **ロ.** 管の長さが 6 m であるので，電線管の D 種接地工事を省略した。 **ハ.** 管の内側の曲げ半径を管の内径の 6 倍以上とした。 **ニ.** 管と金属管（鋼製電線管）との接続にコンビネーションカップリングを使用した。
24	回路計(テスタ)に関する記述として，**正しいものは**。	**イ.** ディジタル式は電池を内蔵しているが，アナログ式は電池を必要としない。 **ロ.** 電路と大地間の抵抗測定を行った。その測定値は電路の絶縁抵抗値として使用してよい。 **ハ.** 交流又は直流電圧を測定する場合は，あらかじめ想定される値の直近上位のレンジを選定して使用する。 **ニ.** 抵抗を測定する場合の回路計の端子における出力電圧は，交流電圧である。
25	低圧屋内配線の電路と大地間の絶縁抵抗を測定した。「電気設備に関する技術基準を定める省令」に**適合していないものは**。	**イ.** 単相 3 線式 100/200 V の使用電圧 200 V 空調回路の絶縁抵抗を測定したところ 0.16 MΩであった。 **ロ.** 三相 3 線式の使用電圧 200 V（対地電圧 200 V）電動機回路の絶縁抵抗を測定したところ 0.18 MΩであった。 **ハ.** 単相 2 線式の使用電圧 100 V 屋外庭園灯回路の絶縁抵抗を測定したところ 0.12 MΩであった。 **ニ.** 単相 2 線式の使用電圧 100 V 屋内配線の絶縁抵抗を，分電盤で各回路を一括して測定したところ，1.5 MΩであったので個別分岐回路の測定を省略した。

	問い	答え
26	直読式接地抵抗計（アーステスタ）を使用して直読で接地抵抗を測定する場合，補助接地極（2 箇所）の配置として，**適切なものは**。	**イ.** 被測定接地極を中央にして，左右一直線上に補助接地極を 10 m 程度離して配置する。 **ロ.** 被測定接地極を端とし，一直線上に 2 箇所の補助接地極を順次 10 m 程度離して配置する。 **ハ.** 被測定接地極を端とし，一直線上に 2 箇所の補助接地極を順次 1 m 程度離して配置する。 **ニ.** 被測定接地極と 2 箇所の補助接地極を相互に 5 m 程度離して正三角形に配置する。
27	単相 2 線式 100 V 回路の漏れ電流を，クランプ形漏れ電流計を用いて測定する場合の測定方法として，**正しいものは**。 ただし，＝＝＝＝ は接地線を示す。	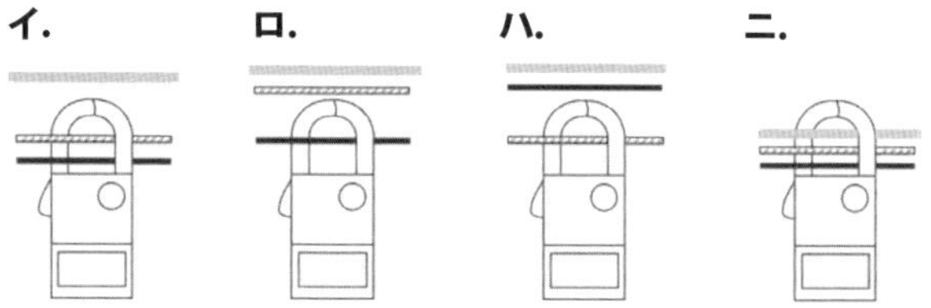 **イ.**　**ロ.**　**ハ.**　**ニ.**
28	電気の保安に関する法令についての記述として，**誤っているものは**。	**イ.**「電気工事士法」は，電気工事の作業に従事する者の資格及び義務を定め，もって電気工事の欠陥による災害の発生の防止に寄与することを目的とする。 **ロ.**「電気設備に関する技術基準を定める省令」は，「電気工事士法」の規定に基づき定められた経済産業省令である。 **ハ.**「電気用品安全法」は，電気用品の製造，販売等を規制するとともに，電気用品の安全性の確保につき民間事業者の自主的な活動を促進することにより，電気用品による危険及び障害の発生を防止することを目的とする。 **ニ.**「電気用品安全法」において，電気工事士は電気工作物の設置又は変更の工事に適正な表示が付されている電気用品の使用を義務づけられている。

	問い	答え
29	「電気用品安全法」における電気用品に関する記述として，**誤っているものは**。	**イ．**電気用品の製造又は輸入の事業を行う者は，「電気用品安全法」に規定する義務を履行したときに，経済産業省令で定める方式による表示を付すことができる。 **ロ．**特定電気用品は構造又は使用方法その他の使用状況からみて特に危険又は障害の発生するおそれが多い電気用品であって，政令で定めるものである。 **ハ．**特定電気用品には㊣又は（PS）E の表示が付されている。 **ニ．**電気工事士は，「電気用品安全法」に規定する表示の付されていない電気用品を電気工作物の設置又は変更の工事に使用してはならない。
30	「電気設備に関する技術基準を定める省令」における電圧の低圧区分の組合せで，**正しいものは**。	**イ．**直流にあっては 600 V 以下，交流にあっては 600 V 以下のもの **ロ．**直流にあっては 750 V 以下，交流にあっては 600 V 以下のもの **ハ．**直流にあっては 600 V 以下，交流にあっては 750 V 以下のもの **ニ．**直流にあっては 750 V 以下，交流にあっては 750V 以下のもの

問題2 配線図（問題数 20，配点は 1 問当たり 2 点）

※図は 114 頁参照

図は，木造 1 階建住宅の配線図である。この図に関する次の各問いには 4 通りの答え（**イ**, **ロ**, **ハ**, **ニ**）が書いてある。それぞれの問いに対して，答えを 1 つ選びなさい。

【注意】

1. 屋内配線の工事は，特記のある場合を除き 600V ビニル絶縁ビニルシースケーブル平形（VVF）を用いたケーブル工事である。
2. 屋内配線等の電線の本数，電線の太さ，その他，問いに直接関係のない部分等は省略又は簡略化してある。
3. 漏電遮断器は，定格感度電流 30 mA，動作時間 0.1 秒以内のものを使用している。
4. 選択肢（答え）の写真にあるコンセント及び点滅器は，「JIS C 0303：2000 構内電気設備の配線用図記号」で示す「一般形」である。
5. 分電盤の外箱は合成樹脂製である。
6. ジョイントボックスを経由する電線は，すべて接続箇所を設けている。
7. 3 路スイッチの記号「0」の端子には，電源側又は負荷側の電線を結線する。

	問い	答え
31	①で示す図記号の名称は。	**イ.** 白熱灯　**ロ.** 熱線式自動スイッチ **ハ.** 確認表示灯　**ニ.** 位置表示灯
32	②で示す部分にペンダントを取り付けたい。 図記号は。	**イ.** (CH)　**ロ.** (CP)　**ハ.** ⊖　**ニ.** (CL)
33	③で示す引込口開閉器が省略できる場合の，住宅と車庫との間の電路の長さの最大値［m］は。	**イ.** 5　**ロ.** 10　**ハ.** 15　**ニ.** 20
34	④で示す部分の電路と大地間の絶縁抵抗として，許容される最小値［MΩ］は。	**イ.** 0.1　**ロ.** 0.2　**ハ.** 0.3　**ニ.** 0.4
35	⑤の部分で施設する配線用遮断器は。	**イ.** 2 極 1 素子　**ロ.** 2 極 2 素子 **ハ.** 3 極 2 素子　**ニ.** 3 極 3 素子
36	⑥で示す図記号の名称は。	**イ.** ジョイントボックス　**ロ.** VVF 用ジョイントボックス **ハ.** プルボックス　**ニ.** ジャンクションボックス
37	⑦で示す部分の小勢力回路で使用できる電圧の最大値［V］は。	**イ.** 24　**ロ.** 30　**ハ.** 40　**ニ.** 60

	問い	答え
38	⑧で示す部分に波付硬質合成樹脂管を施工したい。その図記号の傍記表示は。	**イ.** PF　**ロ.** HIVE　**ハ.** FEP　**ニ.** HIVP
39	⑨で示す部分の接地工事の種類及びその接地抵抗の許容される最大値［Ω］の組合せとして，**正しいものは**。	**イ.** C 種接地工事　10 Ω **ロ.** C 種接地工事　100 Ω **ハ.** D 種接地工事　100 Ω **ニ.** D 種接地工事　500 Ω
40	⑩で示す部分の最少電線本数（心線数）は。	**イ.** 2　**ロ.** 3　**ハ.** 4　**ニ.** 5
41	⑪で示す点滅器の取付け工事に使用するものは。	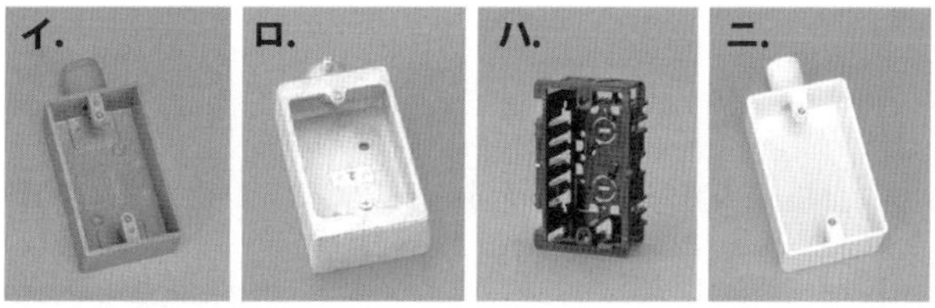 **イ.**　**ロ.**　**ハ.**　**ニ.**
42	⑫で示すボックス内の接続をすべて圧着接続とした場合のリングスリーブの種類，個数及び圧着接続後の刻印の組合せで，**正しいものは**。 ただし，使用する電線はすべてVVF1.6 とし，傍記 **RAS** の器具は 2 線式とする。また，写真に示す**リングスリーブ中央の○，小，中**は刻印を表す。	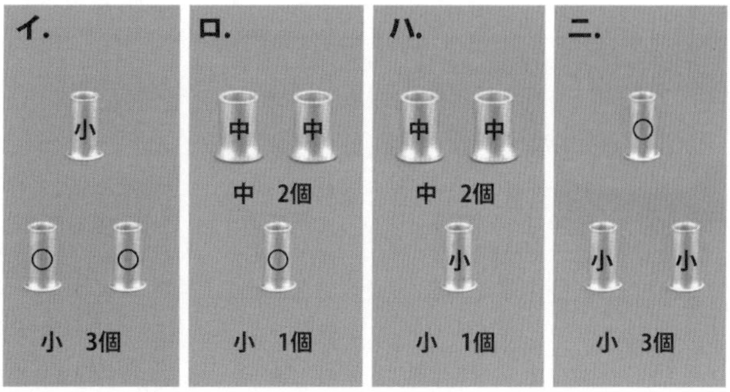 **イ.** 小　3個（刻印：小，○，○） **ロ.** 中　2個（刻印：中，中）　小　1個（刻印：○） **ハ.** 中　2個（刻印：中，中）　小　1個（刻印：小） **ニ.** 小　3個（刻印：○，小，小）
43	⑬で示す回路の負荷電流を測定するものは。	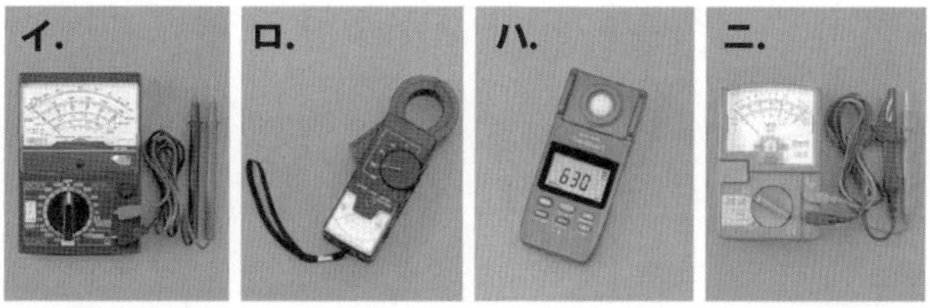 **イ.**　**ロ.**　**ハ.**　**ニ.**

令和4年 下期午前

配線図

	問い	答え
44	⑭で示す部分の配線を器具の裏面から見たものである。**正しいものは**。 ただし，電線の色別は，白色は電源からの接地側電線，黒色は電源からの非接地側電線，赤色は負荷に結線する電線とする。	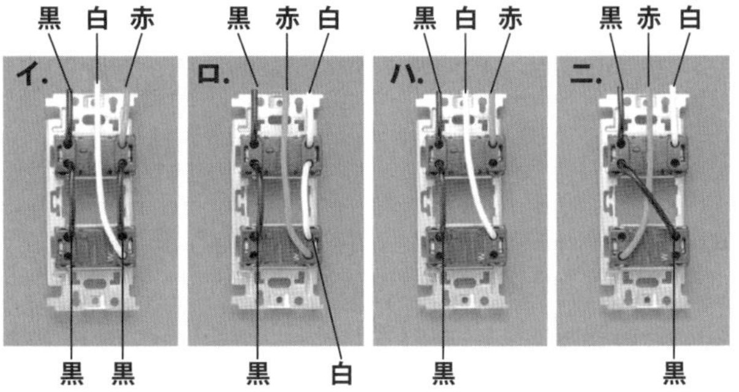 イ. 黒 白 赤／黒 黒 ロ. 黒 赤 白／黒 白 ハ. 黒 白 赤／黒 ニ. 黒 赤 白／黒 ※電線の色は追記
45	⑮で示すボックス内の接続をすべて圧着接続とする場合，使用するリングスリーブの種類と最少個数の組合せで，**正しいものは**。 ただし，使用する電線はすべてVVF1.6とする。	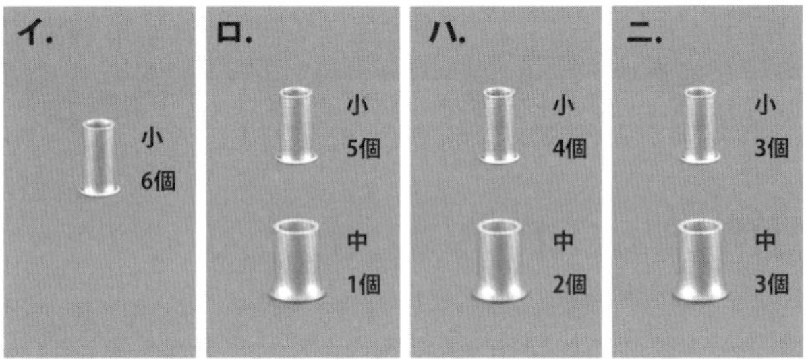 イ. 小 6個 ロ. 小 5個　中 1個 ハ. 小 4個　中 2個 ニ. 小 3個　中 3個
46	⑯で示す部分の配線工事に必要なケーブルは。 ただし，心線数は最少とする。	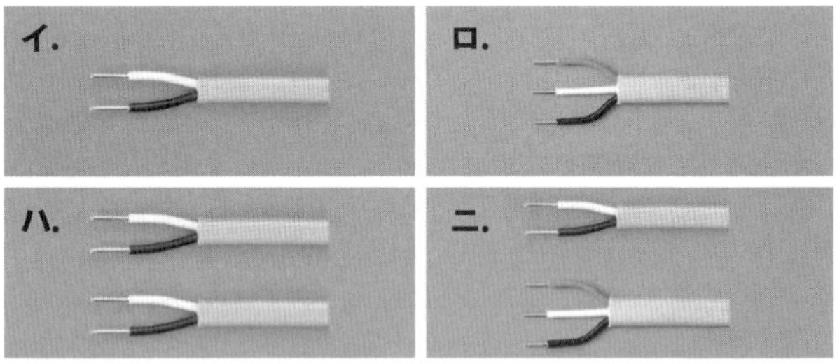 イ. ロ. ハ. ニ.
47	⑰で示すボックス内の接続をすべて差込形コネクタとする場合，使用する差込形コネクタの種類と最少個数の組合せで，**正しいものは**。 ただし，使用する電線はすべてVVF1.6とする。	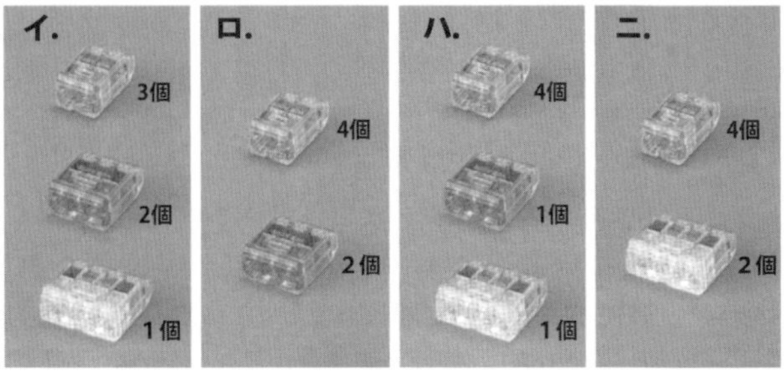 イ. 3個　2個　1個 ロ. 4個　2個 ハ. 4個　1個　1個 ニ. 4個　2個
48	この配線図で，**使用されていないコンセントは**。	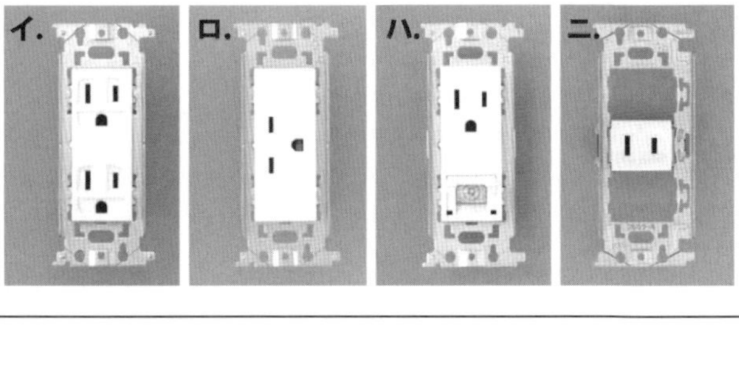 イ. ロ. ハ. ニ.

問い		答え
49	この配線図で，**使用されていない**スイッチは。 ただし，写真下の図は，接点の構成を示す。	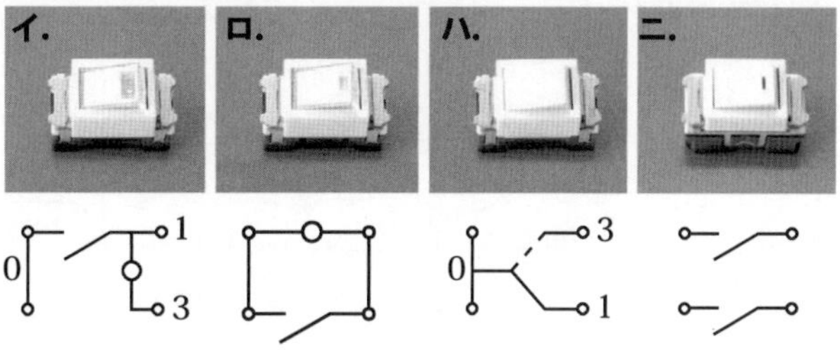 イ.　ロ.　ハ.　ニ. 0　1　3　0　3　1
50	この配線図の施工に関して，一般的に使用するものの組合せで，**不適切なものは**。	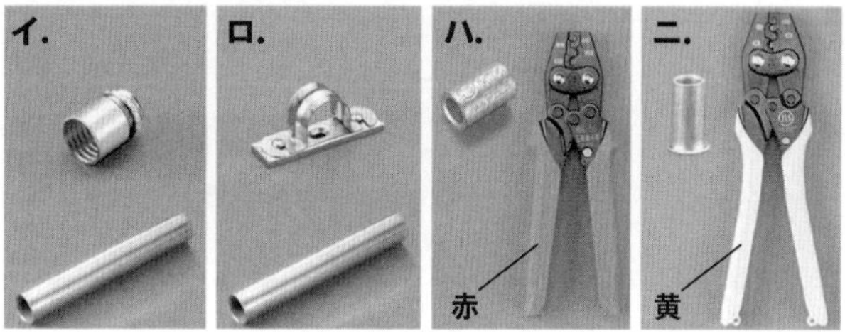 イ.　ロ.　ハ.　ニ. 赤　黄 ※色は追記

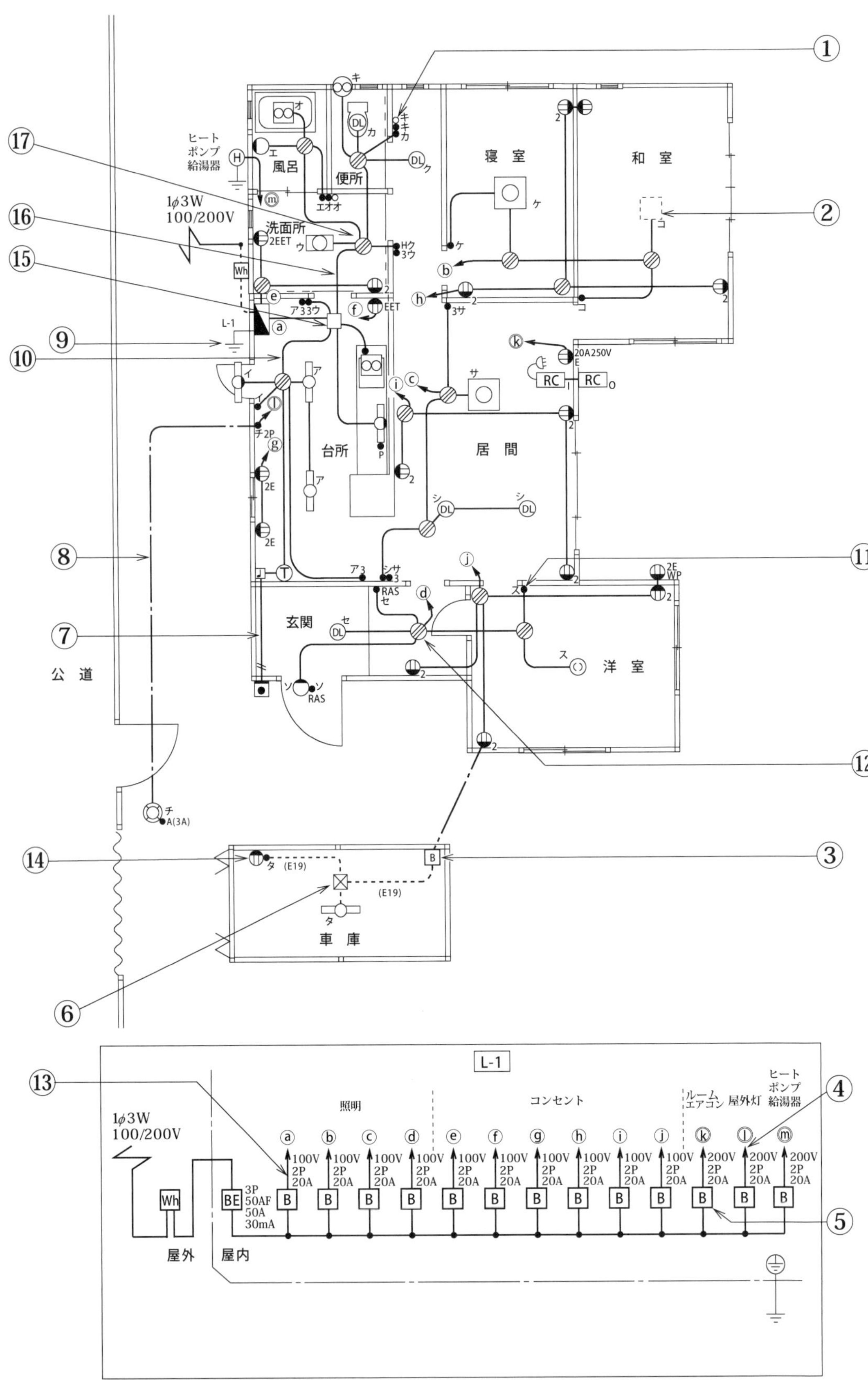

ヒート
ポンプ
給湯器
1φ3W
100/200V
風呂
便所
寝　室
和　室
洗面所
台所
居　間
玄関
洋　室
公　道
車　庫
L-1
照明
コンセント
ルーム
エアコン
屋外灯
ヒート
ポンプ
給湯器
100V
2P
20A
200V
2P
20A
BE
3P
50AF
50A
30mA
Wh
屋外
屋内
20A250V
E
RC
RAS
2E
WP
A(3A)
(E19)

第2章

第二種電気工事士　筆記試験
令和4年度

《上期・午後》

試験問題に使用する図記号等と国際規格の本試験での取り扱いについて

1．試験問題に使用する図記号等

試験問題に使用される図記号は，原則として「JIS C 0617-1 ～ 13 電気用図記号」及び「JIS C 0303：2000 構内電気設備の配線用図記号」を使用することとします。

2．「電気設備の技術基準の解釈」の適用について

「電気設備の技術基準の解釈について」の第 218 条，第 219 条の「国際規格の取り入れ」の条項は本試験には適用しません。

問題 1　一般問題（問題数 30，配点は 1 問当たり 2 点）

[注] 本問題の計算で$\sqrt{2}$，$\sqrt{3}$ 及び円周率 π を使用する場合の数値は次によること。
$\sqrt{2}=1.41$，$\sqrt{3}=1.73$，$\pi=3.14$

次の各問いには 4 通りの答え（**イ**，**ロ**，**ハ**，**ニ**）が書いてある。それぞれの問いに対して答えを 1 つ選びなさい。

なお，選択肢が数値の場合は最も近い値を選びなさい。

	問い	答え
1	図のような回路で，スイッチ S を閉じたとき，a−b 端子間の電圧 [V] は。 （図：100 V，30 Ω，30 Ω，S，30 Ω，30 Ω，a，b）	**イ**. 30　**ロ**. 40　**ハ**. 50　**ニ**. 60
2	抵抗率 ρ [Ω・m]，直径 D [mm]，長さ L [m] の導線の電気抵抗 [Ω] を表す式は。	**イ**. $\frac{4\rho L}{\pi D^2}\times 10^6$　**ロ**. $\frac{\rho L^2}{\pi D^2}\times 10^6$ **ハ**. $\frac{4\rho L}{\pi D}\times 10^6$　**ニ**. $\frac{4\rho L^2}{\pi D}\times 10^6$
3	電線の接続不良により，接続点の接触抵抗が 0.2 Ωとなった。この接続点での電圧降下が 2 V のとき，接続点から 1 時間に発生する熱量 [kJ] は。 ただし，接触抵抗及び電圧降下の値は変化しないものとする。	**イ**. 72　**ロ**. 144　**ハ**. 288　**ニ**. 576
4	コイルに 100 V，50 Hz の交流電圧を加えたら 6 A の電流が流れた。このコイルに 100 V，60 Hz の交流電圧を加えたときに流れる電流 [A] は。 ただし，コイルの抵抗は無視できるものとする。	**イ**. 4　**ロ**. 5　**ハ**. 6　**ニ**. 7

	問い	答え
5	図のような三相 3 線式回路の全消費電力 [kW] は。 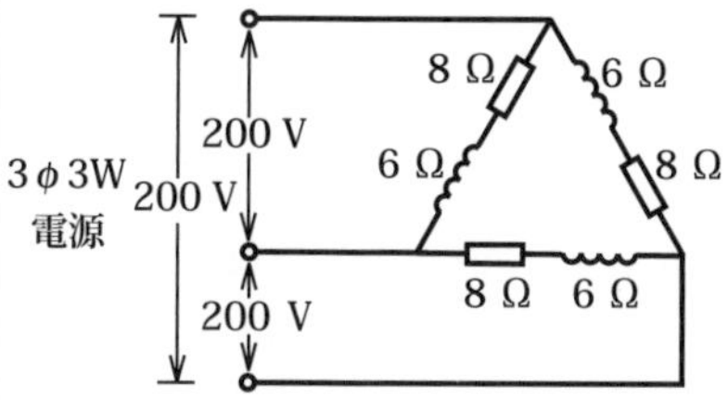 	**イ.** 2.4　**ロ.** 4.8　**ハ.** 9.6　**ニ.** 19.2
6	図のように，単相 2 線式電線路で，抵抗負荷 A，B，C にそれぞれ負荷電流 10 A が流れている。 電源電圧が 210 V であるとき抵抗負荷 C の両端電圧 V_C [V] は。 ただし，r は電線の抵抗 [Ω] とする。 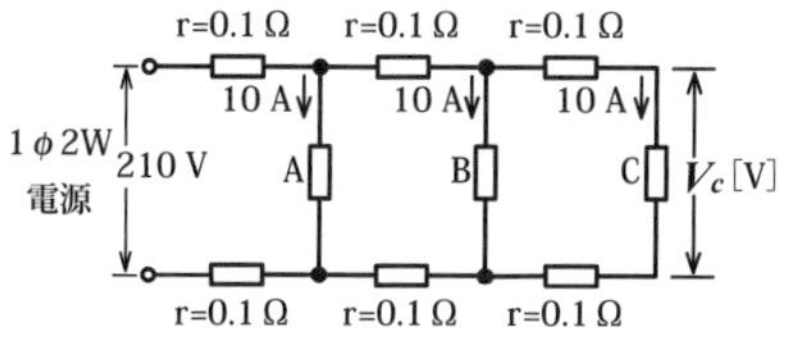 	**イ.** 198　**ロ.** 200　**ハ.** 202　**ニ.** 204
7	図のような単相3線式回路において，電線 1 線当たりの抵抗が 0.1 Ωのとき，a−b 間の電圧 [V] は。 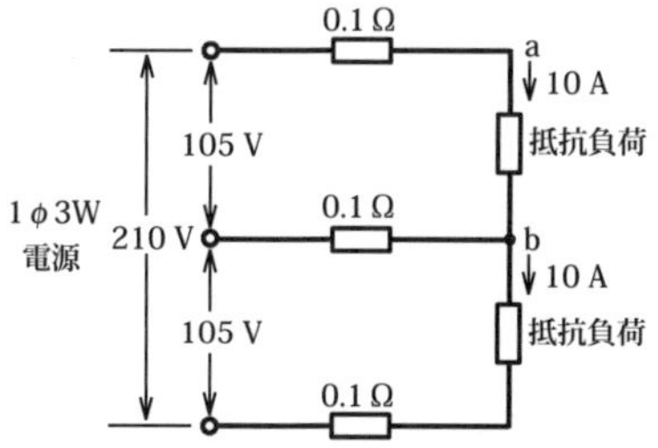 	**イ.** 102　**ロ.** 103　**ハ.** 104　**ニ.** 105
8	金属管による低圧屋内配線工事で，管内に直径 2.0 mm の 600V ビニル絶縁電線（軟銅線）2 本を収めて施設した場合，電線 1 本当たりの許容電流 [A] は。 ただし，周囲温度は 30 ℃以下，電流減少係数は 0.70 とする。	**イ.** 19　**ロ.** 24　**ハ.** 27　**ニ.** 35

	問い	答え
9	図のように，三相の電動機と電熱器が低圧屋内幹線に接続されている場合，幹線の太さを決める根拠となる電流の最小値［A］は。 ただし，需要率は100 %とする。 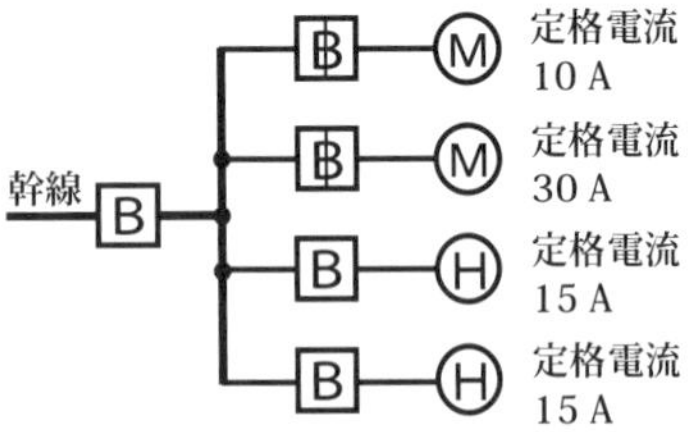 幹線 B／B—M 定格電流 10 A／B—M 定格電流 30 A／B—H 定格電流 15 A／B—H 定格電流 15 A	**イ.** 70　**ロ.** 74　**ハ.** 80　**ニ.** 150
10	低圧屋内配線の分岐回路の設計で，配線用遮断器，分岐回路の電線の太さ及びコンセントの組合せとして，**適切なものは**。 ただし，分岐点から配線用遮断器までは 3 m，配線用遮断器からコンセントまでは 8 m とし，電線の数値は分岐回路の電線（軟銅線）の太さを示す。 また，コンセントは兼用コンセントではないものとする。	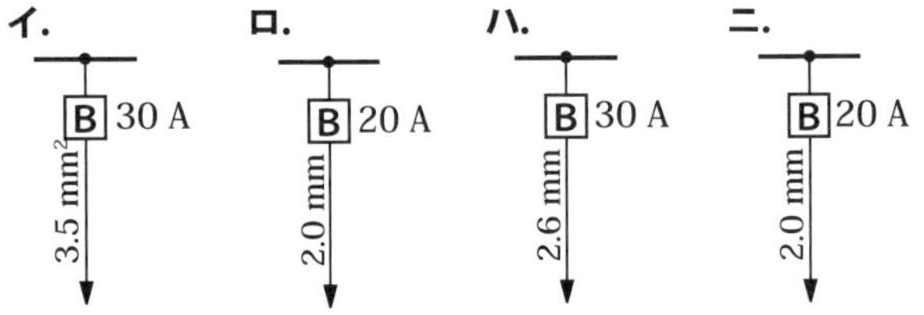 **イ.** B 30 A　3.5 mm²　定格電流30 Aのコンセント1個 **ロ.** B 20 A　2.0 mm　定格電流30 Aのコンセント1個 **ハ.** B 30 A　2.6 mm　定格電流15 Aのコンセント2個 **ニ.** B 20 A　2.0 mm　定格電流20 Aのコンセント2個
11	金属管工事において使用されるリングレジューサの使用目的は。	**イ.** 両方とも回すことのできない金属管相互を接続するときに使用する。 **ロ.** 金属管相互を直角に接続するときに使用する。 **ハ.** 金属管の管端に取り付け，引き出す電線の被覆を保護するときに使用する。 **ニ.** アウトレットボックスのノックアウト（打ち抜き穴）の径が，それに接続する金属管の外径より大きいときに使用する。
12	600V 架橋ポリエチレン絶縁ビニルシースケーブル（CV）の絶縁物の最高許容温度［℃］は。	**イ.** 60　**ロ.** 75　**ハ.** 90　**ニ.** 120

	問い	答え
13	電気工事の作業と使用する工具の組合せとして，**誤っているものは**。	**イ．** 金属製キャビネットに穴をあける作業とノックアウトパンチャ **ロ．** 木造天井板に電線管を通す穴をあける作業と羽根ぎり **ハ．** 電線，メッセンジャワイヤ等のたるみを取る作業と張線器 **ニ．** 薄鋼電線管を切断する作業とプリカナイフ
14	三相誘導電動機の始動において，全電圧始動（じか入れ始動）と比較して，スターデルタ始動の特徴として，**正しいものは**。	**イ．** 始動時間が短くなる。 **ロ．** 始動電流が小さくなる。 **ハ．** 始動トルクが大きくなる。 **ニ．** 始動時の巻線に加わる電圧が大きくなる。
15	力率の最も良い電気機械器具は。	**イ．** 電気トースター **ロ．** 電気洗濯機 **ハ．** 電気冷蔵庫 **ニ．** 電球形LEDランプ（制御装置内蔵形）
16	写真に示す材料についての記述として，**不適切なものは**。 	**イ．** 合成樹脂製可とう電線管を接続する。 **ロ．** スイッチやコンセントを取り付ける。 **ハ．** 電線の引き入れを容易にする。 **ニ．** 合成樹脂でできている。
17	写真に示す器具の名称は。 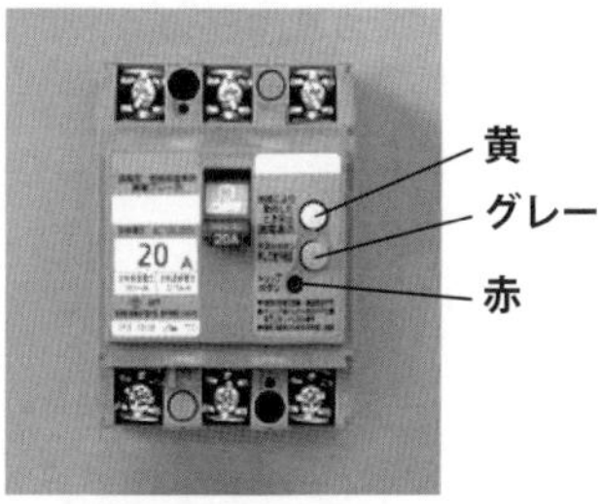  ※色は追記	**イ．** 配線用遮断器 **ロ．** 漏電遮断器 **ハ．** 電磁接触器 **ニ．** 漏電警報器

<table>
<tr><th colspan="2">問い</th><th>答え</th></tr>
<tr><td>18</td><td>写真に示す工具の電気工事における用途は。</td><td>イ. 硬質ポリ塩化ビニル電線管の曲げ加工に用いる。
ロ. 金属管（鋼製電線管）の曲げ加工に用いる。
ハ. 合成樹脂製可とう電線管の曲げ加工に用いる。
ニ. ライティングダクトの曲げ加工に用いる。</td></tr>
<tr><td>19</td><td>600V ビニル絶縁ビニルシースケーブル平形 1.6 mm を使用した低圧屋内配線工事で，絶縁電線相互の終端接続部分の絶縁処理として，不適切なものは。
ただし，ビニルテープは JIS に定める厚さ約 0.2 mm の電気絶縁用ポリ塩化ビニル粘着テープとする。</td><td>イ. リングスリーブ（E 形）により接続し，接続部分をビニルテープで半幅以上重ねて 3 回（6 層）巻いた。
ロ. リングスリーブ（E 形）により接続し，接続部分を黒色粘着性ポリエチレン絶縁テープ（厚さ約 0.5 mm）で半幅以上重ねて 3 回（6 層）巻いた。
ハ. リングスリーブ（E 形）により接続し，接続部分を自己融着性絶縁テープ（厚さ約 0.5 mm）で半幅以上重ねて 1 回（2 層）巻いた。
ニ. 差込形コネクタにより接続し，接続部分をビニルテープで巻かなかった。</td></tr>
<tr><td>20</td><td>次表は使用電圧 100 V の屋内配線の施設場所による工事の種類を示す表である。
表中の a～f のうち，「施設できない工事」を全て選んだ組合せとして，正しいものは。
<table>
<tr><th rowspan="2">施設場所の区分</th><th colspan="3">工事の種類</th></tr>
<tr><th>金属線ぴ工事</th><th>合成樹脂管工事（CD管を除く）</th><th>平形保護層工事</th></tr>
<tr><td>展開した場所で乾燥した場所</td><td>a</td><td>c</td><td>e</td></tr>
<tr><td>点検できる隠ぺい場所で乾燥した場所</td><td>b</td><td>d</td><td>f</td></tr>
</table></td><td>イ. b
ロ. b，f
ハ. e
ニ. e，f</td></tr>
</table>

	問い	答え
21	単相 3 線式 100/200 V 屋内配線の住宅用分電盤の工事を施工した。**不適切なものは**。	**イ.** ルームエアコン（単相 200 V）の分岐回路に 2 極 2 素子の配線用遮断器を取り付けた。 **ロ.** 電熱器（単相 100 V）の分岐回路に 2 極 2 素子の配線用遮断器を取り付けた。 **ハ.** 主開閉器の中性極に銅バーを取り付けた。 **ニ.** 電灯専用（単相 100 V）の分岐回路に 2 極 1 素子の配線用遮断器を取り付け，素子のある極に中性線を結線した。
22	床に固定した定格電圧 200 V，定格出力 1.5 kW の三相誘導電動機の鉄台に接地工事をする場合，接地線（軟銅線）の太さと接地抵抗値の組合せで，**不適切なものは**。 ただし，漏電遮断器を設置しないものとする。	**イ.** 直径 1.6 mm，10 Ω **ロ.** 直径 2.0 mm，50 Ω **ハ.** 公称断面積 0.75 mm²，5 Ω **ニ.** 直径 2.6 mm，75 Ω
23	低圧屋内配線の合成樹脂管工事で，合成樹脂管（合成樹脂製可とう電線管及び CD 管を除く）を造営材の面に沿って取り付ける場合，管の支持点間の距離の最大値［m］は。	**イ.** 1　**ロ.** 1.5　**ハ.** 2　**ニ.** 2.5
24	ネオン式検電器を使用する目的は。	**イ.** ネオン放電灯の照度を測定する。 **ロ.** ネオン管灯回路の導通を調べる。 **ハ.** 電路の漏れ電流を測定する。 **ニ.** 電路の充電の有無を確認する。
25	絶縁抵抗測定が困難なので，単相 100/200 V の分電盤の各分岐回路に対し，使用電圧が加わった状態で，クランプ形漏れ電流計を用いて，漏えい電流を測定した。その測定結果は，使用電圧 100 V の A 回路は 0.5 mA，使用電圧 200 V の B 回路は 1.5 mA，使用電圧 100 V の C 回路は 3 mA であった。絶縁性能が「電気設備の技術基準の解釈」に適合している回路は。	**イ.** すべて適合している。 **ロ.** A 回路と B 回路が適合している。 **ハ.** A 回路のみが適合している。 **ニ.** すべて適合していない。

	問い	答え
26	直読式接地抵抗計（アーステスタ）を使用して直読で，接地抵抗を測定する場合，被測定接地極 E に対する，2 つの補助接地極 P（電圧用）及び C（電流用）の配置として，**最も適切なものは**。	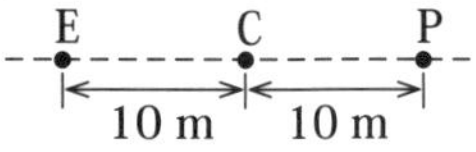 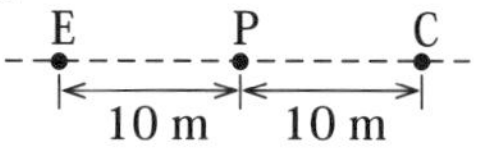 **イ.** 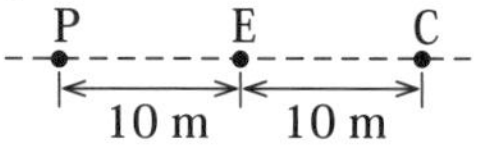 P E C（P–E 10 m，E–C 10 m） **ロ.** E C P（E–C 10 m，C–P 10 m） **ハ.** E P C（E–P 10 m，P–C 10 m） **ニ.** E，P，C を各辺 10 m の三角形に配置 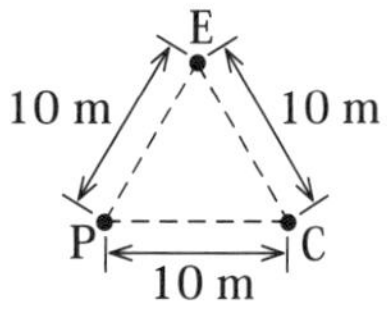
27	図の交流回路は，負荷の電圧，電流，電力を測定する回路である。図中に a，b，c で示す計器の組合せとして，**正しいものは**。 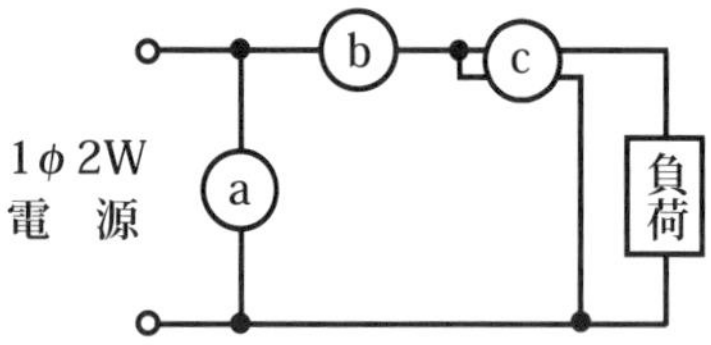 1 φ 2W 電　源　a　b　c　負荷	**イ.** a 電流計　b 電圧計　c 電力計 **ロ.** a 電力計　b 電流計　c 電圧計 **ハ.** a 電圧計　b 電力計　c 電流計 **ニ.** a 電圧計　b 電流計　c 電力計
28	「電気工事士法」において，第二種電気工事士免状の交付を受けている者であっても**従事できない**電気工事の作業は。	**イ.** 自家用電気工作物（最大電力 500 kW 未満の需要設備）の低圧部分の電線相互を接続する作業 **ロ.** 自家用電気工作物（最大電力 500 kW 未満の需要設備）の地中電線用の管を設置する作業 **ハ.** 一般用電気工作物の接地工事の作業 **ニ.** 一般用電気工作物のネオン工事の作業
29	「電気用品安全法」の適用を受ける次の電気用品のうち，特定電気用品は。	**イ.** 定格消費電力 40 W の蛍光ランプ **ロ.** 外径 19 mm の金属製電線管 **ハ.** 定格消費電力 30 W の換気扇 **ニ.** 定格電流 20 A の配線用遮断器

	問い	答え
30	一般用電気工作物に関する記述として，**正しいものは**。 ただし，発電設備は電圧 600 V 以下とする。	**イ.** 低圧で受電するものは，出力 55 kW の太陽電池発電設備を同一構内に施設しても，一般用電気工作物となる。 **ロ.** 低圧で受電するものは，小出力発電設備を同一構内に施設しても，一般用電気工作物となる。 **ハ.** 高圧で受電するものであっても，需要場所の業種によっては，一般用電気工作物になる場合がある。 **ニ.** 高圧で受電するものは，受電電力の容量，需要場所の業種にかかわらず，すべて一般用電気工作物となる。

＊電気事業法が 2023（令和 5）年 3 月 20 日に改正されました。旧制度で，一般用電気工作物として区分され一部保安規制は対象外とされていたものが，新制度では，一部保安規制の対象外だった小出力発電設備（太陽電池発電設備〔10 kW 以上 50 kW 未満〕，風力発電設備〔20 kW 未満〕）が新たな区分に位置づけられました。なお，問題文の正誤に影響はありません。

問題 2　**配線図（問題数 20，配点は 1 問当たり 2 点）**　※図は 128 頁参照

図は，木造 2 階建住宅の配線図である。この図に関する次の各問いには 4 通りの答え（**イ, ロ, ハ, ニ**）が書いてある。それぞれの問いに対して，答えを 1 つ選びなさい。

【注意】

1. 屋内配線の工事は，特記のある場合を除き 600V ビニル絶縁ビニルシースケーブル平形（VVF）を用いたケーブル工事である。
2. 屋内配線等の電線の本数，電線の太さ，その他，問いに直接関係のない部分等は省略又は簡略化してある。
3. 漏電遮断器は，定格感度電流 30 mA，動作時間 0.1 秒以内のものを使用している。
4. 分電盤の外箱は合成樹脂製である。
5. 選択肢（答え）の写真にあるコンセント及び点滅器は，「JIS C 0303：2000 構内電気設備の配線用図記号」で示す「一般形」である。
6. 図記号で示す一般用照明には LED 照明器具を使用することとし，選択肢（答え）の写真にある照明器具は，すべて LED 照明器具とする。
7. ジョイントボックスを経由する電線は，すべて接続箇所を設けている。
8. 3 路スイッチの記号「0」の端子には，電源側又は負荷側の電線を結線する。

	問い	答え
31	①で示す部分の工事方法として，**適切なものは**。	**イ.** 金属管工事 **ロ.** 金属可とう電線管工事 **ハ.** 金属線ぴ工事 **ニ.** 600V ビニル絶縁ビニルシースケーブル丸形を使用したケーブル工事
32	②で示す図記号の器具の種類は。	**イ.** 位置表示灯を内蔵する点滅器 **ロ.** 確認表示灯を内蔵する点滅器 **ハ.** 遅延スイッチ **ニ.** 熱線式自動スイッチ
33	③で示す部分の接地工事の種類及びその接地抵抗の許容される最大値［Ω］の組合せとして，**正しいものは**。	**イ.** C 種接地工事　10 Ω **ロ.** C 種接地工事　100 Ω **ハ.** D 種接地工事　100 Ω **ニ.** D 種接地工事　500 Ω
34	④で示す部分は抜け止め形の防雨形コンセントである。その図記号の傍記表示は。	**イ.** L　**ロ.** T　**ハ.** K　**ニ.** LK

	問い	答え
35	⑤で示す部分の配線で（PF16）とあるのは。	イ. 外径 16 mm の硬質ポリ塩化ビニル電線管である。 ロ. 外径 16 mm の合成樹脂製可とう電線管である。 ハ. 内径 16 mm の硬質ポリ塩化ビニル電線管である。 ニ. 内径 16 mm の合成樹脂製可とう電線管である。
36	⑥で示す部分の小勢力回路で使用できる電圧の最大値［V］は。	イ. 24　ロ. 30　ハ. 40　ニ. 60
37	⑦で示す図記号の名称は。	イ. ジョイントボックス ロ. VVF 用ジョイントボックス ハ. プルボックス ニ. ジャンクションボックス
38	⑧で示す部分の最少電線本数（心線数）は。	イ. 2　ロ. 3　ハ. 4　ニ. 5
39	⑨で示す図記号の名称は。	イ. 一般形点滅器 ロ. 一般形調光器 ハ. ワイドハンドル形点滅器 ニ. ワイド形調光器
40	⑩ で示す部分の電路と大地間の絶縁抵抗として，許容される最小値［MΩ］は。	イ. 0.1　ロ. 0.2　ハ. 0.3　ニ. 0.4
41	⑪で示す図記号のものは。	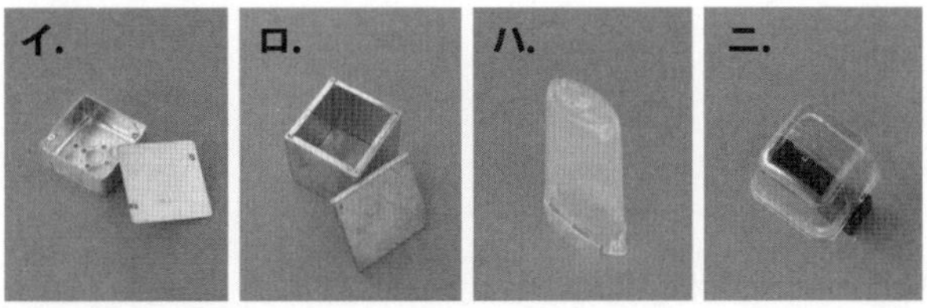 イ.　ロ.　ハ.　ニ.
42	⑫で示す図記号の器具は。	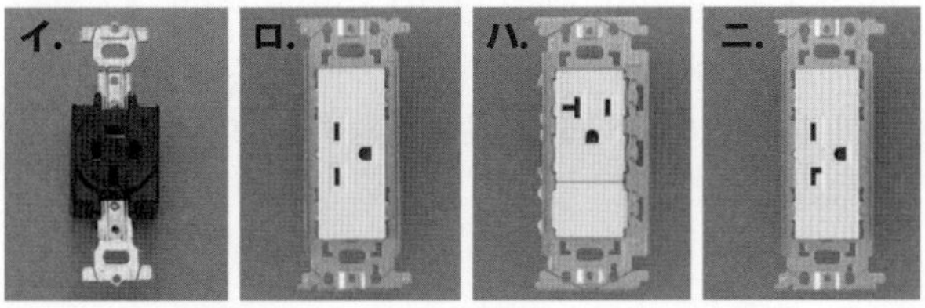 イ.　ロ.　ハ.　ニ.

	問い	答え
43	⑬で示す図記号の機器は。	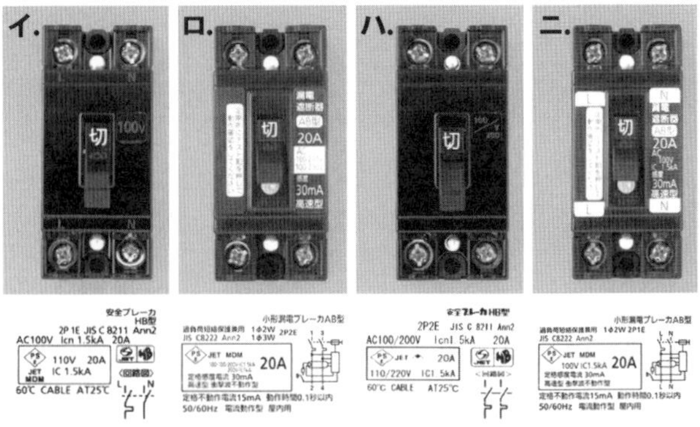 イ.　ロ.　ハ.　ニ.
44	⑭で示す部分の配線工事に必要なケーブルは。 ただし，使用するケーブルの心線数は最少とする。	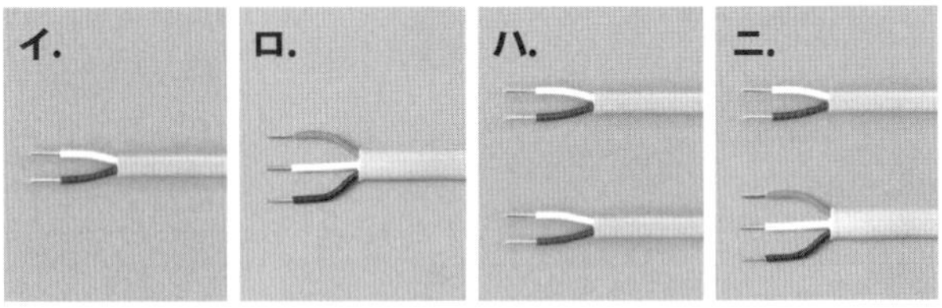 イ.　ロ.　ハ.　ニ.
45	⑮で示すボックス内の接続をすべて圧着接続とする場合，使用するリングスリーブの種類と最少個数の組合せで，**正しいものは**。 ただし，使用する電線はすべてVVF1.6とする。	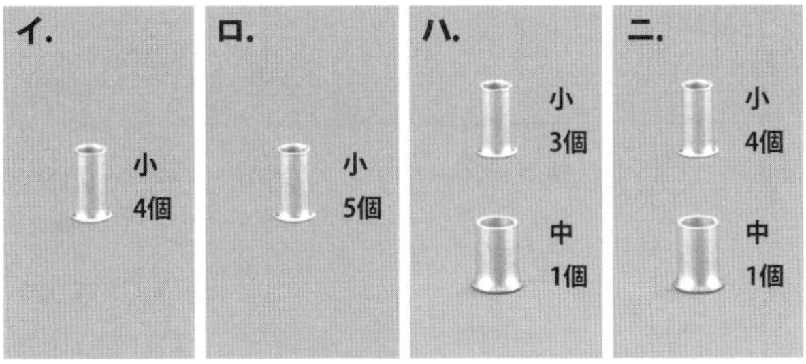 イ. 小 4個 ロ. 小 5個 ハ. 小 3個　中 1個 ニ. 小 4個　中 1個
46	⑯で示すボックス内の接続をすべて差込形コネクタとする場合，使用する差込形コネクタの種類と最少個数の組合せで，**正しいものは**。 ただし，使用する電線はすべてVVF1.6とする。	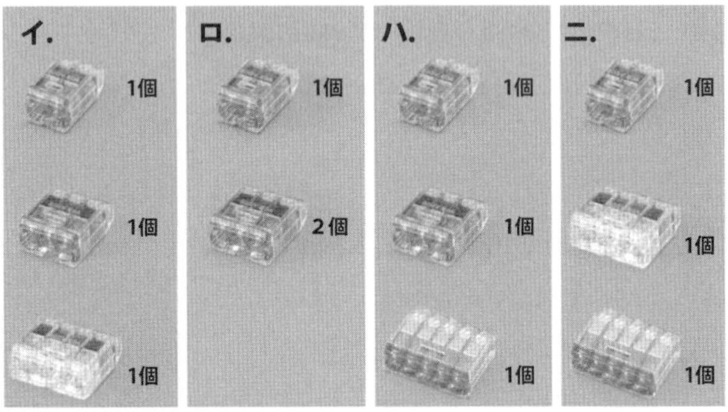 イ. 1個　1個　1個 ロ. 1個　2個 ハ. 1個　1個　1個 ニ. 1個　1個　1個
47	⑰で示す部分の配線を器具の裏面から見たものである。**正しいものは**。 ただし，電線の色別は，白色は電源からの接地側電線，黒色は電源からの非接地側電線，赤色は負荷に結線する電線とする。	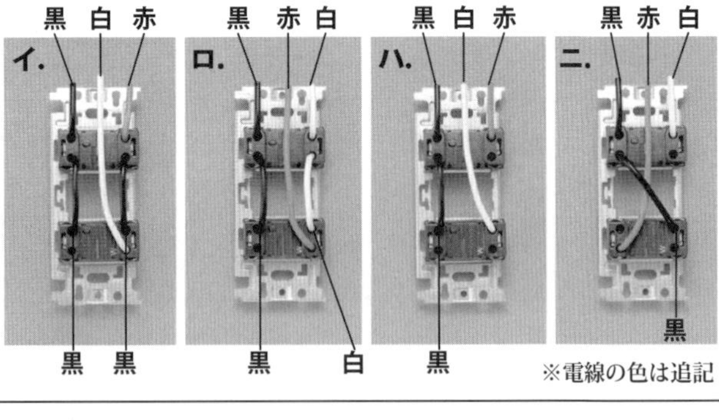 イ. 黒 白 赤／黒 黒 ロ. 黒 赤 白／黒 白 ハ. 黒 白 赤／黒 ニ. 黒 赤 白／黒 ※電線の色は追記

問い		答え
48	⑱で示す図記号の器具は。	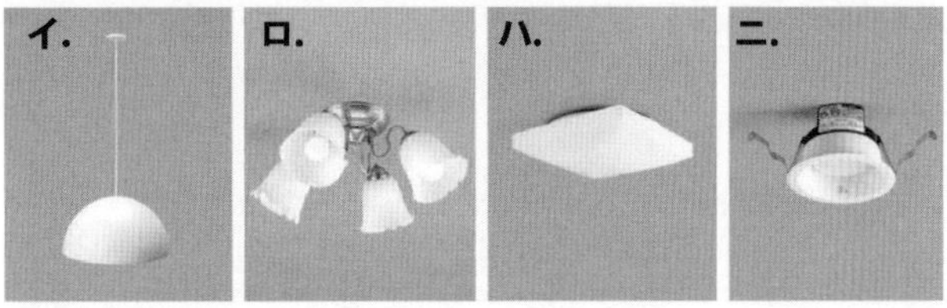 イ.　ロ.　ハ.　ニ.
49	この配線図で，**使用されていない**スイッチは。 ただし，写真下の図は，接点の構成を示す。	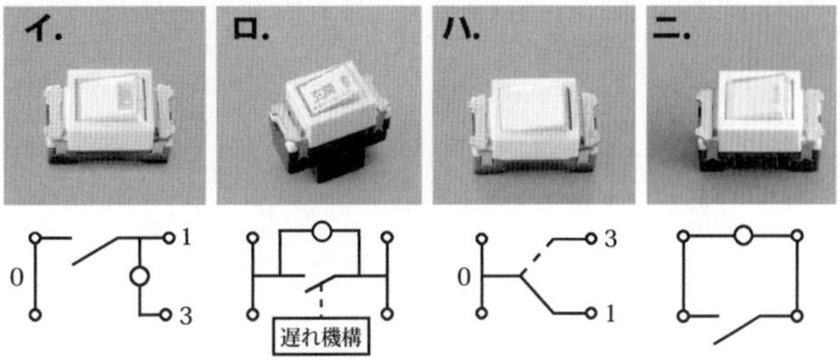 イ.　ロ.　ハ.　ニ. イ: 0 1 3　ロ: 遅れ機構　ハ: 0 3 1
50	この配線図の施工で，一般的に**使用されることのないものは**。	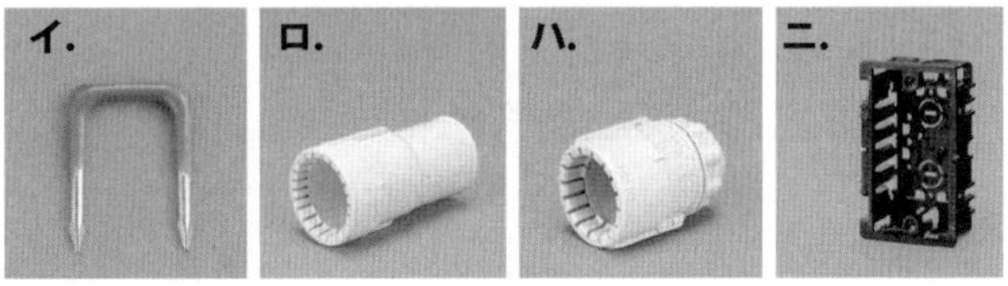 イ.　ロ.　ハ.　ニ.

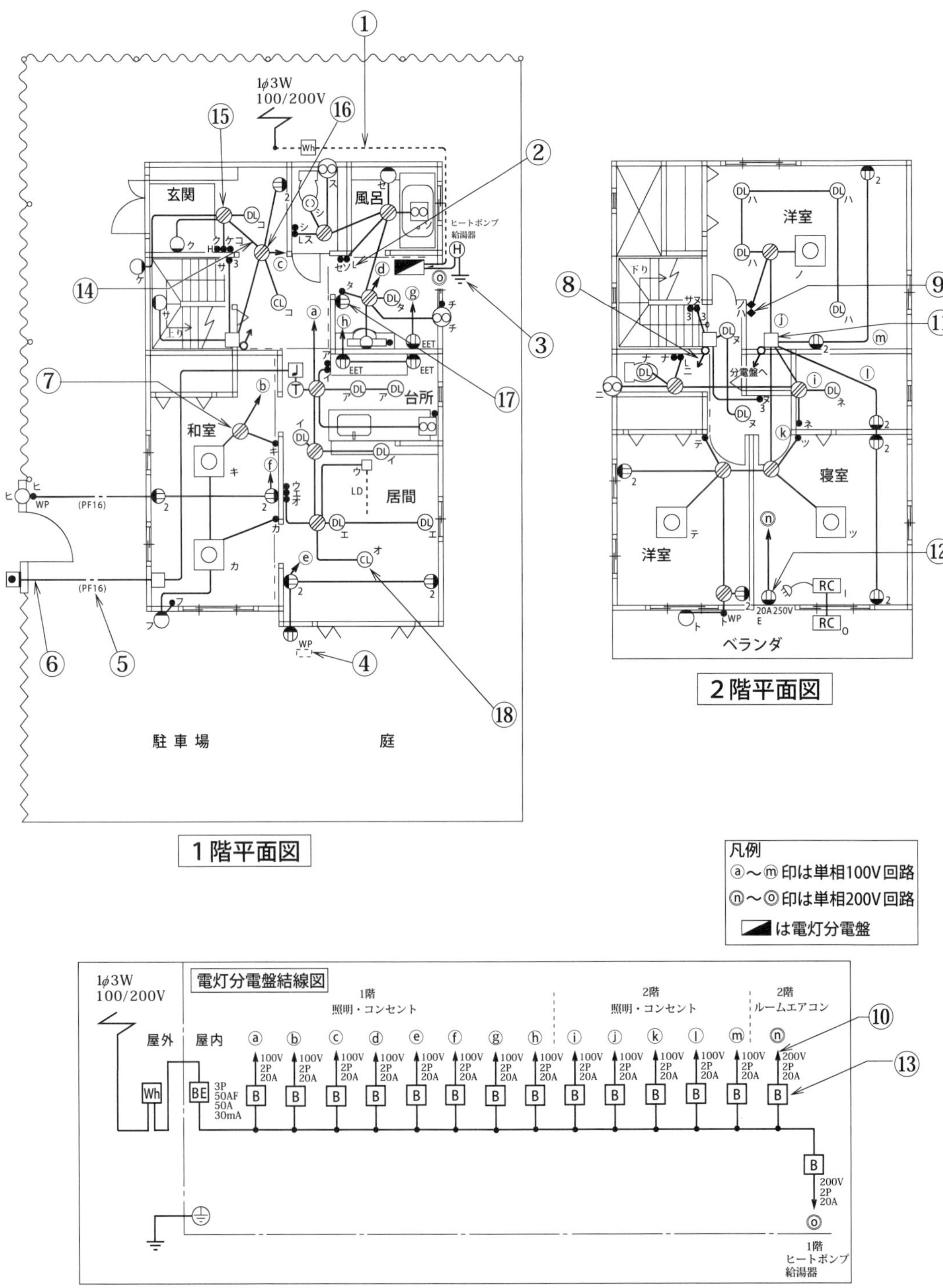

1φ3W
100/200V
Wh
玄関
風呂
ヒートポンプ
給湯器
和室
台所
居間
LD
(PF16)
WP
EET
駐車場
庭
1階平面図
洋室
下り
分電盤へ
寝室
洋室
20A 250V
E
RC
ベランダ
2階平面図
凡例
ⓐ～ⓜ 印は単相100V回路
ⓝ～ⓞ 印は単相200V回路
は電灯分電盤
1φ3W
100/200V
電灯分電盤結線図
屋外
屋内
1階
照明・コンセント
2階
照明・コンセント
2階
ルームエアコン
BE
3P
50AF
50A
30mA
100V
2P
20A
200V
2P
20A
1階
ヒートポンプ
給湯器

第 2 章

第二種電気工事士　筆記試験
令和 4 年度

《上期・午前》

試験問題に使用する図記号等と国際規格の本試験での取り扱いについて

1．試験問題に使用する図記号等

試験問題に使用される図記号は，原則として「JIS C 0617-1 ～ 13 電気用図記号」及び「JIS C 0303：2000 構内電気設備の配線用図記号」を使用することとします。

2．「電気設備の技術基準の解釈」の適用について

「電気設備の技術基準の解釈について」の第 218 条，第 219 条の「国際規格の取り入れ」の条項は本試験には適用しません。

問題 1　**一般問題（問題数 30，配点は 1 問当たり 2 点）**

[注] 本問題の計算で$\sqrt{2}$，$\sqrt{3}$ 及び円周率 π を使用する場合の数値は次によること。

$\sqrt{2} = 1.41$，$\sqrt{3} = 1.73$，$\pi = 3.14$

次の各問いには 4 通りの答え（**イ，ロ，ハ，ニ**）が書いてある。それぞれの問いに対して答えを 1 つ選びなさい。

なお，選択肢が数値の場合は最も近い値を選びなさい。

	問い	答え
1	図のような回路で，電流計Ⓐの値が 1 A を示した。このときの電圧計Ⓥの指示値 [V] は。 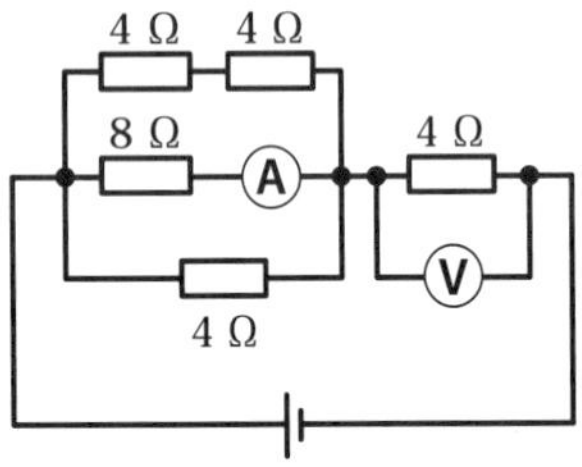 	**イ．** 16　**ロ．** 32　**ハ．** 40　**ニ．** 48
2	ビニル絶縁電線（単線）の抵抗又は許容電流に関する記述として，**誤っているものは**。	**イ．** 許容電流は，周囲の温度が上昇すると，大きくなる。 **ロ．** 許容電流は，導体の直径が大きくなると，大きくなる。 **ハ．** 電線の抵抗は，導体の長さに比例する。 **ニ．** 電線の抵抗は，導体の直径の 2 乗に反比例する。
3	抵抗器に 100 V の電圧を印加したとき，5 A の電流が流れた。1 時間 30 分の間に抵抗器で発生する熱量 [kJ] は。	**イ．** 750　**ロ．** 1 800　**ハ．** 2 700　**ニ．** 5 400
4	図のような交流回路において，抵抗 8 Ωの両端の電圧 V [V] は。 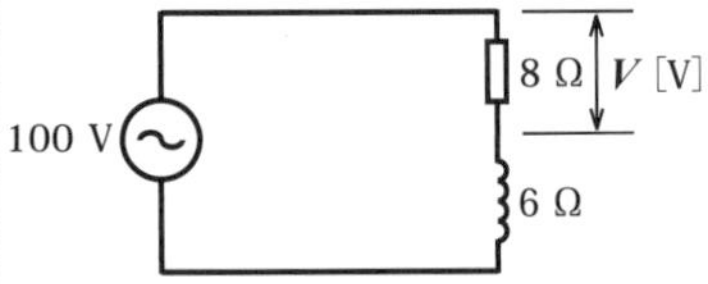 	**イ．** 43　**ロ．** 57　**ハ．** 60　**ニ．** 80

	問い	答え
5	図のような三相３線式回路の全消費電力〔kW〕は。 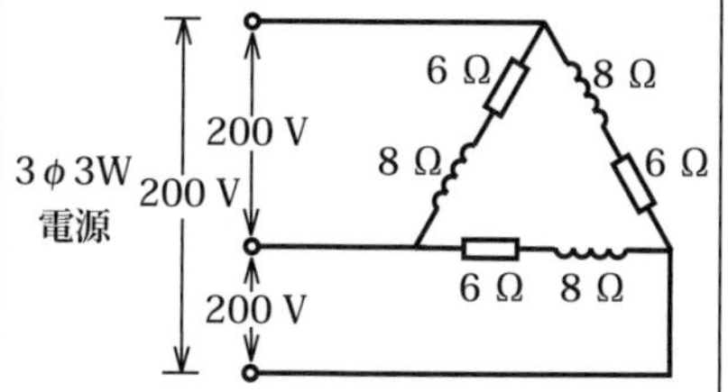 	**イ.** 2.4　**ロ.** 4.8　**ハ.** 7.2　**ニ.** 9.6
6	図のような三相 3 線式回路で，電線 1 線当たりの抵抗が 0.15 Ω，線電流が 10 A のとき，この電線路の電力損失〔W〕は。 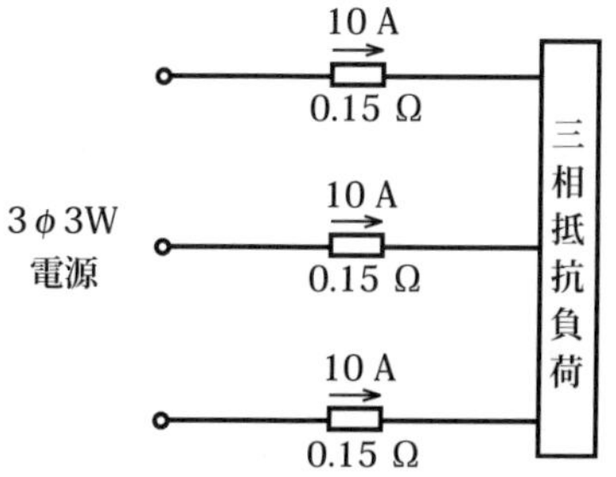 	**イ.** 15　**ロ.** 26　**ハ.** 30　**ニ.** 45
7	図のような単相3線式回路において，消費電力 1 000 W，200 W の 2 つの負荷はともに 抵抗負荷である。図中の✕印点で断線した場合，a−b 間の電圧〔V〕は。 ただし，断線によって負荷の抵抗値は変化しないものとする。 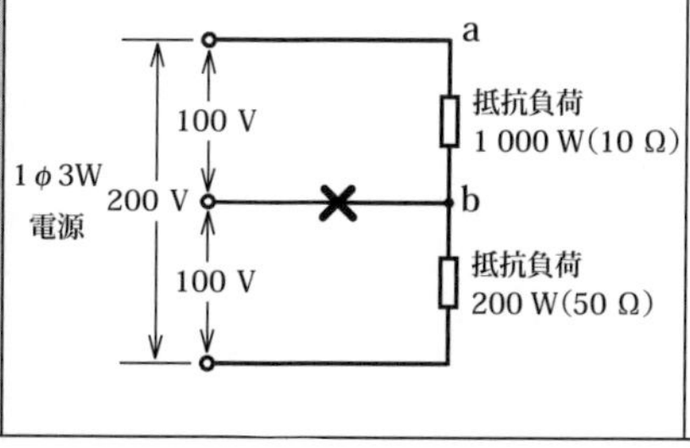 	**イ.** 17　**ロ.** 33　**ハ.** 100　**ニ.** 167

	問い	答え
8	金属管による低圧屋内配線工事で，管内に直径 2.0 mm の 600V ビニル絶縁電線（軟銅線）4 本を収めて施設した場合，電線 1 本当たりの許容電流［A］は。 ただし，周囲温度は 30 ℃以下，電流減少係数は 0.63 とする。	**イ.** 22　**ロ.** 31　**ハ.** 35　**ニ.** 38
9	定格電流 12 A の電動機 5 台が接続された単相 2 線式の低圧屋内幹線がある。この幹線の太さを決定するための根拠となる電流の最小値［A］は。 ただし，需要率は 80 %とする。	**イ.** 48　**ロ.** 60　**ハ.** 66　**ニ.** 75
10	定格電流 30 A の配線用遮断器で保護される分岐回路の電線（軟銅線）の太さと，接続できるコンセントの図記号の組合せとして，**適切なものは**。 ただし，コンセントは兼用コンセントではないものとする。	**イ.** 断面積 5.5 mm² 2 **ロ.** 断面積 3.5 mm² 3 **ハ.** 直径 2.0 mm 20 A **ニ.** 断面積 5.5 mm² 20 A 2
11	低圧の地中配線を直接埋設式により施設する場合に**使用できるものは**。	**イ.** 600V 架橋ポリエチレン絶縁ビニルシースケーブル（CV） **ロ.** 屋外用ビニル絶縁電線（OW） **ハ.** 引込用ビニル絶縁電線（DV） **ニ.** 600V ビニル絶縁電線（IV）
12	600V ポリエチレン絶縁耐燃性ポリエチレンシースケーブル平形（EM-EEF）の絶縁物の最高許容温度［℃］は。	**イ.** 60　**ロ.** 75　**ハ.** 90　**ニ.** 120

	問い	答え
13	電気工事の種類と，その工事で使用する工具の組合せとして，**適切なものは**。	**イ.** 金属線ぴ工事とボルトクリッパ **ロ.** 合成樹脂管工事とパイプベンダ **ハ.** 金属管工事とクリックボール **ニ.** バスダクト工事と圧着ペンチ
14	三相誘導電動機が周波数 50 Hz の電源で無負荷運転されている。この電動機を周波数 60 Hz の電源で無負荷運転した場合の回転の状態は。	**イ.** 回転速度は変化しない。 **ロ.** 回転しない。 **ハ.** 回転速度が減少する。 **ニ.** 回転速度が増加する。
15	蛍光灯を，同じ消費電力の白熱電灯と比べた場合，**正しいものは**。	**イ.** 力率が良い。 **ロ.** 雑音（電磁雑音）が少ない。 **ハ.** 寿命が短い。 **ニ.** 発光効率が高い。(同じ明るさでは消費電力が少ない)
16	写真に示す材料の用途は。	**イ.** PF 管を支持するのに用いる。 **ロ.** 照明器具を固定するのに用いる。 **ハ.** ケーブルを束線するのに用いる。 **ニ.** 金属線ぴを支持するのに用いる。
17	写真に示す機器の名称は。	**イ.** 水銀灯用安定器 **ロ.** 変流器 **ハ.** ネオン変圧器 **ニ.** 低圧進相コンデンサ

	問い	答え
18	写真に示す測定器の用途は。 緑 黄 赤 緑　黄　赤 ※色は追記	**イ．** 接地抵抗の測定に用いる。 **ロ．** 絶縁抵抗の測定に用いる。 **ハ．** 電気回路の電圧の測定に用いる。 **ニ．** 周波数の測定に用いる。
19	単相100 Vの屋内配線工事における絶縁電線相互の接続で，**不適切なものは**。	**イ．** 絶縁電線の絶縁物と同等以上の絶縁効力のあるもので十分被覆した。 **ロ．** 電線の引張強さが15％減少した。 **ハ．** 電線相互を指で強くねじり，その部分を絶縁テープで十分被覆した。 **ニ．** 接続部の電気抵抗が増加しないように接続した。
20	電気設備の簡易接触防護措置としての最小高さの組合せとして，**正しいものは**。 ただし，人が通る場所から容易に触れることのない範囲に施設する。	**イ．** a，h **ロ．** b，g **ハ．** c，e **ニ．** d，f
21	低圧屋内配線の図記号と，それに対する施工方法の組合せとして，**正しいものは**。	**イ．** ------///------ IV1.6（E19）　厚鋼電線管で天井隠ぺい配線。 **ロ．** ——///—— IV1.6（PF16）　硬質ポリ塩化ビニル電線管で露出配線。 **ハ．** ——///—— IV1.6（16）　合成樹脂製可とう電線管で天井隠ぺい配線。 **ニ．** ------///------ IV1.6（F2 17）　2種金属製可とう電線管で露出配線。

問20の表：

屋内で床面からの最小高さ [m]	屋外で地表面からの最小高さ [m]
a　1.6	e　2
b　1.7	f　2.1
c　1.8	g　2.2
d　1.9	h　2.3

	問い	答え
22	機械器具の金属製外箱に施すＤ種接地工事に関する記述で，**不適切なものは**。	**イ.** 三相 200 V 電動機外箱の接地線に直径 1.6 mm の IV 電線を使用した。 **ロ.** 単相 100 V 移動式の電気ドリル（一重絶縁）の接地線として多心コードの断面積 0.75 mm^2 の１心を使用した。 **ハ.** 単相 100 V の電動機を水気のある場所に設置し，定格感度電流 15 mA，動作時間 0.1 秒の電流動作型漏電遮断器を取り付けたので，接地工事を省略した。 **ニ.** 一次側 200 V，二次側 100 V，3 kV･A の絶縁変圧器（二次側非接地）の二次側電路に電動丸のこぎりを接続し，接地を施さないで使用した。
23	硬質ポリ塩化ビニル電線管による合成樹脂管工事として，**不適切なものは**。	**イ.** 管の支持点間の距離は２m とした。 **ロ.** 管相互及び管とボックスとの接続で，専用の接着剤を使用し，管の差込み深さを管の外径の 0.9 倍とした。 **ハ.** 湿気の多い場所に施設した管とボックスとの接続箇所に，防湿装置を施した。 **ニ.** 三相 200 V 配線で，簡易接触防護措置を施した場所に施設した管と接続する金属製プルボックスに，Ｄ種接地工事を施した。
24	単相３線式 100/200 V の屋内配線で，絶縁被覆の色が赤色，白色，黒色の３種類の電線が使用されていた。この屋内配線で電線相互間及び電線と大地間の電圧を測定した。その結果としての電圧の組合せで，**適切なものは**。 ただし，中性線は白色とする。	**イ.** 黒色線と大地間　100 V 白色線と大地間　200 V 赤色線と大地間　0 V **ロ.** 黒色線と白色線間　100 V 黒色線と大地間　0 V 赤色線と大地間　200 V **ハ.** 赤色線と黒色線間　200 V 白色線と大地間　0 V 黒色線と大地間　100 V **ニ.** 黒色線と白色線間　200 V 黒色線と大地間　100 V 赤色線と大地間　0 V

	問い	答え
25	単相３線式 100/200 V の屋内配線において，開閉器又は過電流遮断器で区切ることができる電路ごとの絶縁抵抗の最小値として，「電気設備に関する技術基準を定める省令」に規定されている値［MΩ］の組合せで，**正しいものは**。	**イ．** 電路と大地間　0.2 電線相互間　0.4 **ロ．** 電路と大地間　0.2 電線相互間　0.2 **ハ．** 電路と大地間　0.1 電線相互間　0.1 **ニ．** 電路と大地間　0.1 電線相互間　0.2
26	工場の 200 V 三相誘導電動機（対地電圧 200 V）への配線の絶縁抵抗値［MΩ］及びこの電動機の鉄台の接地抵抗値［Ω］を測定した。電気設備技術基準等に適合する測定値の組合せとして，**適切なものは**。 ただし，200 V 電路に施設された漏電遮断器の動作時間は 0.5 秒を超えるものとする。	**イ．** 0.4 MΩ 300 Ω **ロ．** 0.3 MΩ 60 Ω **ハ．** 0.15 MΩ 200 Ω **ニ．** 0.1 MΩ 50 Ω
27	直動式指示電気計器の目盛板に図のような記号がある。記号の意味及び測定できる回路で，**正しいものは**。	**イ．** 永久磁石可動コイル形で目盛板を鉛直に立てて，直流回路で使用する。 **ロ．** 永久磁石可動コイル形で目盛板を鉛直に立てて，交流回路で使用する。 **ハ．** 可動鉄片形で目盛板を鉛直に立てて，直流回路で使用する。 **ニ．** 可動鉄片形で目盛板を水平に置いて，交流回路で使用する。
28	「電気工事士法」において，一般用電気工作物に係る工事の作業で a，b ともに電気工事士でなければ**従事できないものは**。	**イ．** a：配電盤を造営材に取り付ける。 b：電線管に電線を収める。 **ロ．** a：地中電線用の管を設置する。 b：定格電圧 100 V の電力量計を取り付ける。 **ハ．** a：電線を支持する柱を設置する。 b：電線管を曲げる。 **ニ．** a：接地極を地面に埋設する。 b：定格電圧 125 V の差込み接続器にコードを接続する。

	問い	答え
29	「電気用品安全法」における電気用品に関する記述として，**誤っているものは**。	**イ.** 電気用品の製造又は輸入の事業を行う者は，「電気用品安全法」に規定する義務を履行したときに，経済産業省令で定める方式による表示を付すことができる。 **ロ.**「特定電気用品以外の電気用品」には ◇PSE または <PS>E の表示が付されている。 **ハ.** 電気用品の販売の事業を行う者は，経済産業大臣の承認を受けた場合等を除き，法令に定める表示のない電気用品を販売してはならない。 **ニ.** 電気工事士は，「電気用品安全法」に規定する表示の付されていない電気用品を電気工作物の設置又は変更の工事に使用してはならない。
30	一般用電気工作物に関する記述として，**誤っているものは**。	**イ.** 低圧で受電するものは，出力 60 kW の太陽電池発電設備を同一構内に施設すると，一般用電気工作物とならない。 **ロ.** 低圧で受電するものは，小出力発電設備を同一構内に施設すると，一般用電気工作物とならない。 **ハ.** 低圧で受電するものであっても，火薬類を製造する事業場など，設置する場所によっては一般用電気工作物とならない。 **ニ.** 高圧で受電するものは，受電電力の容量，需要場所の業種にかかわらず，一般用電気工作物とならない。

＊電気事業法が 2023（令和 5）年 3 月 20 日に改正されました。旧制度で，一般用電気工作物として区分され一部保安規制は対象外とされていたものが，新制度では，一部保安規制の対象外だった小出力発電設備（太陽電池発電設備〔10 kW 以上 50 kW 未満〕，風力発電設備〔20 kW 未満〕）が新たな区分に位置づけられました。なお，問題文の正誤に影響はありません。

問題2 **配線図（問題数 20，配点は 1 問当たり 2 点）** ※図は 142 頁参照

図は，鉄骨軽量コンクリート造一部２階建工場及び倉庫の配線図である。この図に関する次の各問いには４通りの答え（**イ**，**ロ**，**ハ**，**ニ**）が書いてある。それぞれの問いに対して，答えを１つ選びなさい。

【注意】

1. 屋内配線の工事は，特記のある場合を除き電灯回路は 600V ビニル絶縁ビニルシースケーブル平形 (VVF) を用いたケーブル工事である。
2. 屋内配線等の電線の本数，電線の太さ及び１階工場内の照明等の回路，その他，問いに直接関係のない部分等は省略又は簡略化してある。
3. 漏電遮断器は，定格感度電流 30 mA，動作時間 0.1 秒以内のものを使用している。
4. 選択肢（答え）の写真にあるコンセント及び点滅器は，「JIS C 0303：2000 構内電気設備の配線用図記号」で示す「一般形」である。
5. ジョイントボックスを経由する電線は，すべて接続箇所を設けている。
6. 3 路スイッチの記号「0」の端子には，電源側又は負荷側の電線を結線する。

	問い	答え
31	①で示す部分の最少電線本数(心線数)は。	**イ．** 3　**ロ．** 4　**ハ．** 5　**ニ．** 6
32	②で示す引込口開閉器の設置は。 ただし，この屋内電路を保護する過負荷保護付漏電遮断器の定格電流は 20 A である。	**イ．** 屋外の電路が地中配線であるから省略できない。 **ロ．** 屋外の電路の長さが 10 m 以上なので省略できない。 **ハ．** 過負荷保護付漏電遮断器の定格電流が 20 A なので省略できない。 **ニ．** 屋外の電路の長さが 15 m 以下なので省略できる。
33	③で示す部分の配線工事で用いる管の種類は。	**イ．** 硬質ポリ塩化ビニル電線管 **ロ．** 耐衝撃性硬質ポリ塩化ビニル電線管 **ハ．** 耐衝撃性硬質ポリ塩化ビニル管 **ニ．** 波付硬質合成樹脂管
34	④で示す図記号の名称は。	**イ．** フロートスイッチ **ロ．** 圧力スイッチ **ハ．** 電磁開閉器用押しボタン **ニ．** 握り押しボタン
35	⑤で示す引込線取付点の地表上の高さの最低値 [m] は。 ただし，引込線は道路を横断せず，技術上やむを得ない場合で交通に支障がないものとする。	**イ．** 2.5　**ロ．** 3.0　**ハ．** 3.5　**ニ．** 4.0

	問い	答え
36	⑥で示す部分に施設してはならない過電流遮断装置は。	**イ.** 2極にヒューズを取り付けたカバー付ナイフスイッチ **ロ.** 2極2素子の配線用遮断器 **ハ.** 2極にヒューズを取り付けたカットアウトスイッチ **ニ.** 2極1素子の配線用遮断器
37	⑦で示す部分の接地工事の接地抵抗の最大値と，電線（軟銅線）の最小太さとの組合せで，**適切なものは**。	**イ.** 100 Ω 2.0 mm　**ロ.** 300 Ω 1.6 mm　**ハ.** 500 Ω 1.6 mm　**ニ.** 600 Ω 2.0 mm
38	⑧で示す部分の電路と大地間の絶縁抵抗として，許容される最小値［MΩ］は。	**イ.** 0.1　**ロ.** 0.2　**ハ.** 0.4　**ニ.** 1.0
39	⑨で示す部分にモータブレーカを取り付けたい。図記号は。	**イ.** S　**ロ.** M　**ハ.** M　**ニ.** B
40	⑩ で示すコンセントの極配置（刃受）で，**正しいものは**。	**イ.**　**ロ.**　**ハ.**　**ニ.**
41	⑪で示すボックス内の接続をすべて圧着接続とする場合，使用するリングスリーブの種類と最少個数の組合せで，**正しいものは**。	**イ.** 中 2個，大 1個　**ロ.** 中 1個，大 2個　**ハ.** 中 3個　**ニ.** 大 3個
42	⑫で示すボックス内の接続をすべて差込形コネクタとする場合，使用する差込形コネクタの種類と最少個数の組合せで，**正しいものは**。 ただし，使用する電線はすべてVVF1.6とする。	**イ.** 2個，1個　**ロ.** 2個，2個　**ハ.** 3個，1個　**ニ.** 3個，1個
43	⑬で示す点滅器の取付け工事に**使用されないものは**。	**イ.**　**ロ.**　**ハ.**　**ニ.**

令和4年 上期午前

配線図

	問い	答え
44	⑭で示す部分の配線工事に必要なケーブルは。 ただし，心線数は最少とする。	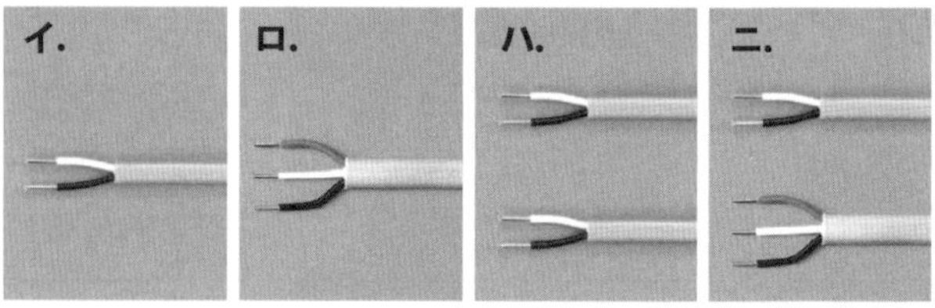 イ.　ロ.　ハ.　ニ.
45	⑮で示すボックス内の接続をリングスリーブで圧着接続した場合のリングスリーブの種類，個数及び圧着接続後の刻印との組合せで，**正しいものは**。 ただし，使用する電線はすべて IV1.6 とする。 また，写真に示す**リングスリーブ中央**の**○**，**小**，**中**は刻印を表す。	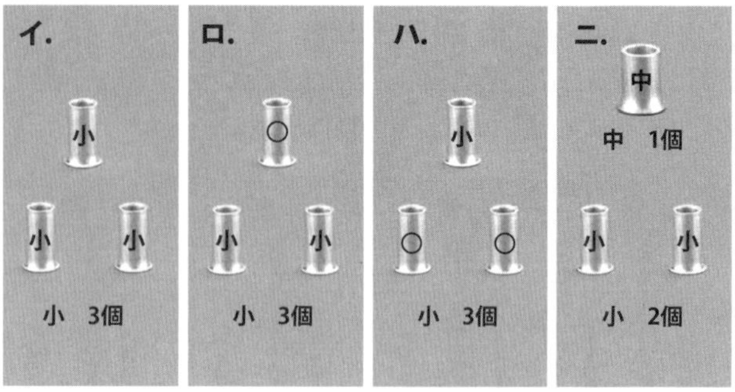 イ. 小 3個　ロ. 小 3個　ハ. 小 3個　ニ. 中 1個 小 2個
46	⑯で示す部分の配線を器具の裏面から見たものである。**正しいものは**。 ただし，電線の色別は，白色は電源からの接地側電線，黒色は電源からの非接地側電線，赤色は負荷に結線する電線とする。	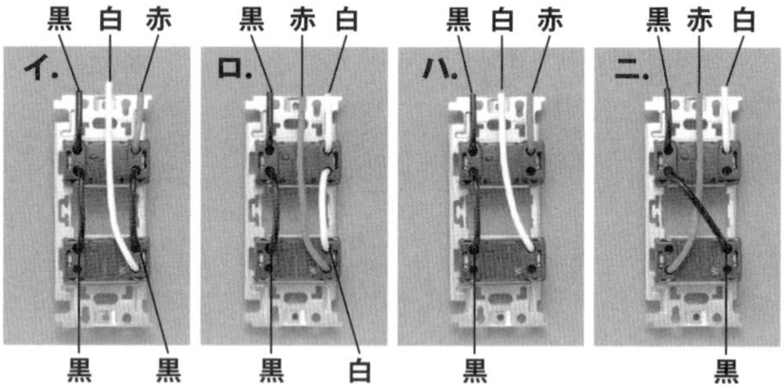 イ. 黒 白 赤／黒 黒　ロ. 黒 赤 白／黒 白　ハ. 黒 白 赤／黒　ニ. 黒 赤 白／黒 ※電線の色は追記
47	⑰で示す電線管相互を接続するために**使用されるものは**。	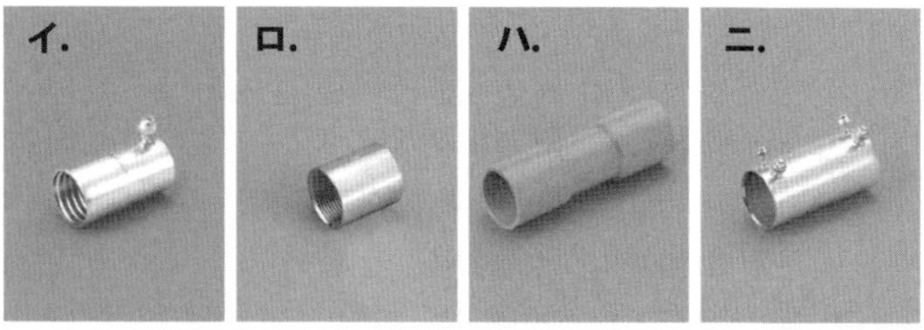 イ.　ロ.　ハ.　ニ.
48	⑱で示すジョイントボックス内の電線相互の接続作業に用いるものとして，**不適切なものは**。	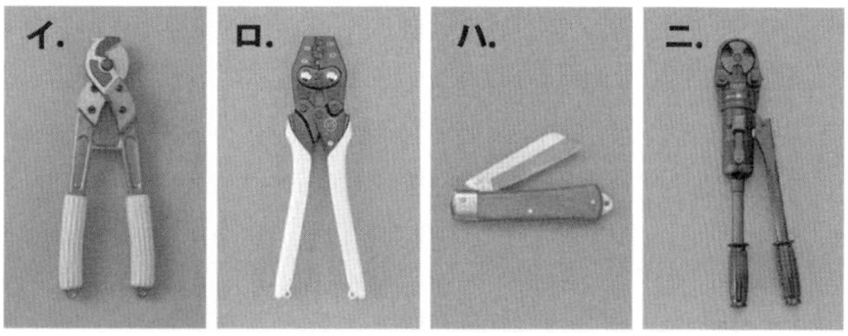 イ.　ロ.　ハ.　ニ.

	問い	答え
49	⑲で示す図記号の器具は。	イ. 　ロ. 　ハ. 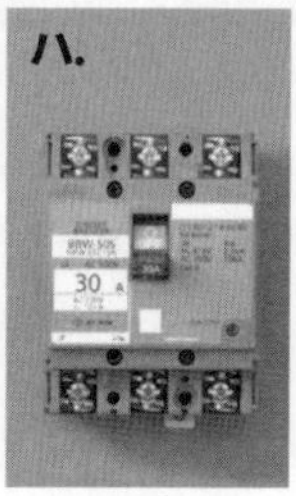　ニ. 
50	この配線図で，**使用されていない**コンセントは。	イ. 　ロ. 　ハ. 　ニ. 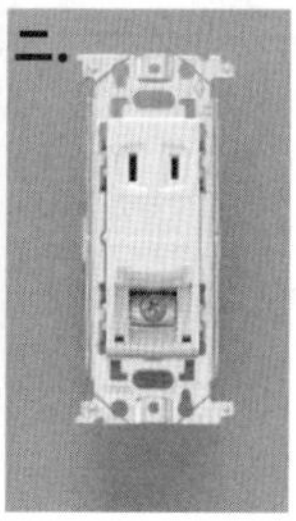

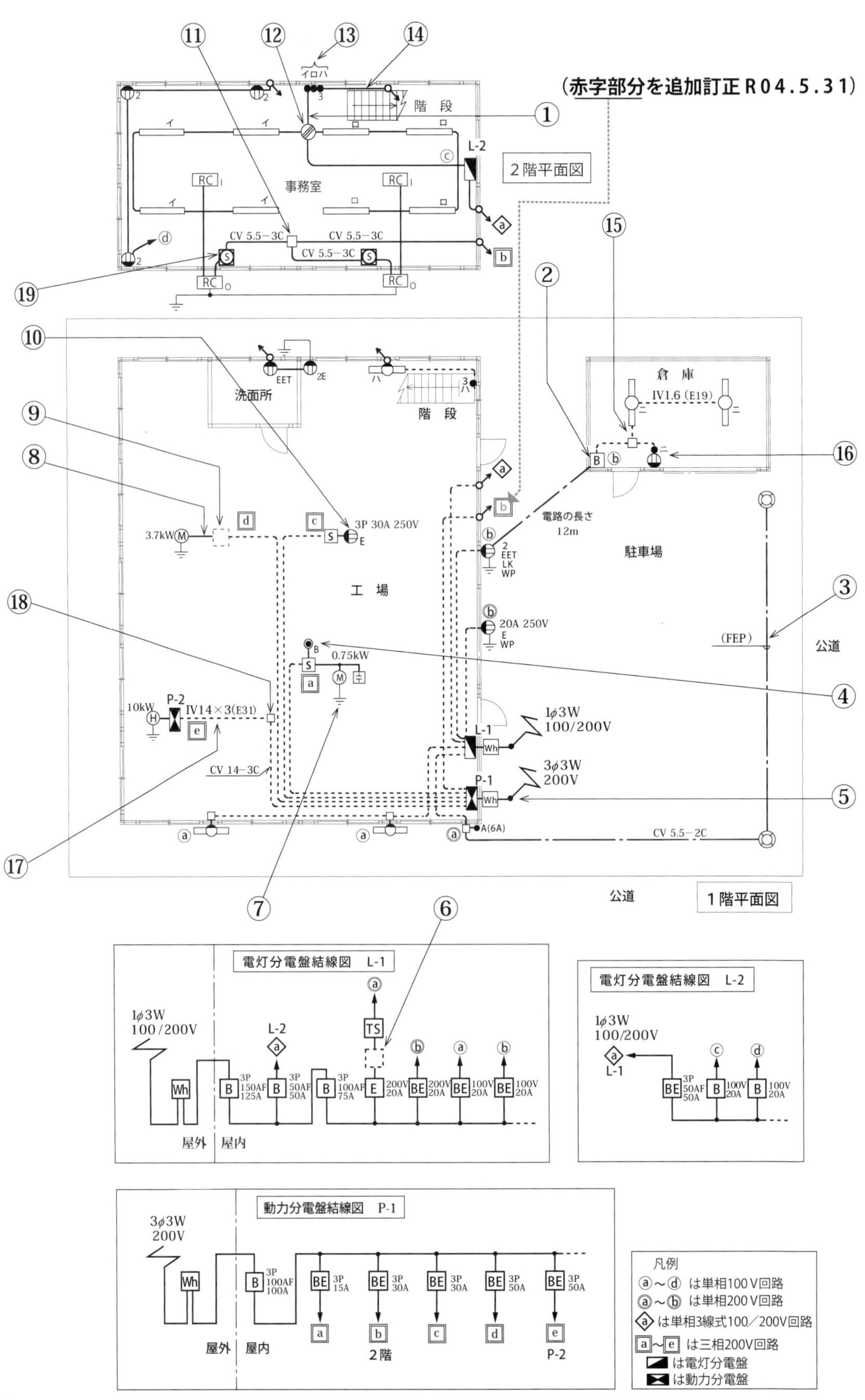
(赤字部分を追加訂正 R04.5.31)
2階平面図
事務室
階段
1階平面図
工場
洗面所
倉庫
駐車場
公道
電路の長さ 12m
電灯分電盤結線図 L-1
電灯分電盤結線図 L-2
動力分電盤結線図 P-1
屋外
屋内
凡例
ⓐ～ⓓ は単相100V回路
ⓐ～ⓑ は単相200V回路
ⓐ は単相3線式100／200V回路
a～e は三相200V回路
は電灯分電盤
は動力分電盤

解答用紙

※コピーして解答用紙としてお使いいただけます。

①一般問題

問	答え	問	答え	問	答え
1	㋑㋺㋩㋥	11	㋑㋺㋩㋥	21	㋑㋺㋩㋥
2	㋑㋺㋩㋥	12	㋑㋺㋩㋥	22	㋑㋺㋩㋥
3	㋑㋺㋩㋥	13	㋑㋺㋩㋥	23	㋑㋺㋩㋥
4	㋑㋺㋩㋥	14	㋑㋺㋩㋥	24	㋑㋺㋩㋥
5	㋑㋺㋩㋥	15	㋑㋺㋩㋥	25	㋑㋺㋩㋥
6	㋑㋺㋩㋥	16	㋑㋺㋩㋥	26	㋑㋺㋩㋥
7	㋑㋺㋩㋥	17	㋑㋺㋩㋥	27	㋑㋺㋩㋥
8	㋑㋺㋩㋥	18	㋑㋺㋩㋥	28	㋑㋺㋩㋥
9	㋑㋺㋩㋥	19	㋑㋺㋩㋥	29	㋑㋺㋩㋥
10	㋑㋺㋩㋥	20	㋑㋺㋩㋥	30	㋑㋺㋩㋥

②配線図

問	答え	問	答え
31	㋑㋺㋩㋥	41	㋑㋺㋩㋥
32	㋑㋺㋩㋥	42	㋑㋺㋩㋥
33	㋑㋺㋩㋥	43	㋑㋺㋩㋥
34	㋑㋺㋩㋥	44	㋑㋺㋩㋥
35	㋑㋺㋩㋥	45	㋑㋺㋩㋥
36	㋑㋺㋩㋥	46	㋑㋺㋩㋥
37	㋑㋺㋩㋥	47	㋑㋺㋩㋥
38	㋑㋺㋩㋥	48	㋑㋺㋩㋥
39	㋑㋺㋩㋥	49	㋑㋺㋩㋥
40	㋑㋺㋩㋥	50	㋑㋺㋩㋥

		合計
一般問題	/60点	
配線図	/40点	/100点

本書の正誤情報は、当社HPをご確認ください。
https://www.cic-ct.co.jp/

上記掲載以外の箇所で正誤についてお気づきの場合は、書名・質問事項（具体的な該当ページ、行数、問題番号<例：○ページ、上から○行目、問い○>等と誤りだと思う理由）と氏名及び連絡先をご明記のうえ、弊社までお問合せください。なお、お答えできるのは、本書の正誤および記述に関係する事項のみに限定させていただいております。

●お問合せ先

・**メールによるお問合せ**：cic-info@cic-ct.co.jp

・**郵便又はFAX**
〒105-0003　東京都港区西新橋3-24-10 ハリファックス御成門ビル6階
株式会社日本建設情報センター「出版事業部」宛
FAX：03-5425-6832

※回答日時のご指定はお受けいたしかねます。また、質問の内容によっては回答までお時間をいただく場合がございます。あらかじめご了承ください。

最短距離で合格（うか）る
第2種電気工事士 学科試験 セレクト＆過去問題集

2023年8月28日発行

編著者：CIC出版
発行者：井坂　誠司
発行所：株式会社日本建設情報センター
〒105-0003　東京都港区西新橋3-24-10
ハリファックス御成門ビル6F
TEL　03-5245-6831
販　売：星雲社（共同出版社・流通責任出版社）
表紙デザイン：pinecone design　タツミ クミコ
ISBN978-4-434-32632-5　C3054

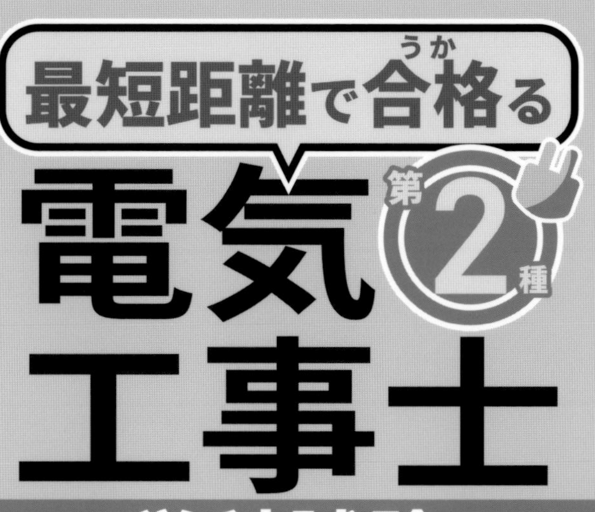

解答・解説

解答・解説は図のように取り外しできます。

※背表紙部分はのりで接着されていますので、
　乱暴に取り外しますと破損する恐れがあります。
※取り外す際の破損についてのお取替えは、
　ご遠慮願います。

第 1 章

第二種 電気工事士試験

セレクト問題

解答・解説

第 1 章　セレクト問題

第 2 章　令和 4 年度過去問

セレクト問題 1節

電気の基礎理論

NO.1 正解 ロ

回路を流れる電流Iを求める。

・並列接続の抵抗 20 Ωと 30 Ωを合成する➡ $R = \dfrac{20 \times 30}{20 + 30} = 12$ Ω

・回路の全抵抗➡ 12 ＋ 8 ＝ 20 Ω

・$I = \dfrac{200}{20} = 10$ A

抵抗 8 Ωでの消費電力➡ $W = I^2 \times R = 10 \times 10 \times 8 = 800$ [W]

NO.2 正解 ロ

・2 Ωと 2 Ωの並列接続の合成抵抗

➡ $R_1 = \dfrac{2 \times 2}{2 + 2} = 1$ Ω

・3 Ωと 6 Ωの並列接続の合成抵抗

➡ $R_2 = \dfrac{3 \times 6}{3 + 6} = 2$ Ω

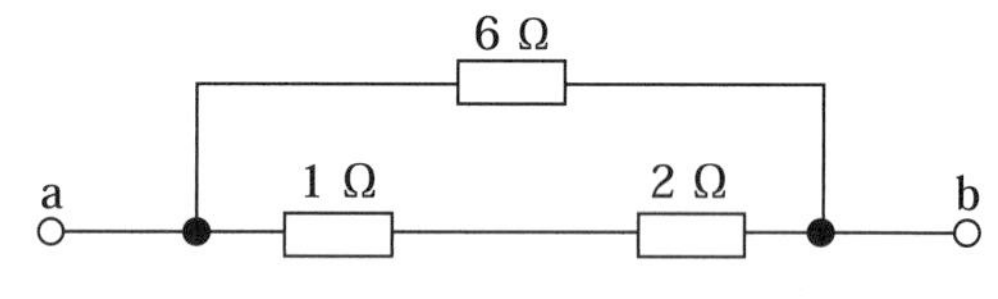

・1 Ωと 2 Ωの直列接続の合成抵抗➡ 1 ＋ 2 ＝ 3 Ω

・3 Ωと 6 Ωの並列接続の合成抵抗➡ $\dfrac{3 \times 6}{3 + 6} = 2$ Ω

NO.3 正解 イ

・電流は，より抵抗が小さい方に流れる

➡右側の回路で電流は，抵抗のない下の線を通り 5 Ωの方には流れない

➡右側の 5 Ωの抵抗は，無視できる

・左側の 5 Ωと 5 Ωの並列接続の合成抵抗➡ $\dfrac{5 \times 5}{5 + 5} = 2.5$ Ω

NO.4 正解 ニ

・スイッチSを閉じると，電流は抵抗のないスイッチSを閉じた線を流れ，スイッチの下の50 Ωは無視できるので，下図の回路となる

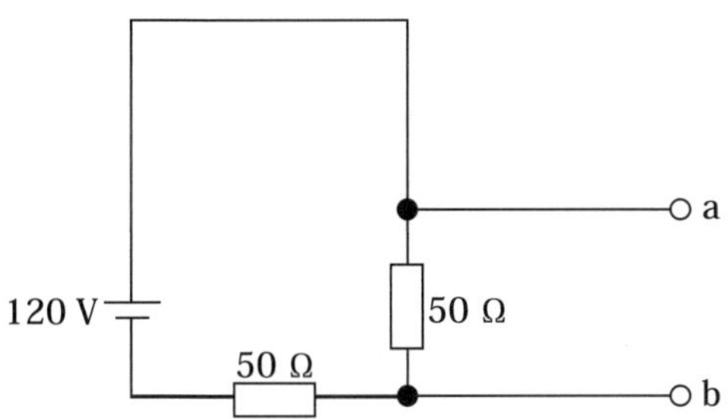

・a–b端子間の電圧は，50 Ωの抵抗の両端の電圧に等しい

$$120\text{ V} \times \frac{50}{50+50} = 60\text{ V}$$

NO.5 正解 ロ

・6 Ωと6 Ωの並列接続の合成抵抗➡ $\dfrac{6 \times 6}{6+6} = 3\ \Omega$

・3 Ωと3 Ωの直列接続の合成抵抗➡ $3 + 3 = 6\ \Omega$

・6 Ωと3 Ωの並列接続の合成抵抗➡ $\dfrac{6 \times 3}{6+3} = 2\ \Omega$

NO.6 正解 ロ

・スイッチS_1を閉じると，S_1に並列に接続されている30 Ωに電流は流れない
・スイッチS_2を開くと，S_2上部の30 Ωに電流は流れない
・以上より，下図のような回路になる

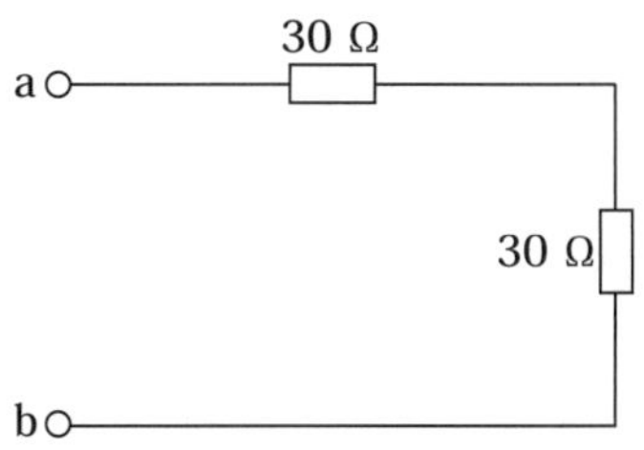

・端子a-b間の合成抵抗R_{ab}［Ω］は，

$R_{ab} = 30 + 30 = 60\ \Omega$

NO.7 正解 ロ

・右側の 3 Ωと 3 Ωの並列接続の合成抵抗➡ $\dfrac{3 \times 3}{3 + 3} = 1.5\ \Omega$・・・①

・左側の 3 Ωと 3 Ωの並列接続の合成抵抗➡ $\dfrac{3 \times 3}{3 + 3} = 1.5\ \Omega$

・左側の上記 1.5 Ωと 3 Ωの並列接続の合成抵抗➡ $\dfrac{1.5 \times 3}{1.5 + 3} = 1\ \Omega$

・上記 1 Ωと①の直列接続の合成抵抗➡ $1 + 1.5 = 2.5\ \Omega$

NO.8 正解 ハ

・左側の 4 Ωと 4 Ωの並列接続の合成抵抗➡ $\dfrac{4 \times 4}{4 + 4} = 2\ \Omega$

・上記 2 Ωと 4 Ωの直列接続の合成抵抗➡ $2 + 4 = 6\ \Omega$

・上記 6 Ωと 4 Ωの並列接続の合成抵抗➡ $\dfrac{6 \times 4}{6 + 4} = 2.4\ \Omega$

NO.9 正解 ロ

・正弦波交流において，電圧の最大値を V_m［V］とすると，電圧の実効値 V は，

$$V = \frac{V_m}{\sqrt{2}}$$

・上式に $V_m = 148$ V を代入すると，実効値 V は，

$$V = \frac{V_m}{\sqrt{2}} = \frac{148}{1.41} \fallingdotseq 105\ [\mathrm{V}]$$

NO.10 正解 ニ

・直径 2.6 mm の銅導線の断面積 S は，

$$S = \pi \left(\frac{d}{2}\right)^2 = 3.14 \times \left(\frac{2.6}{2}\right)^2 = \frac{3.14 \times 2.6 \times 2.6}{4} = \frac{21.23}{4} \fallingdotseq 5.3\ [\mathrm{mm}^2]$$

・断面積 5.3 mm^2 の近似値の解は**ハ**と**ニ**

・問題の銅導線の長さは 20 mなので，同じ長さは**ニ**

NO.11 正解 ハ

・電気抵抗Rは，$R = \dfrac{\rho L}{S}$ ［Ω］

＊S ［m^2］：断面積，$\rho =$ ［Ω・m］：抵抗率，L ［m］：長さ

・導線の抵抗率は，$\rho = \dfrac{RS}{L}$ ［Ω・m］

・直径D ［mm］の単位を ［m］に換算すると$D \times 10^{-3}$ ［m］なので，これをRの式を使いρに代入

$$\rho = \frac{R\left(\pi \times \left(\dfrac{D \times 10^{-3}}{2}\right)^2\right)}{L} = \frac{\pi R \times \left(\dfrac{D^2 \times 10^{-6}}{4}\right)}{L} = \frac{\dfrac{\pi R D^2 \times 10^{-6}}{4}}{L} = \frac{\pi D^2 R}{4L \times 10^6}$$

NO.12 正解 ニ

・銅線 A の長さをℓ，直径をD，抵抗率をρとすると抵抗R_aは，

$$R_a = \frac{\rho \ell}{\dfrac{\pi D^2}{4}} = \frac{4\rho\ell}{\pi D^2}$$ （銅線の直径をDとすると断面積$S = \pi\left(\dfrac{D}{2}\right)^2 = \dfrac{\pi D^2}{4}$）

・銅線 B の長さをℓ'，直径をD'，抵抗率をρ（材質が同じため）とすると抵抗R_bは，

$$R_b = \frac{\rho \ell'}{\dfrac{\pi D'^2}{4}}$$

・$\ell' = \dfrac{1}{2}\ell$（$\ell = 100$ m，$\ell' = 50$ m $= \dfrac{\ell}{2}$ m）

$D' = 2D$（$D = 1.6$ mm $= 0.0016$ m，$D' = 3.2$ mm $= 0.0032$ m $= 2D$）

$$R_b = \frac{\rho \dfrac{1}{2}\ell}{\dfrac{\pi (2D)^2}{4}} = \frac{\dfrac{1}{2}\rho\ell}{\pi D^2} = \frac{\rho\ell}{2\pi D^2}$$

・$\dfrac{R_a}{R_b} = \dfrac{4\rho\ell}{\pi D^2} \div \dfrac{\rho\ell}{2\pi D^2} = 8$

NO.13 正解 イ

・直列回路のインピーダンスZ［Ω］は,

$$Z = \sqrt{R^2 + X^2}\ [\Omega] \cdots\cdots ①$$

・力率 $\cos\theta$［%］は,

$$\cos\theta = \frac{R}{Z} \times 100\ [\%] \cdots\cdots ②$$

・②式に①式を代入すると

$$\cos\theta = \frac{100R}{\sqrt{R^2 + X^2}}\ [\%]$$

NO.14 正解 ロ

・誘導リアクタンスX_Lは,

$$X_L = \frac{V}{I} = \frac{100}{6}\ [\Omega]$$

・$X_L = \omega L = 2\pi f \times L$（ω：角周波数, f：電源の周波数）

・自己インダクタンスLは,

$$L = \frac{X_L}{2\pi f} = \frac{\frac{100}{6}}{2\pi f} = \frac{100}{2 \times 3.14 \times 50 \times 6} \fallingdotseq 0.053\ [H]$$

・100V, 60Hzの交流電圧を加えたとき, 電流Iは,

$$I = \frac{V}{X_L}$$

$$= \frac{100}{\omega L} = \frac{100}{2\pi f \times 0.053} = \frac{100}{2 \times 3.14 \times 60 \times 0.053} = \frac{100}{19.97} \fallingdotseq 5\ [A]$$

NO.15 正解 ニ

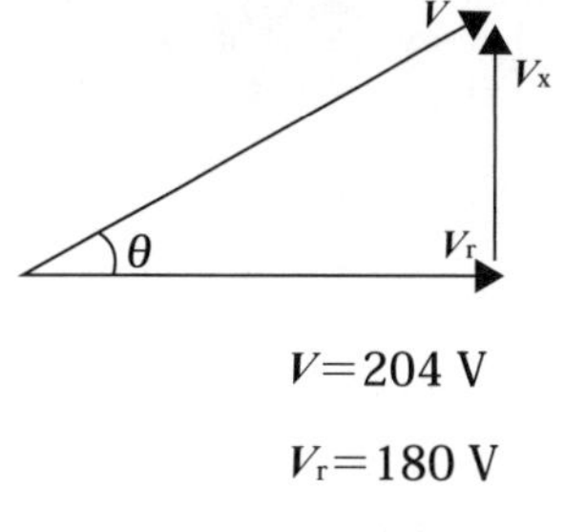

V＝204 V

Vr＝180 V

Vx＝96 V

・ベクトル図を書く

抵抗の端子電圧：V_r，リアクタンスの端子電圧：V_x

電源電圧：V

・ベクトル図より，力率 $\cos\theta = \dfrac{V_r}{V} = \dfrac{180}{204} \times 100 \fallingdotseq 88\%$

NO.16 正解 ロ

・リアクタンスは電力を消費しない

・抵抗 16 Ωを流れる電流をI_r，消費電力をP［W］とする。電源電圧が 100 Vであるから，

$$I_r = \frac{100}{16} = 6.25 \text{［A］}$$

$$P = 100 \times 6.25 = 625 \text{［W］}$$

NO.17 正解 ハ

・発熱量［kJ］は，消費電力 kW ×時間 h × 3 600

＊ 1 kWh ＝ 3 600 kJ

・消費電力 300 W は 0.3 kW

・発熱量Q［kJ］は，

$$Q = 0.3 \times 2 \times 3\,600 = 2\,160 \text{［kJ］}$$

NO.18 正解 ロ

・回路のインピーダンス$Z = \sqrt{8^2 + 6^2} = 10$［Ω］

・回路に流れる電流$I = \dfrac{100\text{ V}}{10\ \Omega} = 10$［A］

・回路の消費電力Wは，抵抗に生じるので，

$$W = r \times I^2 = 8 \times 10^2 = 800 \text{［W］}$$

NO.19 正解 イ

・オームの法則より，抵抗Rを電圧V［V］，電流I［A］を用いて表すと，

$$R=\frac{V}{I}$$ ➡**ニ**

・抵抗で消費される電力P［W］は，電圧V［V］，電流I［A］を用い次の3通りで表せる

$$P=VI$$

$P=I^2R$は，$R=\frac{P}{I^2}$ ➡**ロ**

$P=\frac{V^2}{R}$は，$R=\frac{V^2}{P}$ ➡**ハ**

・上記以外で，誤っているものは，**イ**

NO.20 正解 ハ

・電線の接続点の接触抵抗をR［Ω］，流れる電流をI［A］，流れた時間をt［s］とすると，その点に発生する熱量は，

$$W=I^2Rt \text{［J］}$$

・接続点から1時間に発生する熱量は，

$W=20^2\times0.5\times60$［分］$\times60$［秒］$=720\,000$［J］➡ 720［kJ］

NO.21 正解 ニ

・三相誘導電動機の消費電力は，

$$P=\sqrt{3}\,VI\cos\theta\times10^{-3} \text{［kW］}$$

・消費電力量Wは，

$$W=\sqrt{3}\,VI\cos\theta\times10^{-3}\times t$$

・上式を変形すると，

$$\cos\theta=\frac{W}{\sqrt{3}\,VIt}\times10^3$$

・力率は%表示なので，上式に100を掛けると，

$$\cos\theta=\frac{W}{\sqrt{3}\,VIt}\times10^5$$

NO.22 正解 イ

・電気抵抗は，

$R = \dfrac{\rho L}{S}$［Ω］電線抵抗は，L に比例する

ρ：抵抗率［Ω・m］，L：長さ［m］，S：断面積［m^2］

・断面積 S は D を導体の直径とすると，$R = \dfrac{\rho L}{S} = \dfrac{\rho L}{\pi\left(\dfrac{D}{2}\right)^2} = \dfrac{4\rho L}{\pi D^2}$

・以上より電線抵抗 R は，L に比例し D^2 に反比例する➡**ハ**，**ニ**
・許容電流は，D が大きくなる（電線が太くなる）と，大きくなる➡**ロ**
・上記に当てはまらないものは，**イ**

NO.23 正解 ニ

・**イ**．F ➡間違い（静電容量の単位）
・**ロ**．lm ➡間違い（光束の単位）
・**ハ**．H ➡間違い（インダクタンスの単位）
・**ニ**．lx ➡正しい（明るさを表す指標で，数値が大きいほど明るい。SI 組立単位「ルーメン毎平方メートル」(lm/m^2)）

NO.24 正解 ロ

・力率は下式で示される

$$力率 = \frac{有効電力}{皮相電力} \times 100\ [\%]$$

・有効電力：24 V × 6 A，皮相電力：24 V × 10 A
・以上より，力率は

$$力率 = \frac{24 \times 6}{24 \times 10} \times 100 = \frac{6}{10} \times 100 = 60\ [\%]$$

NO.25 正解 ハ

・Aの合成抵抗R_Aは，$R_A = \frac{(4 \times 4)}{(4 + 4)} = 2$［Ω］

・Bの合成抵抗R_Bは，$R_B = 2 + 2 = 4$［Ω］

・Cの合成抵抗R_Cは，$R_C = \frac{(4 \times 4)}{(4 + 4)} = 2$［Ω］

・Dの合成抵抗R_Dは，$R_D = 2 + 2 = 4$［Ω］

・直流回路に流れる電流は，$I = \frac{V}{R_D}$ ➡ $I = \frac{16}{4} = 4$［A］

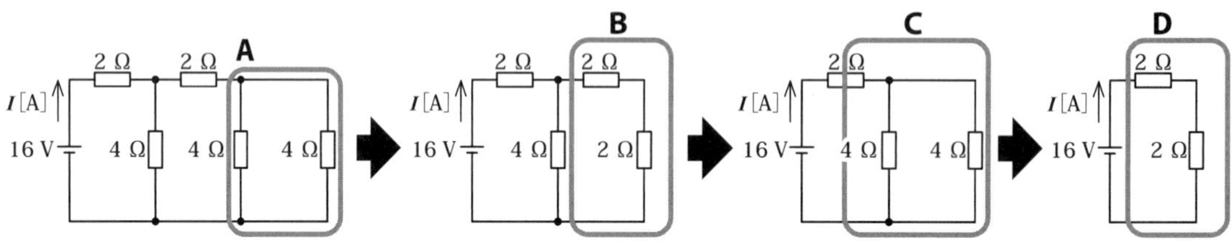

NO.26 正解 ニ

・回路の消費電力をP［W］，電圧をV［V］，電流をI［A］，力率を$\cos\theta$とすると，
　$P = V \times I \times \cos\theta$［W］

・問題文では，消費電力$P = 2.0\,\text{kW} = 2\,000\,\text{W}$，電圧$V = 200\,\text{V}$，力率$\cos\theta = 0.8$であるので，

$$I = \frac{P}{V \times \cos\theta} = \frac{2\,000}{200 \times 0.8} = 12.5\ \text{A}$$

NO.27 正解 ニ

・電源電圧$\dot{E}$を基準にベクトルを描くと下図のようになる

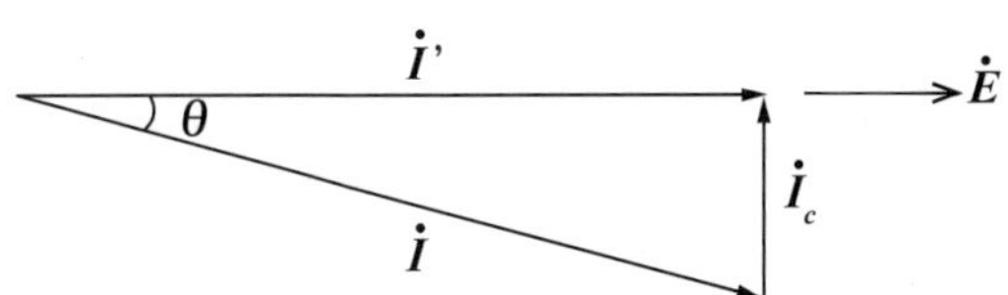

$\dot{I}$：コンデンサ設置前の回路電流
$\dot{I}'$：コンデンサ設置後の回路電流
$\dot{I}$c：コンデンサCに流れる電流
$\dot{E}$：電源電圧

・回路電流$\dot{I}$はθだけ位相が遅れて図のようになり，このベクトル$\dot{I}$の大きさ（長さ）が電流計の指示となる

・次にコンデンサCを取り付けて，力率100［%］に改善すると電流計の指示はベクトル$\dot{I}'$の大きさ（長さ）となる

・図より，$|\dot{I}'| < |\dot{I}|$（$\dot{I}$の長さより$\dot{I}'$の長さが短い）
よって，電流計の指示は減少する

NO.28 正解 ハ

・図の回路は静電容量の回路であるから，電流iは電圧vより90°位相が進む
　＊**ハ**の電流iの波形は電圧vの波形よりも左側に90°ずれている(90°位相が進んでいる)。したがって**ハ**が正しい。

セレクト問題 2節

配電理論・配線設計

NO.1 正解 ハ

・Y結線（スター結線）は，

①線電流＝相電流

②線間電圧＝$\sqrt{3}$ ×相電圧

・相電圧 V は，

$V = 20 \times 6 = 120$ ［V］

・線間電圧 E は，

$E = 1.73 \times 120 \fallingdotseq 208$ ［V］

NO.2 正解 ロ

・線間電圧＝$\sqrt{3}$ ×相電圧➡相電圧＝$\dfrac{線間電圧}{\sqrt{3}}$

➡断線前の a–o 間の電圧 $V = \dfrac{200}{\sqrt{3}} \fallingdotseq 116$ ［V］

・断線後は，a–b 間の電圧 200 V が 2 つの抵抗 R ［Ω］に均等に分圧する

➡断線後の a–o 間の電圧 $V' = \dfrac{200}{2} = 100$ ［V］

NO.3 正解 ロ

・Y結線（スター結線）は，

①線電流＝相電流

②線間電圧＝$\sqrt{3}$ ×相電圧

・合成インピーダンス Z は，

$Z = \sqrt{R^2 + X^2}$ ➡ $Z = \sqrt{8^2 + 6^2} = 10$ ［Ω］

・三相 3 線式回路に流れる電流 I は，

相電圧＝$\dfrac{200}{\sqrt{3}} \fallingdotseq 115.5$ ［V］

$I = \dfrac{相電圧}{Z}$ ➡ $\dfrac{115.5}{10} \fallingdotseq 11.6$ ［A］

NO.4 正解 ニ

・右端の r_3 がある回路の電圧降下 E_3 は，

$E_3 = 2Ir_3 = 2 \times 5 \times 0.1 = 1$ ［V］・・・①

・中央の r_2 がある回路の電圧降下 E_2 は，

$E_2 = 2Ir_2 = 2 \times (5 + 5) \times 0.1 = 2$ ［V］・・・②

・左端の r_1 がある回路の電圧降下 E_1 は，

$E_1 = 2Ir_1 = 2 \times (5 + 5 + 10) \times 0.05 = 2$ ［V］・・・③

・以上より，a–a’ 間の電圧は，

100 ＋①＋②＋③➡ 100 ＋ 1 ＋ 2 ＋ 2 ＝ 105 ［V］

NO.5 正解 ロ

・右端の r_2 がある回路の電圧降下 E_2 は，

$E_2 = 2Ir_2 = 2 \times 5 \times 0.1 = 1$ ［V］・・・①

・左端の r_1 がある回路の電圧降下 E_1 は，

$E_1 = 2Ir_1 = 2 \times (5 + 5) \times 0.05 = 1$ ［V］・・・②

・以上より，a–a’ 間の電圧は，

100 ＋①＋②➡ 100 ＋ 1 ＋ 1 ＝ 102 V

NO.6 正解 ニ

・電線 1 条あたりの抵抗を r ［Ω /m］，こう長を L ［m］，線路に流れる電流を $I = 10$ ［A］とすると，単相 2 線式の電圧降下 $V_1 - V_2$ ［V］は，

$V_1 - V_2 = 2IrL$ ［V］ ➡ $V = 2 \times 10 \times rL = 20rL$ ［V］

NO.7 正解 ハ

・単相 3 線式回路で中性線の電流が 0（平衡負荷）の場合は，中性線で電圧は降下しないので，

電圧降下（$V_s—V_r$）＝ rI ［V］

したがって**ハ**である。

NO.8 正解 ロ

・三相３線式回路の電圧降下（$V_s - V_r$）[V] は，

電圧降下（V_s—V_r）$=\sqrt{3}\,rI$ ➡ $\sqrt{3} \times 0.15 \times 10 \fallingdotseq 2.6$ [V]

したがって**ロ**である。

NO.9 正解 ロ

・三相３線式回路における，電線１線あたりの抵抗が r［Ω］，線電流が I［A］のとき，電圧降下（$V_1 - V_2$）[V] は，

電圧降下（$V_1 - V_2$）$=\sqrt{3}\,Ir$［V］

したがって**ロ**である。

NO.10 正解 ロ

・スイッチａを閉じると，上のⒽ（200 W）にだけ電流が流れ，Ⓗに加わる電圧は 100 V

・この時，電流計Ⓐの指示値 I_1 は，

$$I_1 = \frac{200}{100} = 2\ [\mathrm{A}]$$

・スイッチａ及びｂを閉じると，上と下のⒽは同じ負荷でこの単相３線式回路は平衡していて，中性線に設置されている電流計Ⓐには電流が流れないので，

$I_2 = 0$［A］

NO.11 正解 ハ

電線を流れる電流を図のように仮定する。

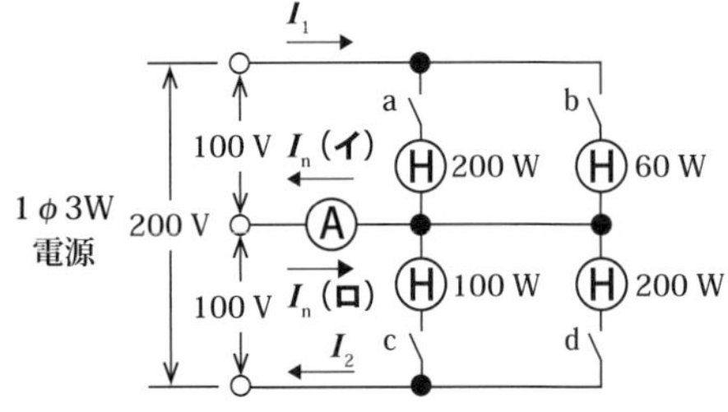

・**イ**. 100 V 回路なので，$I_1 = I_n$（イ）$= \dfrac{200\ \mathrm{W}}{100\ \mathrm{V}} + \dfrac{60\ \mathrm{W}}{100\ \mathrm{V}} = 2.6$［A］

・**ロ**. 100 V 回路なので，$I_2 = I_n$（ロ）$= \dfrac{100\ \mathrm{W}}{100\ \mathrm{V}} + \dfrac{200\ \mathrm{W}}{100\ \mathrm{V}} = 3$［A］

・**ハ**. 上下とも 200 W 負荷となり，単相 3 線式回路は平衡して，中性線には電流が流れないので，$I_n = 0$［A］➡電流計Ⓐの指示値が最も小さい

・**ニ**. $I_n = I_1 - I_2$ だから，

$$I_n = \left(\frac{200\ \text{W}}{100\ \text{V}} + \frac{60\ \text{W}}{100\ \text{V}}\right) - \frac{200\ \text{W}}{100\ \text{V}} = 0.6\ [\text{A}]$$

NO.12 正解 ニ

電線を流れる電流を下図のように仮定する。

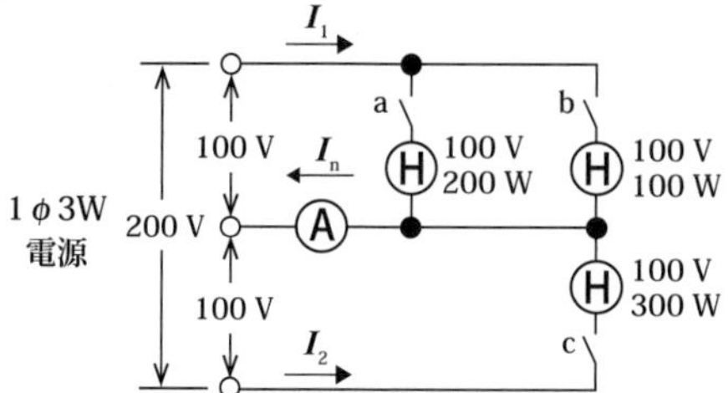

・**イ**. 100 V 回路なので，$I_n = I_1 + I_2 = \dfrac{200\ \text{W}}{100\ \text{V}} + \dfrac{100\ \text{W}}{100\ \text{V}} = 3$［A］

・**ロ**. 100 V 回路なので，$I_n = I_1 - I_2 = \dfrac{200\ \text{W}}{100\ \text{V}} - \dfrac{300\ \text{W}}{100\ \text{V}} = -1$［A］

・**ハ**. 100 V 回路なので，$I_n = I_1 - I_2 = \dfrac{100\ \text{W}}{100\ \text{V}} - \dfrac{300\ \text{W}}{100\ \text{V}} = -2$［A］

・**ニ**. 上下とも負荷が 300 W 負荷となり，単相 3 線式回路は平衡して，中性線には電流が流れないので，$I_n = 0$［A］➡電流計Ⓐの指示値が最も小さい

NO.13 正解 ロ

・電線 1 本の抵抗を r［Ω］，電線路を流れる電流を I［A］とすると，電線 1 本の電力損失 P_1［W］は，

$P_1 = rI^2$［W］・・・①

・設問の単相 3 線式の回路は，負荷が平衡しているため，中性線には電流が流れないので，外側の線に流れる電流のみを考えれば良い

・1 本の外側の線に流れる電流 I は，

$I = 10 + 10 = 20$［A］

・①は 1 本の電線の電力損失。外側の線は 2 本あるので電線路の全電力損失 P_2［W］は，

$P_2 = 2rI^2 = 2 \times 0.1 \times 20^2 = 80$［W］

NO.14 正解 ニ

・三相３線式回路の電線路の電力損失 P_L［W］は，

$P_L = 3rI^2$ ➡ $P_L = 3 \times 0.2 \times 15^2 = 135$［W］

したがって**ニ**である。

NO.15 正解 ハ

・三相３線式回路の電線路の電力損失 P_L［W］は，

$P_L = 3I^2r$［W］

したがって**ハ**である。

NO.16 正解 ハ

・5.5 mm^2 の半径 r［mm］は，断面積 $= \pi r^2$ より

$5.5 = \pi r^2$ ➡ $r \fallingdotseq 1.32$

直径 $D = 2 \times r = 2 \times 1.32 \fallingdotseq 2.6$ mm

直径	許容電流
1.6 mm	27 A
2.0 mm	35 A
2.6 mm	48 A

・表より，直径 2.6 mm の許容電流は 48 A で，電流減少係数を考慮すると，

$48 \times 0.49 \fallingdotseq 24$ A

NO.17 正解 ロ

・3.5 mm^2 の半径 r［mm］は，断面積 $= \pi r^2$ より

$3.5 = \pi r^2$ ➡ $r \fallingdotseq 1.056$

直径 $D = 2 \times r = 2 \times 1.056 \fallingdotseq 2.0$ mm

直径	許容電流
1.6 mm	27 A
2.0 mm	35 A
2.6 mm	48 A

・表より，直径 2.0 mm の許容電流は 35 A で，電流減少係数を考慮すると，

$35 \times 0.63 \fallingdotseq 23$ A

NO.18 正解 ハ

分岐回路の許容電流と過電流遮断器の施設位置

①原則は，幹線分岐点より 3 m 以下の場所に過電流遮断器を施設する

②分岐回路の許容電流が幹線用過電流遮断器の定格電流の 35%以上

➡ 8 m 以下の場所に過電流遮断器を施設できる

③分岐回路の許容電流が幹線用過電流遮断器の定格電流の 55%以上

➡任意の場所に過電流遮断器を施設できる

- **イ**．①に該当し，L の長さが 1 m で 3 m 以下➡適切
- **ロ**．①に該当し，L の長さが 2 m で 3 m 以下➡適切
- **ハ**．L の長さが 10 m で③に該当し，電線の許容電流は 100 × 0.55 = 55 A 以上が必要で，電線断面積は 14 mm^2 ➡不適切
- **ニ**．L の長さが 15 m で③に該当し，電線の許容電流は 100 × 0.55 = 55 A 以上が必要で，電線断面積は 14 mm^2 ➡適切

NO.19 正解 イ

- 電動機の定格電流合計 I_M は 10 A，電熱器の合計 I_H は，15 + 20 = 35 A
- 幹線の太さを決める根拠となる電流の最小値は，$I_M \leqq I_H$ なので，10 + 35 = 45 $\leqq I_W$ [A]

したがって**イ**である。

条件		幹線の許容電流
$I_M \leqq I_H$		$I_W \geqq I_M + I_H$
$I_M > I_H$	$I_M \leqq 50$ A	$I_W \geqq 1.25 \times I_M + I_H$
	$I_M > 50$ A	$I_W \geqq 1.1 \times I_M + I_H$

NO.20 正解 ニ

・電動機の合計 I_M は，5 ＋ 15 ＝ 20 A，電熱器の定格電流 I_H は 5 A なので $I_M > I_H$ に該当する

条件		幹線の許容電流
$I_M \leqq I_H$		$I_W \geqq I_M+I_H$
$I_M>I_H$	$I_M \leqq 50$ A	$I_W \geqq 1.25 \times I_M+I_H$
	$I_M>50$ A	$I_W \geqq 1.1 \times I_M+I_H$

・$I_M \leqq 50$

・幹線の太さを決める根拠となる電流 $I_W \geqq 1.25\,I_M + I_H$

➡ $I_W \geqq 1.25 \times 20 + 5 = 30$ A・・・①

・I_B は，次のうち小さいほうを選択する

（1）$3 \times I_M + I_H$ ➡ $3 \times 20 + 5 = 65$ A・・・②

（2）$2.5 \times I_W$ ➡ $2.5 \times 30 = 70$ A

・①より，I_W は 30 A

・②より，I_B は 65 A

NO.21 正解 ニ

・接続できるコンセントは，配線用遮断器の定格値又は一つ下の定格値でなくてはならない

・定格電流 30 A の配線用遮断器を取り付けた分岐回路には 20 A 以上 30 A 以下のコンセントでなくてはならない

したがって**ニ**が不適切である。

NO.22 正解 イ

・分岐した低圧屋内幹線の許容電流 I_W は 34 A

・I_B に対する I_W の割合は，

$I_W \div I_B = 34 \div 100 = 0.34$ ➡ 34％

・分岐点からの電線の許容電流 I_W が幹線の過電流遮断器の定格電流 I_B の 35％未満の場合は，分岐回路の過電流遮断器を分岐点から 3 m 以下の位置に施設する（2 節 NO.18 参照）

NO.23 正解 ハ

・簡易接触防護措置を施していない場合，漏電遮断器を省略できるのは，

*対地電圧 150 V 以下の機械器具を水気のある場所以外に施設したとき

*機械器具を乾燥した場所に施設したとき

*機械器具のＣ種，Ｄ種接地工事の接地抵抗値が 3 Ω以下のとき

*電気用品安全法の適用を受ける二重絶縁構造の機器のとき

・**イ**，**ロ**，**ニ**は上記条件に該当しないので，省略できない。**ハ**のときのみ漏電遮断器が省略できる

NO.24 正解 ハ

・**イ**．高速形漏電遮断器とは，定格感度電流における動作時間が 0.1 秒以内の漏電遮断器のことである➡正しい

・**ロ**．漏電遮断器の機能そのもの➡正しい

・**ハ**．高感度形漏電遮断器とは，定格感度電流が 30 mA 以下の漏電遮断器のことである➡誤り

・**ニ**．漏電遮断器の機能そのもの➡正しい

NO.25 正解 ハ

・定格電流 30 A 以下の配線用遮断器は，定格電流の 1.25 倍の電流を流した場合は 60 分以内に動作しなければならない

・定格電流の 2 倍の電流を流した場合は，2 分以内に動作しなければならない

・以上より，20 A の配線用遮断器に 25 A の電流を流した場合は，$\frac{25}{20} = 1.25$ 倍になる
➡ 60 分以内に動作しなければならない

NO.26 正解 ロ

・公称断面積 0.75 mm^2 のゴムコードの許容電流は 7 A

・各機器の消費電力を P［W］，定格電圧を V［V］とすると，電流 I［A］は，

$P = VI$［W］➡ $I = P/V$［A］

・**イ**．$I = \dfrac{150}{100} = 1.5$［A］

・**ロ**．$I = \dfrac{600}{100} = 6$［A］

・**ハ**．$I = \dfrac{1\,500}{100} = 15$［A］

・**ニ**．$I = \dfrac{2\,000}{100} = 20$［A］

以上より，使用できる範囲の中で**ロ**が最も大きな消費電力の電熱器具である。

NO.27 正解 ロ

・**イ**．照明が点灯で，確認表示灯は消灯し，照明が消灯で，確認表示灯が点灯する異時点滅➡誤り

・**ロ**．照明が点灯で，確認表示灯は点灯し，照明が消灯で，確認表示灯が消灯する同時点滅➡正しい

・**ハ**．確認表示灯が常時点灯➡誤り

・**ニ**．スイッチ ON で電源がショートするので危険➡誤り

NO.28 正解 イ

30 A 分岐回路では，

・電線の太さ 2.6 mm（又は 5.5 mm^2）以上➡**ハ**が不適切

・コンセントの定格電流は 20 A 以上 30 A 以下➡**ロ**と**ニ**が不適切

したがって**イ**が適切である。

＊参考：コンセントの図記号は，

・「15 A」の場合，定格電流は傍記されない➡**ロ**と**ニ**

・「20 A 以上」の場合，定格電流が傍記される➡**イ**と**ハ**

セレクト問題 3節 電気機器・配線器具・材料・工具

NO.1 正解 イ

絶縁ブッシングは，金属管の管端部で，電線を傷つけないために使用される保護材。

- **イ**．正しい
- **ロ**．差込形コネクタの説明である➡誤り
- **ハ**．サドルの説明である➡誤り
- **ニ**．カップリングの説明である➡誤り

NO.2 正解 ハ

ねじなしボックスコネクタは，ねじなし電線管をボックスに接続するのに用いる。

- **イ**．正しい
- **ロ**．正しい
- **ハ**．誤り（ネジの頭は，ねじ切れるまで締めていく）
- **ニ**．正しい

NO.3 正解 ロ

工具の使用目的

- **やすり**：金属管の端部・面など（のザラザラした部分）を研磨する➡**イ**，**ロ**
- パイプレンチ：金属管をカップリングに取り付けるときなどにパイプをつかんで回す➡**イ**，**ニ**
- **パイプベンダ**：金属管を曲げる➡**イ**，**ロ**
- **金切りのこ**：金属管を切断する➡**ロ**，**ハ**
- リーマ：金属管端内部の面取り➡**ハ**，**ニ**
- トーチランプ：VE 管を熱して曲げる➡**ハ**，**ニ**

以上より，金属管（鋼製電線管）の切断及び曲げ作業に使用する工具の組合せは，**ロ**である。

NO.4 正解 ロ

主な電線の絶縁物の許容温度は，

- **イ**．45℃➡第二種電気工事士の範囲では該当なし
- **ロ**．60℃➡正しい（600V ビニル絶縁電線）
- **ハ**．75℃➡誤り（600V ポリエチレン絶縁電線（EM-IE），600V ポリエチレン絶縁耐熱性シースケーブル平形（EM-EEF）の許容温度）
- **ニ**．90℃➡誤り（600V 架橋ポリエチレン絶縁ビニルシースケーブル（CV）の許容温度）

NO.5 正解 イ

エントランスキャップは，主として，垂直配管された金属管の上部管端に取り付け，雨水の浸入防止が目的。

- **イ**．正しい
- **ロ**．不明
- **ハ**．ユニバーサル，ノーマルベンド➡誤り
- **ニ**．ダクトエンド➡誤り

NO.6 正解 ロ

- **イ**．分電盤は，分岐開閉器を収めるもので，配線用遮断器や漏電遮断器を収納した箱➡誤り
- **ロ**．プルボックスは，通線を容易にするもの➡正しい
- **ハ**．フィクスチュアスタッドは，アウトレットボックス底面部に取り付けて，フィクスチュアヒッキーを固定するもの➡誤り
- **ニ**．スイッチボックスは，スイッチやコンセントを収める箱➡誤り

NO.7 正解 イ

地中電線は，ケーブルしか使用できない。

- **イ**．600V 架橋ポリエチレン絶縁ビニルシースケーブル（CV）➡使用できる
- **ロ**．屋外用ビニル絶縁電線（OW）➡使用できない（屋外配線用で地中配線には不適切）
- **ハ**．引込用ビニル絶縁電線（DV）➡使用できない（引込用で地中配線には不適切）
- **ニ**．600V ビニル絶縁電線（IV）➡使用できない（地中配線には不適切）

NO.8 正解 ハ

- **イ**．適切
- **ロ**．適切
- **ハ**．分電盤や配電盤が該当➡不適切
- **ニ**．適切

NO.9 正解 イ

- **イ**．誤り（ネオン変圧器とネオン管灯が正しい組合せ）
- **ロ**．正しい
- **ハ**．正しい
- **ニ**．正しい

NO.10 正解 イ

- **イ**．金属管工事では，リーマは金属管の内側の面取りに使用される➡適切
- **ロ**．不適切（パイプベンダは，金属管を曲げるのに使用）
- **ハ**．不適切（ボルトクリッパは，太い電線の切断に使用）
- **ニ**．不適切（圧着ペンチは，リングスリーブによる電線接続で使用）

NO.11 正解 ハ

- 電気食器洗い機をはじめ,電子レンジ,電気洗濯機,電気冷暖房機等に使用するコンセントは,接地極付コンセントにしなければならない
- 接地極付コンセントには接地端子付きを備えることが望ましい（推奨）
  ＊内線規程 3202-3 条の 1

以上より，**ハ**が最も適している。

NO.12 正解 ハ

・写真に示す器具の名称は，リモコンリレー
・リモコンリレーの用途は，リモコンスイッチを操作することで接点が開閉する働きを持つため，リモコン配線のリレーとして使用する

NO.13 正解 イ

・**イ**．LED ランプは，白熱灯に比べて寿命が長いのが特徴➡誤り
・**ロ**．正しい
・**ハ**．正しい
・**ニ**．正しい

NO.14 正解 イ

・**イ**．正しい
・**ロ**．過電流継電器（OCR）➡誤り
・**ハ**．過電圧継電器（OVR）➡誤り
・**ニ**．不足電圧継電器（UVR）➡誤り

NO.15 正解 ロ

・**イ**．カールプラグは，コンクリートに木ねじを止められるようにする器具➡不適切
・**ロ**．サドルは，金属管を造営材に取り付ける器具➡適切（振動ドリルでコンクリート壁に穴をあけ，カールプラグを打ち込み，木ねじを入れて金属管を支持する）
・**ハ**．たがねは，金属や岩石を加工するための工具の一種➡不適切
・**ニ**．ホルソは，鋼板に穴を開けるときに使う➡不適切

NO.16 正解 ニ

- **イ**．トーチランプは，硬質塩化ビニル管を，炎で熱して曲げる工具➡誤り
- **ロ**．ディスクグラインダは，金属やコンクリートを研磨，切断する工具➡誤り
- **ハ**．パイプレンチは，金属管とカップリングの脱着に使用する工具➡誤り
- **ニ**．正しい

NO.17 正解 ニ

- **イ**．電流は変化しない➡誤り
- **ロ**．3本のうち，どれでも2本入れ替えると逆回転するが，電流は変化しない➡誤り
- **ハ**．力率が改善するが，電流は変化しない➡誤り
- **ニ**．正しい（始動電流は$\frac{1}{3}$になる）

NO.18 正解 ロ

- 定格電流「20 A」の配線用遮断器なので，下表より「定格電流30 A以下に該当する」
- 設問では，「40 Aの電流が継続して流れた」と記載されている
- 「40 A／20 A」で「2倍」の電流が流れた

以上より，配線用遮断器が自動的に動作しなければならない時間の限度は「2分以内」。

配線用遮断器の定格電流	動作時間	
	動作時間の1.25倍の電流が流れた	動作時間の2倍の電流が流れた
30 A以下	60分以内	2分以内
30 Aを超え50 A以下	60分以内	4分以内

＊「電気設備の技術基準の解釈」第33条の33-2表から抜粋

NO.19 正解 イ

スターデルタ始動法は，三相かご形誘導電動機の始動方式の一つで，始動電流及び始動トルクを$\frac{1}{3}$に低減できる。

よって，**イ**が正しい。

3節 電気機器・配線器具・材料・工具

NO.20 正解 イ

・**イ**. PF 管（合成樹脂製可とう電線管）用カップリングで，PF 管同士の接続に用いる ➡正しい
・**ロ**. コンビネーションカップリング等を使用➡誤り
・**ハ**. TS カップリングを使用➡誤り
・**ニ**. コンビネーションカップリング等を使用➡誤り

NO.21 正解 ニ

・**イ**. 手元開閉器➡誤り
・**ロ**. 変圧器➡誤り
・**ハ**. 進相コンデンサ➡誤り
・**ニ**. 安定器➡正しい

NO.22 正解 ニ

写真の工具は張線器である。電線やメッセンジャワイヤのたるみをとるのに用いる。
よって，**ニ**が正しい。

NO.23 正解 イ

・**イ**. 正しい（TS カップリング）
・**ロ**. コンビネーションカップリング（種類の異なる電線管を接続）➡誤り
・**ハ**. PF 管用カップリング➡誤り
・**ニ**. コンビネーションカップリング（種類の異なる電線管を接続）➡誤り

NO.24 正解 ロ

・**イ**. 屋内配線と電球の取付けに使われ，ソケットについているスイッチで入り切りをする ➡誤り
・**ロ**. 正しい（屋外使用の防雨型ソケット）

・**ハ**．屋内配線と電球の取付けに使われ，ソケットについているひもで入り切りをする
➡誤り
・**ニ**．屋内配線と電球の取付けに使われる➡誤り

NO.25　正解　ハ

・**イ**．接地された導体と大地間の電気抵抗を測定する機器➡誤り
・**ロ**．電子機器等で，充電部から接地線等に漏れ出る電流を測定する計測器➡誤り
・**ハ**．正しい
・**ニ**．位相の相順を確認する機器➡誤り

NO.26　正解　ニ

画像の機器は，VVF ストリッパーで，VVF ケーブルの外装や絶縁被覆をはぎ取るのに使用する。

したがって**ニ**である。

NO.27　正解　イ

低圧進相コンデンサは，回路の進相電流を消費し，力率を改善するために用いる機器である。

よって，**イ**が正しい。

NO.28　正解　イ

・**イ**．圧着端子と電線に圧力をかけて接続する工具➡正しい
・**ロ**．油圧の力でワイヤ，電線，鉄筋等を切断するカッタ➡誤り
・**ハ**．油圧の力を利用して，鋼材や鋼板に穴をあける工具➡誤り
・**ニ**．圧着端子と電線に圧力をかけて接続する➡誤り

セレクト問題 4節

電気工事の施工方法

NO.1 正解 ハ

・**イ**．省略できる（乾燥した場所であるため）
・**ロ**．省略できる（60 V 以下であるため）
・**ハ**．省略できない（ライティングダクト工事は，簡易接触防護措置を施している場所なら漏電遮断器を省略できる）
・**ニ**．省略できる（乾燥した場所であるため）

NO.2 正解 ハ

・**イ**．適切
・**ロ**．適切
・**ハ**．水気のある場所では，定格感度電流 30 mA，動作時間 0.1 秒の電流動作型漏電遮断器を設置しても，D 種接地工事は省略できない➡不適切
・**ニ**．適切

〈D 種接地工事の省略条件〉

・交流の対地電圧が 150 V 以下又は使用電圧が直流 300 V の機械器具を乾燥した場所に施設する場合
・低圧用の機械器具を乾燥した木製の床その他これに類する絶縁性の物の上で取り扱うように施設する場合
・電気用品安全法の適用を受ける 2 重絶縁の構造の機械器具に施設する場合
・低圧用の機械器具に絶縁変圧器（3 kV・A 以下）を施設する場合
・0.5 秒以内に動作する漏電遮断器を施設する場合，接地抵抗値は 500 Ω以下でよい
・金属管配線の対地電圧が 150 V 以下で，管の長さが 8 m 以下のものを乾燥した場所又は簡易接触防護措置を施す場合
・乾燥した場所で，金属管の長さが 4 m 以下の場合
・水気のある場所以外で低圧用の機械器具に漏電遮断器（定格感度電流 15 mA 以下，動作時間 0.1 秒以内）を施設する場合
・鉄台又は外箱の周囲に適当な絶縁台を設ける場合

NO.3 正解 ハ

・**イ**．省略できる
・**ロ**．省略できる
・**ハ**．水気のある場所では，D 種接地工事は省略できない
・**ニ**．省略できる

NO.4 正解 ニ

・**イ**．適切
・**ロ**．適切
・**ハ**．適切
・**ニ**．水気のある場所では，漏電遮断器を設置しても接地工事を省略できない。なお，水気のある場所以外の場所であれば，定格感度電流 15 mA，動作時間 0.1 秒の漏電遮断器を設置すれば D 種接地工事を省略できる➡不適切

NO.5 正解 ロ

・**イ**．省略できる
・**ロ**．電線を収める金属管の全長が 4 m 以下，又は対地電圧が 150 V 以下であれば省略できる➡全長が 5 m の金属管は，省略できない
・**ハ**．省略できる
・**ニ**．省略できる

NO.6 正解 ロ

合成樹脂管工事の支持点間の距離は，1.5 m 以内である（電気設備の技術基準の解釈第 158 条）。

したがって**ロ**である。

NO.7 正解 ロ

下表より，不適切なものの組合せは，**ロ**のｂとｃである。

＜接続電線とリングスリーブの組合せ表＞

接続する電線の組合せ		使用するリングスリーブのサイズ	使用する圧着工具のダイス	圧着マーク	
サイズ（太さ）	本数				
1.6 mm	2 本	小	1.6 × 2 小	○	a
	3 ～ 4 本	小	小	小	c
	5 ～ 6 本	中	中	中	
2.0 mm	2 本	小	小	小	
	3 ～ 4 本	中	中	中	
2.0 mm（1 本）と 1.6 mm（1 ～ 2 本）		小	小	小	b
2.0 mm（1 本）と 1.6 mm（3 ～ 5 本）		中	中	中	d
2.0 mm（2 本）と 1.6 mm（1 ～ 3 本）					

NO.8 正解 イ

同一管内の電線数と電線の電流減少係数は，下表の通り。

同一管内の電線数	電流減少係数	
3 本以下	0.70	
4	0.63	− 0.07
5 又は 6	0.56	− 0.07
7 以上 15 以下	0.49	− 0.07

したがって**イ**が誤りである。

NO.9 正解 ニ

- **イ**．垂直の場合の支持点間距離は 6 m 以下➡不適切
- **ロ**．金属製遮へい層のない弱電流電線と同一の管に収めることはできない➡不適切
- **ハ**．600V ビニル絶縁ビニルシースケーブルは，コンクリートに直接埋設はできない。MI ケーブルやコンクリート直埋用ケーブルならできる➡不適切
- **ニ**．ケーブルの屈曲で屈曲部の内側半径は，ケーブル仕上がり外径の 6 倍以上とする➡適切

NO.10 正解 ロ

確認表示灯は，負荷（換気扇）の動作と連動して点灯する為，負荷（換気扇）と並列に接続する必要がある。

よって，**ロ**が正しい。

NO.11 正解 ニ

・**イ**. 適切
・**ロ**. 適切
・**ハ**. 適切
・**ニ**. コンビネーションカップリングを用いる。TS カップリングは，合成樹脂管相互の接続に用いる➡不適切

NO.12 正解 ハ

・**イ**. 適切
・**ロ**. 適切
・**ハ**. 低圧配線と弱電流電線等又は水管等との接近又は交差の場合は，水管等と接触しないように施設しなければならない➡不適切
・**ニ**. 適切

NO.13 正解 ロ

・**イ**. 適切
・**ロ**. コンビネーションカップリングは，金属管と 2 種可とう電線管（プリカチューブ）等の異種電線管接続に使用する。薄鋼電線管相互の接続に使用するのは，カップリングである➡不適切
・**ハ**. 適切
・**ニ**. 適切

NO.14 正解 ニ

電線の接続は下記による。

- 電線の電気抵抗を増加させない・・・d
- 電線の引張強さを20%以上減少させない・・・b
- 接続部にはスリーブなどの接続器を用いるか，電線相互をろう付けする
- 接続部は電線の絶縁物と同等以上の絶縁効力のある器具を使用するか，絶縁テープなどで十分に被覆する・・・a

したがって，a，b，dが適切なので**ニ**が正しい。

NO.15 正解 ロ

低圧配線と弱電流電線等又は管との接近又は交差は，下記のように規定されている。

- 低圧配線と弱電流電線等又は水管等との離隔距離は，10 cm（電線が裸電線である場合は，30 cm）以上とすること・・・c
- 低圧配線の使用電圧が300 V以下の場合において，低圧配線と弱電流電線等又は水管等との間に絶縁性の隔壁を堅ろうに取り付けること・・・d
- 低圧配線の使用電圧が300 V以下の場合において，低圧配線を十分な長さの難燃性及び耐水性のある堅ろうな絶縁管に収めて施設すること

したがって，c，dが適切なので**ロ**が正しい。

NO.16 正解 ハ

・**イ**．適切
・**ロ**．適切
・**ハ**．電線を分岐できるが，電線を分岐する場合D種接地工事は省略できない➡不適切
・**ニ**．適切

NO.17 正解 イ

・**イ**．1種金属製可とう電線管は，湿気の多い場所には使用できない➡不適切
・**ロ**．適切
・**ハ**．適切
・**ニ**．適切

NO.18 正解 イ

・三相誘導電動機回路の力率改善用の低圧進相コンデンサの接続場所を下図に示す
・手元開閉器の負荷側に電動機と並列に接続する
したがって，**イ**が適切である。

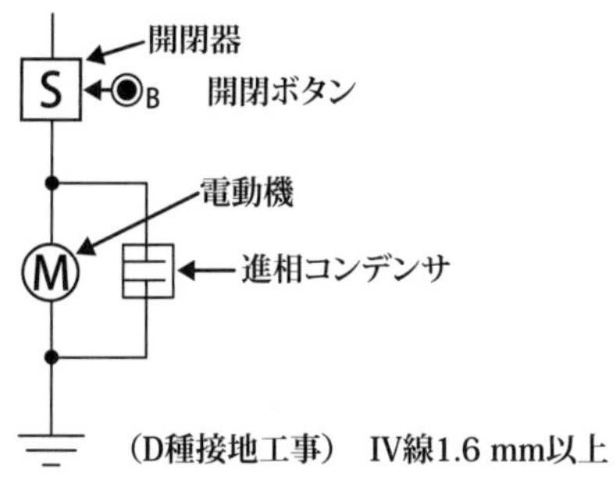

NO.19　正解　ロ

下表より，ライティングダクト工事は展開した湿気の多い場所では，施工できない。したがって**ロ**が正しい。

施設場所の区分		使用電圧の区分	工事の種類											
			がいし引き工事	合成樹脂管工事	金属管工事	金属可とう電線管工事	金属線ぴ工事	金属ダクト工事	バスダクト工事	ケーブル工事	フロアダクト工事	セルラダクト工事	ライティングダクト工事	平形保護層工事
展開した場所	乾燥した場所	300 V以下	○	○	○	○	○	○	○	○			○	
		300 V超過	○	○	○	○		○	○	○				
	湿気の多い場所又は水気のある場所	300 V以下	○	○	○	○			○	○				
		300 V超過	○	○	○	○				○				
点検できる隠ぺい場所	乾燥した場所	300 V以下	○	○	○	○	○	○	○	○		○	○	○
		300 V超過	○	○	○	○		○	○	○				
	湿気の多い場所又は水気のある場所	—	○	○	○	○				○				
点検できない隠ぺい場所	乾燥した場所	300 V以下		○	○	○				○	○	○		
		300 V超過		○	○	○				○				
	湿気の多い場所又は水気のある場所	—		○	○	○				○				

（備考）○は，使用できることを示す。

NO.20 正解 ニ

NO.19 の表より，金属ダクト工事は，展開し乾燥した場所で施設できる。
したがって**ニ**が適切である。

NO.21 正解 ロ

NO.19 の表より，金属線ぴ工事は，湿気の多い展開した場所で施設できない。
したがって**ロ**が不適切である。

NO.22 正解 ハ

- **イ**．カバーの取付け位置にアース線を取り付けている➡不適切
- **ロ**．アースが不完全➡不適切
- **ハ**．アース線はアウトレットボックス底面の穴から通し，アース線取り付け用ねじ穴へねじ留めする➡適切
- **ニ**．アース線がない➡不適切

NO.23 正解 ハ

・**イ**．適切
・**ロ**．適切
・**ハ**．共用の電線用遮断器を施設➡不適切
・**ニ**．適切

〈対地電圧 150 V 超，定格消費電力が 2 kW 以上の電気機器の施設条件〉
①簡易接触防護措置を施す。
②電気機器は，屋内配線と直接接続する（コンセントは使えない）。
③専用の開閉器及び過電流遮断器（配線用遮断器）を施設する。
④漏電遮断器を施設する。

NO.24 正解 ハ

・**イ**．コンセントを使用➡不適切（直接接続が正しい）
・**ロ**．専用の漏電遮断器を取り付け➡不適切（過電流遮断器が正しい）
・**ハ**．適切
・**ニ**．コンセントを使用➡不適切（直接接続が正しい）

NO.25 正解 イ

管内に電磁的不平衡を生じないように施設する➡ 1 回線の電線全部を同一管内に収めると各電流の位相がずれているため，お互いに磁界を打ち消し合う。

＊これは，1 回線の電線全部を同一管内に収めることであり，単相 2 線式であれば 2 線を，単相 3 線式であれば 3 線を同一管内に収める。

よって，**イ**が適切である。

NO.26 正解 ニ

・**イ**. エントランスキャップは雨水等の侵入しやすい垂直配管の管端に使用する➡適切
・**ロ**. ターミナルキャップは水平配管の管端に使用し電線の被覆を保護する➡適切
・**ハ**. エントランスキャップは基本的に垂直配管で用いるが，水平配管でも使用不可ではない➡適切
・**ニ**. ターミナルキャップを垂直配管で使用すると雨水等が侵入する➡不適切

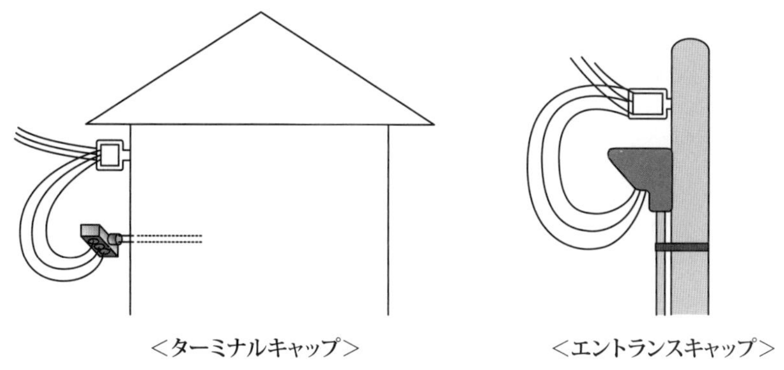

<ターミナルキャップ>　<エントランスキャップ>

NO.27 正解 イ

・**イ**. メタルラス張り，ワイヤラス張り又は金属板張り等の配線工事では，これらと電気的に接続しないように施設しなければならない➡適切
・**ロ**. 金属板張りと金属管が接触➡不適切
・**ハ**. 金属製可とう電線管を壁と電気的に接続➡不適切
・**ニ**. 壁の金属板張りと電気的に完全に接続➡不適切

NO.28　正解　ロ

・**イ**．適切

・**ロ**．CD管を本造の床下や壁の内部及び天井に配管➡不適切

＊CD管はコンクリート埋設専用

・**ハ**．適切

・**ニ**．適切

セレクト問題 5節 電気工作物の検査方法

NO.1 正解 ロ

・**イ**．電力計は消費電力の測定に使用する。電力量は電力量計で測定する➡誤り
・**ロ**．正しい
・**ハ**．回転計は，電動機等の回転速度を調べるのに使用し，相回転は検相器で測定する➡誤り
・**ニ**．回路計（テスタ）は，低圧電路の電圧や導通状態等を調べるのに使用し，絶縁抵抗は絶縁抵抗計で測定する➡誤り

NO.2 正解 ハ

・**イ**．正しい
・**ロ**．正しい
・**ハ**．絶縁抵抗計の出力電圧は，直流電圧である➡誤り
・**ニ**．正しい

NO.3 正解 ハ

・**イ**．正しい
・**ロ**．正しい
・**ハ**．アナログ計器は入力抵抗が低く，ディジタル計器は入力抵抗が高い➡誤り
・**ニ**．正しい

NO.4 正解 ニ

・**イ**．正しい
・**ロ**．正しい
・**ハ**．正しい
・**ニ**．検相器は，動力電源の回転方向の相順を調べるための測定器➡誤り

NO.5 正解 ロ

・**イ**. 負荷側の点滅器は全て「入」にする➡不適切
・**ロ**. 適切
・**ハ**. 負荷側の点滅器は全て「入」にし，常時配線に接続されている負荷は，全て使用状態にしたままにする➡不適切
・**ニ**. 同上➡不適切

NO.6 正解 ニ

・**イ**. 接地抵抗計は，ディジタル式のものもある➡誤り
・**ロ**. 接地抵抗計の出力電圧は，交流電圧である➡誤り
・**ハ**. 被測定接地極（E 極），P 補助極（電圧極），C 補助極（電流極）の順に 10 m の間隔で直線上に配置する➡誤り
・**ニ**. 正しい

NO.7 正解 イ

・**イ**. 適切
・**ロ**. 被測定接地極（E 極）は端とする➡不適切
・**ハ**. 補助接地極は，順次 10 m 程度離す➡不適切
・**ニ**. 被測定接地極と補助接地極は，一直線上に配置する➡不適切

NO.8 正解 ハ

・**イ**．正しい
・**ロ**．正しい
・**ハ**．アナログ式回路計で，回路抵抗を測定する場合は，赤と黒の測定端子を短絡して，指針が０Ωになるように調整する➡誤り
・**ニ**．正しい

NO.9 正解 ニ

・電圧計は負荷と並列に，電流計は負荷と直列に接続する
・電力計は電圧コイルを負荷と並列に接続し，電流コイルを負荷と直列に接続する
　・**イ**．電力計の電流コイルが負荷と直列になっていない➡誤り
　・**ロ**．電流計が負荷と直列になっていない➡誤り
　・**ハ**．電流計が負荷と直列になっておらず，電圧計が負荷と並列になっていない➡誤り
　・**ニ**．正しい

NO.10 正解 イ

・**イ**．正しい
・**ロ**．抵抗測定時の回路計の端子出力電圧は，直流電圧である➡誤り
・**ハ**．アナログ式も電池が必要である➡誤り
・**ニ**．回路計では，絶縁抵抗は測定できない➡誤り

NO.11 正解 ニ

・**イ**．測定できる
・**ロ**．測定できる
・**ハ**．測定できる
・**ニ**．漏れ電流を測定するのは，クランプメータである➡測定できない

NO.12 正解 イ

導通試験は配線の誤接続，接続不良，断線の確認を目的とする。

- **イ**．誤り（充電の有無は検電器で確認する）
- **ロ**．正しい
- **ハ**．正しい
- **ニ**．正しい

NO.13 正解 イ

- **イ**．正しい
- **ロ**．交流回路ではなく直流回路で使用する➡誤り
- **ハ**．永久磁石可動コイル形で，目盛板を鉛直ではなく水平に置いて使用する
  ➡誤り
- **ニ**．永久磁石可動コイル形で，交流回路ではなく直流回路で使用する
  ➡誤り

NO.14 正解 ニ

- **イ**．可動鉄片形で目盛板を鉛直に立てて使用する➡誤り
- **ロ**．可動鉄片形である➡誤り
- **ハ**．可動鉄片形で目盛板を鉛直に立てて使用する➡誤り
- **ニ**．正しい

NO.15 正解 イ

- **イ**．正しい
- **ロ**．表示記号は で，交流及び直流回路に使用する
- **ハ**．表示記号は で，交流回路に使用する
- **ニ**．表示記号は で，交流及び直流回路に使用する

NO.16 正解 ハ

・**イ**．適切
・**ロ**．適切
・**ハ**．回路計（テスタ）は，電圧・電流・抵抗は測定できるが，電力量は測定できない
➡不適切
・**ニ**．適切

NO.17 正解 ニ

・**イ**．考えられない（100 V を示す）
・**ロ**．考えられない（0 V を示す）
・**ハ**．考えられない（100 V を示す）
・**ニ**．単相 3 線式回路で中性線が断線すると 200 V を機器 A と機器 B で分圧する➡考えられる

NO.18 正解 ニ

・絶縁抵抗値
使用電圧 400 V（300 V 超）のため，0.4 M Ω以上
・接地抵抗値
漏電遮断器の動作時間 0.1 秒（0.5 秒以内）のため，500 Ω以下
上記の条件より，**ニ**が適切である。

<使用電圧と絶縁抵抗値>

電路の使用電圧の区分		絶縁抵抗値
300 V 以下	対地電圧が 150 V 以下	0.1 MΩ以上
	その他の場合	0.2 MΩ以上
300 V を超えるもの		0.4 MΩ以上

<接地工事の種類と設置抵抗値>

接地工事の種類	使用電圧	接地抵抗値	
C 種接地工事	300 V を超える	10 Ω以下	0.5 秒以内に動作する漏電遮断器を施設する場合，500 Ω以下
D 種接地工事	300 V 以下	100 Ω以下	

No.19 正解 イ

No.18の表より

・絶縁抵抗値

対地電圧200V（使用電圧300V以下その他の場合）のため，0.2MΩ以上

・接地抵抗値

漏電遮断器の動作時間0.1秒（0.5秒以内）のため，500Ω以下

上記の条件より，**イ**が適切である。

No.20 正解 ハ

・**イ**．誤り

・**ロ**．誤り

・**ハ**．単相負荷の力率を求める式は，$W = VI\cos\theta$ より，

$$力率\ \cos\theta = \frac{W}{VI} \times 100\%$$

したがって，電圧，電流，電力がわかれば力率が求められる➡正しい

・**ニ**．誤り

No.21 正解 イ

・**イ**．竣工検査で行われているのは，目視点検，導通試験，絶縁抵抗試験，接地抵抗測定である➡絶縁耐力試験は行われていない

・**ロ**．行われている

・**ハ**．行われている

・**ニ**．行われている

NO.22 正解 ロ

・**イ**．回転計は，モーター等の回転速度を調べるもの➡誤り
・**ロ**．正しい
・**ハ**．検流計は，電流の大きさと向きを調べるもの➡誤り
・**ニ**．回路計は，電圧・電流・抵抗・導通を調べるもの➡誤り

NO.23 正解 ニ

絶縁抵抗測定が困難な場合においては，当該電路の使用電圧が加わった状態における漏えい電流が，1 mA 以下であること。

＊電気設備の技術基準の解釈【低圧電路の絶縁性能】

したがって**ニ**である。

NO.24 正解 イ

・**イ**．一相以外でも断線や接触不良等があるかもしれないので，全相確認する➡誤り
・**ロ**．正しい
・**ハ**．正しい
・**ニ**．正しい

NO.25 正解 ニ

・**イ**．交流を直流に変換するのは，コンバータ➡誤り
・**ロ**．交流の周波数を変えるのは，サイクロコンバーター➡誤り
・**ハ**．交流電圧計の測定範囲を拡大するのは，VT（計器用変圧器）➡誤り
・**ニ**．正しい

NO.26 正解 イ

・**イ**．使用電圧 300 V 以下対地電圧が 150 V 超の絶縁抵抗値は，0.2 MΩ以上
➡適合していない
・**ロ**．適合
・**ハ**．適合
・**ニ**．適合（個別分岐回路の抵抗値が，一括測定した値より小さくなることはない）

NO.27 正解 ニ

・**イ**．正しい
・**ロ**．正しい
・**ハ**．正しい
・**ニ**．検電器は，電気回路の充電の有無を調べる測定器。三相交流の相順を調べるのは，検相器（相回転計）➡誤っている

NO.28 正解 イ

・単相 3 線式 100/200 V の屋内配線は，下図の通りで対地電圧は 100 V

＊中性線の対地電圧は 0 V

・絶縁抵抗値は下表より，

電路と大地間➡ 0.1 MΩ以上（対地電圧が 150 V 以下）

電線相互間➡ 0.1 MΩ（使用電圧 300 V 以下，対地電圧 150 V 以下）

以上より，組合せで正しいものは，**イ**。

<単相 3 線式 100/200 V の屋内配線>

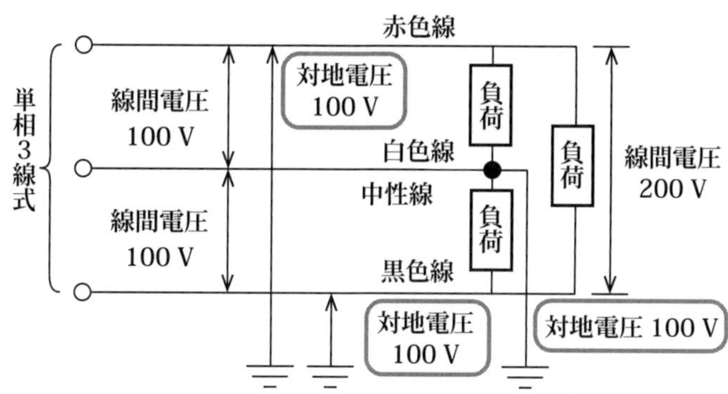

<使用電圧と絶縁抵抗値>

電路の使用電圧区分		絶縁抵抗値
300 V 以下	対地電圧が 150 V 以下	0.1 MΩ以上
	その他の場合	0.2 MΩ以上
300 V を超えるもの		0.4 MΩ以上

セレクト問題 6節

保安に関する法令

NO.1 正解 ロ

・**イ**. 従事できる
・**ロ**. 配電盤を造営材に取り付ける作業は，電気工事士でなければ従事できない
➡従事できない
・**ハ**. 従事できる
・**ニ**. 従事できる

NO.2 正解 ロ

・**イ**. 正しい
・**ロ**. 一般用電気工作物の定義は，電気事業法で定められている➡誤り
・**ハ**. 正しい
・**ニ**. 正しい

NO.3 正解 ロ

・**イ**. 違反していない
・**ロ**. 電気工事の作業を行う場合は，電気工事士免状は常に携帯しなければならない
➡違反している
・**ハ**. 違反していない
・**ニ**. 違反していない

NO.4 正解 ニ

・**イ**. 誤り
・**ロ**. 誤り
・**ハ**. 誤り
・**ニ**. 電気工事の作業に従事する者の資格及び義務を定め，もって電気工事の欠陥による災害の発生の防止に寄与することを目的とする➡正しい

NO.5 正解 ロ

・**イ**．正しい
・**ロ**．電気工事の作業に従事するときは，電気工事士免状を携帯しなければならない
➡誤り
・**ハ**．正しい
・**ニ**．正しい

NO.6 正解 ハ

・**イ**．正しい
・**ロ**．正しい
・**ハ**．第二種電気工事士は，一般用電気工作物のみ，作業が可能。低圧でも自家用電気工作物の作業はできない➡誤り
・**ニ**．正しい

NO.7 正解 ニ

・**イ**．正しい
・**ロ**．正しい
・**ハ**．正しい
・**ニ**．第二種電気工事士免状の住所欄は，保有者が書き込む形式のため，書き換え申請の必要はない➡誤り

NO.8 正解 ニ

- **イ**．第二種電気工事士ができる工事（下表②）
  ＊一般用電気工作物のネオン工事は，第二種電気工事士ができる工事である。
- **ロ**．第二種電気工事士ができる工事（下表②）
- **ハ**．だれでもできる工事
- **ニ**．できない工事（下表④より，特殊電気工事資格者ができる工事）

<電気工事士等が従事できる電気工事>

	資格名	従事することができる電気工事
①	第一種電気工事士	最大電力 500 kW 未満の需要設備及び一般用電気工作物の電気工事（ネオン用の設備及び非常用予備発電装置の電気工事を除く）
②	第二種電気工事士	一般用電気工作物の電気工事
③	認定電気工事従事者	最大電力 500 kW 未満の需要設備のうち 600 V 以下で使用する電気工作物（例えば高圧で受電し低圧に変換されたあとの 100 V 又は 200 V の配線，負荷設備等）の電気工事
④	特殊電気工事資格者	最大電力 500 kW 未満の需要設備のうち，ネオン用の設備又は非常用予備発電装置の電気工事

NO.9 正解 ハ

- **イ**．正しい
- **ロ**．正しい
- **ハ**．（PS）E は，特定電気用品以外の電気用品に表示する記号である➡誤り
- **ニ**．正しい
  ＊特定電気用品とは，電気用品の中でも特に安全確保の規制が必要とされるものであり，配線用遮断器，漏電遮断器，電流制限器，小形単相変圧器類，携帯発電機等。
  ＊特定電気用品以外の電気用品とは，特定電気用品ほど危険の発生するおそれが高くはないもの。

NO.10　正解　ニ

- **イ**．適用を受けない
- **ロ**．適用を受けない
- **ハ**．適用を受けない
- **ニ**．配線用遮断器は，壊れて大電流が流れたりすると重大事故が起こる可能性がある
  ➡特定電気用品の適用を受ける

NO.11　正解　イ

- **イ**．正しい
- **ロ**．特定電気用品の記号は，PSE又は＜ PS ＞ E である➡誤り
- **ハ**．定格使用電圧 100 V の漏電遮断器は，特定電気用品➡誤り
- **ニ**．全てが，電気用品であるわけではない➡誤り

NO.12　正解　イ

- **イ**．定格電流 20 A の配線用遮断器は，壊れて大電流が流れたりすると重大事故が起こる可能性がある➡特定電気用品
- **ロ**．消費電力 30 W の換気扇➡特定電気用品ではない
- **ハ**．外径 19 mm の金属製電線管➡特定電気用品ではない
- **ニ**．消費電力 1 kW の電気ストーブ➡特定電気用品ではない

NO.13　正解　ロ

- **イ**．特定電気用品ではない
- **ロ**．定格電流 60 A の配線用遮断器は，壊れて大電流が流れたりすると重大事故が起こる可能性がある➡特定電気用品の適用を受ける
- **ハ**．特定電気用品ではない
- **ニ**．特定電気用品ではない

NO.14 正解 ロ

A：特定電気用品である
B：特定電気用品ではない
C：特定電気用品である
D：特定電気用品ではない
上記から**ロ**が正しい。

NO.15 正解 ハ

・**イ**．正しい
・**ロ**．正しい
・**ハ**．(PS E)の表示は，特定電気用品以外の電気用品➡誤り
・**ニ**．正しい

NO.16 正解 ニ

・**イ**．◇PS E又は＜ PS ＞ E の記号の表示事項➡要求されている
・**ロ**．届出事業者名の表示事項➡要求されている
・**ハ**．登録検査機関名の表示事項➡要求されている
・**ニ**．製造年月は要求されていない

NO.17 正解 ロ

・**イ**．正しい
・**ロ**．これらの表示は，特定電気用品以外の電気用品の表示である。下図参照➡誤り
・**ハ**．正しい
・**ニ**．正しい

<電気用品の表示>

特定電気用品	特定電気用品以外の電気用品
PSE（菱形）	PSE（円形）
<PS>E	(PS) E

NO.18 正解 ハ

・**イ**．正しい
・**ロ**．正しい
・**ハ**．電気用品を輸入して販売する事業を行う者が，輸入した電気用品に表示しなければならないのは，JIS マークではなく，PSE マーク（電気用品の表示）である➡誤り
・**ニ**．正しい

NO.19 正解 ハ

・**イ**．カバー付ナイフスイッチは，特定電気用品以外の電気用品➡誤り
・**ロ**．電磁開閉器は，特定電気用品以外の電気用品➡誤り
・**ハ**．正しい
・**ニ**．ライティングダクトは，特定電気用品以外の電気用品➡誤り

NO.20 正解 ハ

以下に，2023（令和 5）年 3 月 20 日に施行された制度により新設された「小規模事業用電気工作物」と「一般用電気工作物」を表にまとめる。

<小規模事業用電気工作物と一般用電気工作物の一覧表>

設備	出力	電気工作物の区分
太陽光発電設備	10 kW 以上～ 50 kW 未満	小規模事業用電気工作物
風力発電設備	20 kW 未満	
太陽光発電設備	10 kW 未満	一般用電気工作物
内燃力を原動力とする火力発電設備	10 kW 未満	
燃料電池発電設備	10 kW 未満	
スターリングエンジンで発生させた運動エネルギーを原動力とする発電設備	10 kW 未満	

上の表より，適用を受けるのは**ハ**である。

NO.21 正解 ハ

NO.20 の表より，適用を受けるのは**ハ**である。

NO.22 正解 イ

・**イ**．太陽光発電設備は出力 10 kW 未満のもののみ一般用電気工作物となる➡誤り
・**ロ**．一般用電気工作物ではなく小規模事業用電気工作物➡正しい
・**ハ**．火薬庫などの危険な場所に設置するものは , 全て自家用電気工作物➡正しい
・**ニ**．高圧で受電するものは，事業用電気工作物である➡正しい
＊ NO.20 の表を参照

NO.23 正解 ハ

・**イ**．一般用電気工作物の内燃力を原動力とする火力発電設備は 10 kW 未満➡誤り
・**ロ**．小規模事業用電気工作物を同一構内に施設すると小規模事業用電気工作物➡誤り
・**ハ**．燃料電池発電設備は 10 kw 未満➡正しい
・**ニ**．高圧受電は，一般用電気工作物ではなく自家用電気工作物➡誤り

NO.24 正解 ハ

・**イ**．交流は 600 V 以下➡誤り
・**ロ**．交流は 600 V 以下➡誤り
・**ハ**．正しい
・**ニ**．交流は 600 V 以下➡誤り

<電圧の種別等>

	直流（DC）	交流（AC）
低圧	750 V 以下	600 V 以下
高圧	750 V を超え 7 000 V 以下	600 V を超え 7 000 V 以下
特別高圧	7 000 V を超えるもの	

NO.25 正解 ロ

・**イ**．高圧は 600 V を超え 7 000 V 以下➡誤り
・**ロ**．正しい
・**ハ**．低圧は 600 V 以下で，高圧は 600 V を超え 7 000 V 以下➡誤り
・**ニ**．低圧は 600 V 以下で，高圧は 600 V を超え 7 000 V 以下➡誤り

NO.26 正解 イ

・**イ**．正しい
・**ロ**．直流は 750 V 以下➡誤り
・**ハ**．直流は 750 V 以下➡誤り
・**ニ**．交流は 600 V 以下で直流は 750 V 以下➡誤り

NO.27 正解 ニ

・**イ**．600 V 以下の軽微な作業➡従事できる
・**ロ**．電気工事士免状は必要ない➡従事できる
・**ハ**．600 V 以下の軽微な作業➡従事できる
・**ニ**．電気工事士免状が必要➡電気工事士でなければ従事できない

NO.28 正解 ハ

・**イ**．適合している
・**ロ**．適合している
・**ハ**．登録電気工事業者は 5 年ごとに登録を更新する➡適合していない
・**ニ**．適合している

＊一般用電気工作物又は自家用電気工作物に係る電気工事を営む場合は，電気工事業法の規定に基づき，経済産業大臣又は都道府県知事の登録等を受けなければならない。電気工事業者は，施工する電気工事の種類や建設業の許可を受けた建設業者であるかどうかにより，次の 4 種類の事業者に分類される。

＜電気工事業者の種類＞

種類	電気工作物の種類	建設業許可
登録電気工事業者	一般用電気工作物のみ又は一般用・自家用電気工作物	なし
みなし登録電気工事業者		あり
通知電気工事業者	自家用電気工作物のみ	なし
みなし通知電気工事業者		あり

配線図

NO.1 正解 ニ

・**イ**. プルボックス➡誤り。図記号は⊠
・**ロ**. VVF 用ジョイントボックス➡誤り。図記号は
・**ハ**. ジャンクションボックス➡誤り。図記号は◎
・**ニ**. ジョイントボックス➡正しい

NO.2 正解 ニ

・**イ**. 一般形点滅器➡誤り。図記号は●
・**ロ**. 一般形調光器➡誤り。図記号は
・**ハ**. ワイド形調光器➡誤り。図記号は
・**ニ**. ワイドハンドル形点滅器➡正しい

NO.3 正解 ハ

③で示す部分は 4 路スイッチにつながっているので，下図のように電線本数（心線数）は，4 本である。

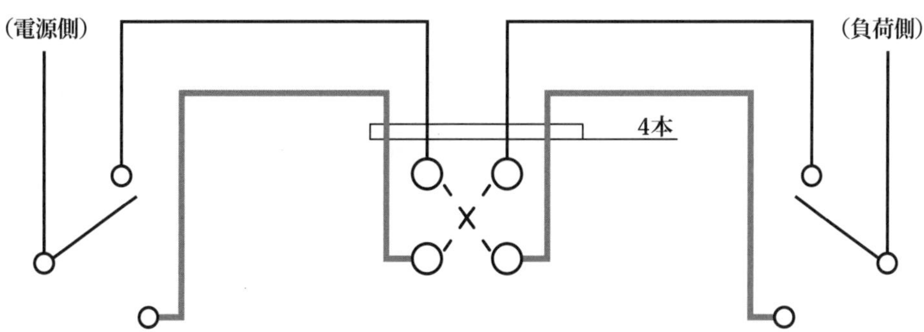

NO.4 正解 イ

木造住宅の建物の外での引込工事の露出配線である。

・**イ**．ケーブル工事（CVT）➡正しい

・**ロ**．金属線ぴ工事➡誤り（屋外工事も屋側工事もできない）

・**ハ**．金属ダクト工事➡誤り（屋外工事も屋側工事もできない）

・**ニ**．金属管工事➡誤り（木造住宅のため）

＊引込線取付け点から低圧引込線の引込口装置までの配線で造営物の屋側に施設する部分は，金属線配線とする。（木造以外の造営物に施設する場合に限る）

NO.5 正解 ロ

・⑤の図記号は漏電遮断器である

・1 φ3W なので極数は 3 である

・（欠相保護付）と記載がある

以上の理由から，**ロ**が正しい。

NO.6 正解 イ

・⑥の電路は単相 1 φ3W100/200 V なので対地電圧は 100 V

・下表より，電路と大地間の絶縁抵抗として，許容される最小値は 0.1 MΩ以上

<使用電圧と絶縁抵抗値>

電路の使用電圧の区分		絶縁抵抗値	回路方式
300 V 以下	対地電圧が 150 V 以下	0.1 MΩ以上	単相 2 線式 100 V, 単相 3 線式 100 V/200 V
	その他の場合	0.2 MΩ以上	3 相 3 線式 200 V
300 V を超えるもの		0.4 MΩ以上	3 相 3 線式 400 V

NO.7 正解 ニ

- **イ**．シーリングライト➡誤り
- **ロ**．シャンデリア➡誤り
- **ハ**．屋外灯➡誤り
- **ニ**．ペンダント➡正しい

NO.8 正解 ニ

- ⑧で示す部分は，L-1 の分電盤（1ϕ3W100/200 V）に繋がっていて，最大使用電圧は 200 V である
- 配線図の【注意】に「漏電遮断器は，定格感度電流 30 mA，動作時間 0.1 秒以内のものを使用している。」と記載してある
- コンセント（20 A，250 V）の接地抵抗なので，下表より
  - **イ**．A 種接地工事 10 Ω➡誤り
  - **ロ**．A 種接地工事 100 Ω➡誤り
  - **ハ**．D 種接地工事 100 Ω➡誤り（漏電遮断器は，定格感度電流 30mA，動作時間 0.1 秒以内のものを使用）
  - **ニ**．D 種接地工事 500 Ω➡正しい

種類	接地抵抗値	対象施設
A 種	10 Ω以下	・特別高圧用計器用変成器の二次側電路，高圧又は特別高圧用機器の鉄台等に施す接地工事
		・高圧又は特別高圧の電路に施設される避雷器に施す接地工事
B 種	変圧器の高圧側又は特別高圧側の電路の 1 線地絡電流値で 150 を除した値以下※1	高圧又は特別高圧電路と低圧電路が混触するおそれがある場合に，低圧電路の保護のため結合する変圧器の低圧側中性点又は一端子に施す接地工事
C 種	10 Ω以下※2	300V を超える低圧用機器の鉄台等に施す接地工事
D 種	100 Ω以下※2	高圧用計器用変成器の二次側電路，300 V 以下の低圧用機器の鉄台等に施す接地工事

※ 1：自動的に高圧又は特別高圧の電路を遮断する装置の遮断時間が 1 秒を超え，2 秒以下の場合，300 を除した値以下。
また 1 秒以下の場合，600 を除した値以下。

※ 2：地絡を生じた場合，0.5 秒以内に自動的に電路を遮断する装置を施設するときは 500 Ω以下。

7節 配線図

NO.9 正解 イ

・**イ**．波付硬質合成樹脂管➡正しい（図記号は FEP）
・**ロ**．硬質ポリ塩化ビニル電線管（硬質塩化ビニル電線管）➡誤り（図記号は VE）
・**ハ**．耐衝撃性硬質ポリ塩化ビニル電線管（耐衝撃性硬質塩化ビニル電線管）➡誤り（図記号は HIVE）
・**ニ**．耐衝撃性硬質ポリ塩化ビニル管（耐衝撃性硬質塩化ビニル管）➡誤り（図記号は HIVP）

NO.10 正解 ハ

・**イ**．引掛形➡誤り（図記号は T）
・**ロ**．ワイド形➡傍記表示なし➡誤り
・**ハ**．抜け止め形➡正しい
・**ニ**．漏電遮断器付➡誤り（図記号は EL）

NO.11 正解 ハ

・**イ**．誤り（複線図より黒線はパイロットランプではなくスイッチに入る）
・**ロ**．誤り（複線図より黒線はスイッチに入り，赤線はパイロットランプに入り，パイロットランプから赤線がスイッチに入る）
・**ハ**．正しい
・**ニ**．誤り（複線図より白線ではなく赤線がパイロットランプからスイッチに入る）

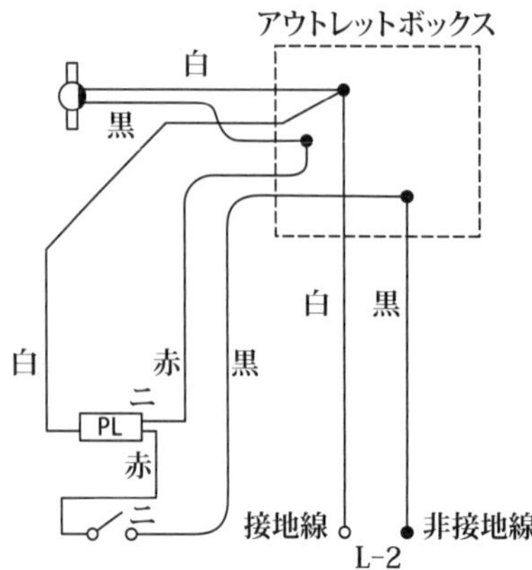

○接地線：負荷（照明・パイロットランプ等）とコンセント
●非接地線：スイッチとコンセント

NO.12 正解 イ

⑫は天井隠ぺい配線である。

- **イ**. 適切（埋め込み形スイッチボックス。主に木造住宅で使用）
- **ロ**. 不適切（PF 管用露出形スイッチボックス）
- **ハ**. 不適切（金属管用露出形スイッチボックス）
- **ニ**. 不適切（コンクリートボックス。コンクリートに埋め込んで使用）

NO.13 正解 ロ

⑬は 250V20A 接地極付コンセント。

- **イ**. 不適切（接地端子と接地極が付いている）
- **ロ**. 適切（単相 200V20A 接地極付コンセント）
- **ハ**. 不適切（単相 200V15A 接地極付コンセント）
- **ニ**. 不適切（三相 200V 接地極付コンセント）

NO.14 正解 ニ

⑭に示すボックス内の接続は下図の通り。

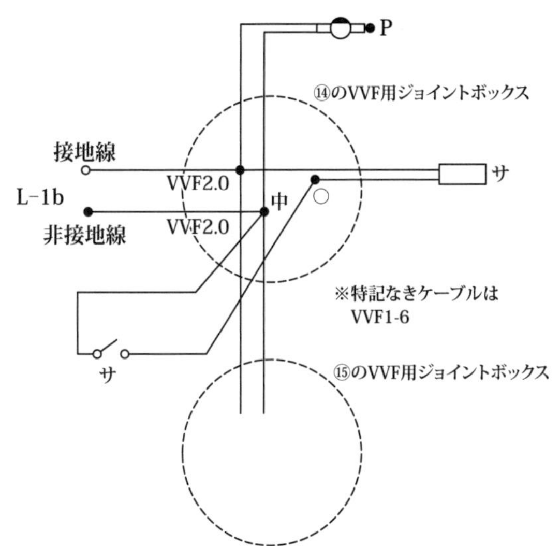

VVF ケーブル		リングスリーブ	
太さ	本数	サイズ	圧着マーク
1.6 mm	2 本	小	○
	3 ～ 4		小
	5 ～ 6	中	中
1.6 mm：3 ～ 5 2.0 mm：1		中	中

左図より，⑭で示すボックス内で使用するリングスリーブは

- 中× 2 個
- ○× 1 個

したがって**ニ**である。

NO.15 正解 ハ

複線図より⑮に示すボックス内の接続は下図の通り。

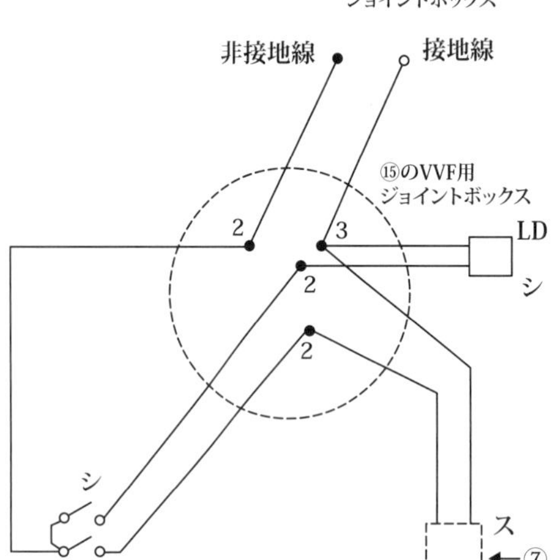

使用する差込コネクタは，

　差込線数（3 本）× 1

　差込線数（2 本）× 3

したがって**ハ**である。

NO.16 正解 ハ

⑯は 200 V の配線用遮断器で 2P2E が必要。

- ・**イ**．100V2P1E（200 V は 2P2E を使用）➡誤り
- ・**ロ**．小型漏電ブレーカ➡誤り
- ・**ハ**．2P2E で 100/200 V ➡正しい
- ・**ニ**．小型漏電ブレーカ➡誤り

NO.17 正解 イ

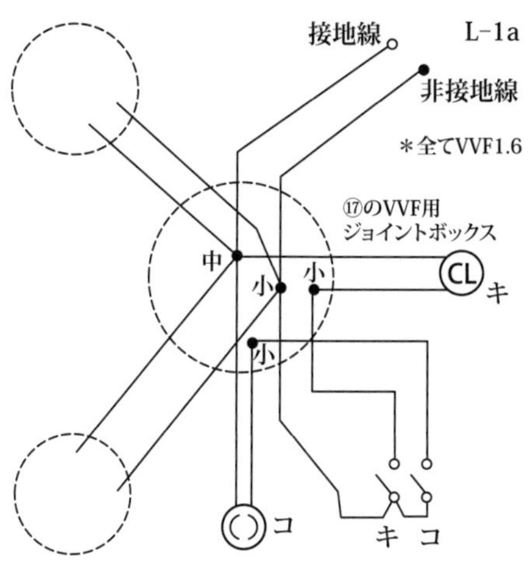

VVF ケーブル		リングスリーブ	
太さ	本数	サイズ	圧着マーク
1.6 mm	2本	小	○
	3～4		小
	5～6	中	中

左図より，⑰で示すボックス内で使用するリングスリーブは

・小×３個

・中×１個

したがって**イ**である。

NO.18 正解 ロ

・**イ**．調光器➡居間で使用。図記号は●↗

・**ロ**．位置表示灯内蔵スイッチ➡使用されていない

・**ハ**．熱線式自動スイッチ➡台所で使用。図記号は●RAS

・**ニ**．確認表示灯内蔵スイッチ➡便所で使用。図記号は●L

NO.19 正解 ニ

・**イ**．フィードインキャップ➡使用している（ライティングダクトの端末から電源ケーブルを引き込む場合に使用）

・**ロ**．波付合成樹脂管（FEP）用コネクタ➡使用している（PF 管と VE 管を接続）

・**ハ**．ゴムブッシング➡使用している（アウトレットボックスで使用）

・**ニ**．２号ボックスコネクタ➡使用されていない（合成樹脂管とボックスを接続）

NO.20 正解 ロ

・**イ**．呼び線挿入器➡使用している（電線管に電線を入れるときに使用）

・**ロ**．プリカナイフ➡使用されることのない（２種可とう電線管（F2）の切断時に使用）

・**ハ**．金づち➡使用している（VVF ケーブルをステップルでとめるとき等に使用）

・**ニ**．木工ドリル➡使用している（木材に穴をあけるときに使用）

NO.21 正解 ロ

①の部分を複線図にすると下図になる。

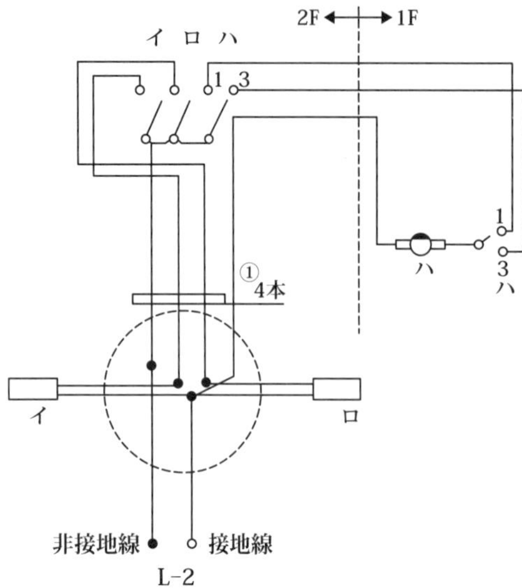

したがって**ロ**である。

NO.22 正解 ハ

・低圧屋内電路の使用電圧が 300 V 以下で，他の屋内電路（定格電流が 15 A 以下の過電流遮断器又は定格電流が 15 A を超え 20 A 以下の配線用遮断器で保護されているものに限る）に接続する長さ 15 m 以下の電路から電気の供給を受ける場合は，引込口開閉器を省略できる

・問題の過負荷保護付漏電遮断器は，配線用遮断器と漏電遮断器の機能を併せ持ったものなので，上記下線部により 15 m 以下の電路から電気の供給を受ける場合は，引込口開閉器を省略できる

NO.23 正解 ハ

③で示す図記号の名称は，電磁開閉器用押しボタン。

- **イ**. 誤り➡圧力スイッチの図記号は ◉P
- **ロ**. 誤り➡押しボタンの図記号は ●
- **ハ**. 正しい
- **ニ**. 誤り➡握り押しボタンの図記号は ◉

NO.24 正解 ロ

④で示す部分は，地中埋設配線なので，ケーブルしか使えない。

- **イ**. 使用できない（絶縁電線）
- **ロ**. 使用できる
- **ハ**. 使用できない（コード）
- **ニ**. 使用できない（絶縁電線）

NO.25 正解 ハ

⑤で示す屋外灯の種類は，ナトリウム灯。

- **イ**. 誤り➡水銀灯の図記号は ○H
- **ロ**. 誤り➡メタルハライド灯の図記号は ○M
- **ハ**. 正しい。
- **ニ**. 誤り➡蛍光灯の図記号は □○□

NO.26 正解 ニ

⑥で示す部分は，「単相 3 線式 100/200 V 回路」の「200 V」回路。

「単相 3 線式」の「200 V」回路には，両極に電圧がかかるため，どちらの過電流も検知できるように，必ず 2 素子の配線用遮断器を用いなくてはいけない。

- **イ**．施設できる
- **ロ**．施設できる
- **ハ**．施設できる
- **ニ**．施設できない

NO.27 正解 ニ

⑦で示す図記号の計器は「電力量計」。

- **イ**．電力を測定するのは電力計➡誤り
- **ロ**．力率を測定するのは力率計➡誤り
- **ハ**．負荷率は $\frac{\text{平均需要電力}}{\text{最大需要電力}}$ で算出する➡誤り
- **ニ**．電力量を測定するのは電力量計➡正しい

NO.28 正解 ロ

⑧で示す部分は，三相 3 線式の 200 V の電路。

➡下表より D 種接地工事で接地線の太さは 1.6 mm 以上

また，「配線図の【注意】に「漏電遮断器は，定格感度電流が 30 mA，動作時間が 0.1 秒以内のものを使用している。」と記載されている。

➡下表より接地抵抗値は 500 Ω以下で良い

接地工事の種類	使用電圧	接地抵抗値		接地線の太さ
C 種接地工事	300 V を超える	10 Ω以下	0.5 秒以内に動作する漏電遮断器を施設する場合，500 Ω以下	1.6 mm 以上（軟銅線）
D 種接地工事	300 V 以下	100 Ω以下		

NO.29 正解 イ

⑨で示すコンセントの傍記表示は，3P 30A 250V と E。

➡三相 200V 用 30A 接地極付コンセント

- **イ**．三相 200V 用 30A 接地極付コンセント➡正しい
- **ロ**．三相 200V 用接地極付引掛形コンセント➡誤り
- **ハ**．三相 200V 用引掛形コンセント➡誤り
- **ニ**．三相 200V 用コンセント➡誤り

NO.30 正解 イ

- **イ**．モータブレーカ➡正しい
- **ロ**．過負荷保護付き漏電遮断器➡誤り
- **ハ**．電流計付き箱開閉器➡誤り
- **ニ**．カバー付きナイフスイッチ➡誤り

NO.31 正解 ニ

- **イ**．絶縁抵抗計（メガー）➡誤り
- **ロ**．検相器➡誤り
- **ハ**．回路計（テスタ）➡誤り
- **ニ**．接地抵抗計➡正しい

NO.32 正解 ハ

下図より，⑫で示すジョイントボックス内で使用するリングスリーブは大× 3。したがって**ハ**である。

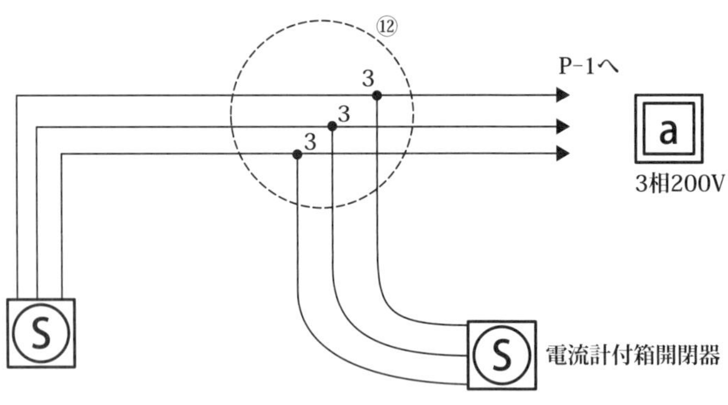

※全てCV5.5-3C

<電線とリングスリーブの組合せ>

VVF ケーブル		リングスリーブ	
太さ	本数	サイズ	圧着マーク
1.6 mm	2 本	小	○
	3～4 本		小
	5～6 本	中	中
2.0 mm	2 本	小	○
	3～4 本	中	中
	5 本	大	大
2.6 mm	2 本	中	中
(5.5 mm²)	3 本	大	大

NO.33 正解 イ

下図の複線図から⑬に示すボックス内の接続は，下記の通り。

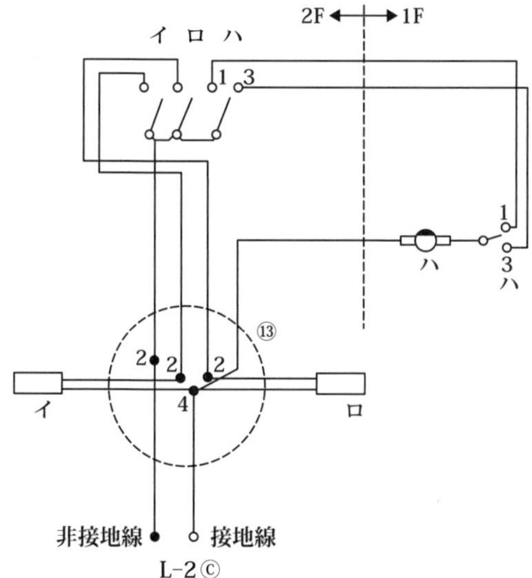

使用する差込形コネクタは，

差込み線数（2 本）× 3

差込み線数（4 本）× 1

したがって**イ**である。

NO.34 正解 ニ

- **イ**. アウトレットボックス➡使用している
- **ロ**. 塗りしろカバー➡使用している
- **ハ**. 埋込連用取付け枠➡使用している
- **ニ**. 露出スイッチボックス➡使用されることのない
  - 設問の指示する箇所は，実線➡隠ぺい配線
  - 露出スイッチボックスは，露出工事でスイッチやコンセントを取り付けるのに使用し，⑭の隠ぺい配線には使われない

NO.35 正解 ハ

⑮で示すコンセントは，１口の接地端子付きコンセント。

- **イ**．２口のコンセント➡誤り
- **ロ**．２口の接地極付コンセント➡誤り
- **ハ**．１口の接地端子付きコンセント➡正しい
- **ニ**．１口の接地極付接地端子付きコンセント➡誤り

NO.36 正解 ハ

- 下図の複線図より，⑯の部分の心線数の最少は３本
- 配線図の【注意】に「屋内配線の工事は，特記のある場合を除き電灯回路は 600V ビニル絶縁ビニルシースケーブル平形（VVF），…」と記載してある

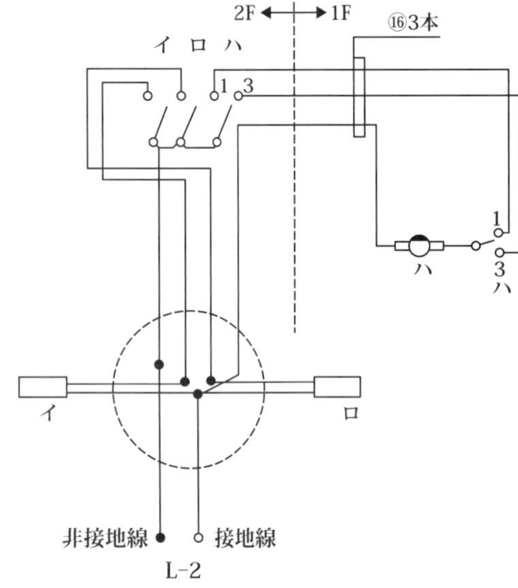

以上より，**ハ**が正しい。

NO.37 正解 ロ

- **イ**. ケーブル埋設シート➡誤り
- **ロ**. トラフ➡正しい
- **ハ**. 波付鋼製樹脂管（FEP）➡誤り
- **ニ**. 600V 架橋ポリエチレン絶縁ビニル外装ケーブル➡誤り

NO.38 正解 イ

- **イ**. コンデンサ➡正しい
- **ロ**. ネオン変圧器➡誤り
- **ハ**. 配線用遮断器（電動機保護機能付）➡誤り
- **ニ**. 電磁開閉器➡誤り

NO.39 正解 ロ

- **イ**. ねじなし管用ボックスコネクタ➡誤り
- **ロ**. パイラック（金属管支持金具）➡正しい
- **ハ**. ユニバーサル➡誤り
- **ニ**. ねじなし防水形カップリング➡誤り

NO.40 正解 イ

- **イ**. 圧着ペンチ（柄が黄色いのでリングスリーブ用）➡使用されることのない
  - ⑳で示すジョイントボックス内は，IV14 と CV14 の接続
  - リングスリーブで圧着できるのは，16.5 mm^2 まで➡ 14 mm^2 × 2 ＝ 28 mm^2 は圧着できない
- **ロ**. ケーブルカッター➡使用する
- **ハ**. 電工ナイフ➡使用する
- **ニ**. 手動油圧式圧着工具➡使用する

MEMO

第2章

第二種 電気工事士　筆記試験

令和4年度

下期【午後・午前】　上期【午後・午前】

解答・解説

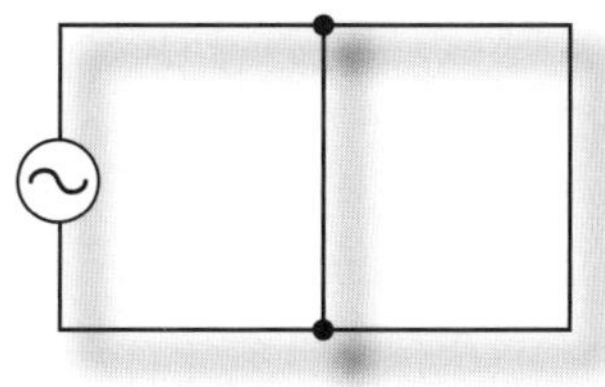

令和4年度 下期【午後】

解答一覧

① 一般問題

問	答え	問	答え	問	答え
1	**イ** ロ ハ ニ	11	**イ** ロ ハ ニ	21	イ **ロ** ハ ニ
2	イ ロ ハ **ニ**	12	**イ** ロ ハ ニ	22	イ ロ ハ **ニ**
3	イ **ロ** ハ ニ	13	イ ロ **ハ** ニ	23	**イ** ロ ハ ニ
4	イ **ロ** ハ ニ	14	イ ロ ハ **ニ**	24	イ ロ **ハ** ニ
5	イ **ロ** ハ ニ	15	イ **ロ** ハ ニ	25	イ **ロ** ハ ニ
6	イ ロ **ハ** ニ	16	イ ロ ハ **ニ**	26	イ ロ **ハ** ニ
7	イ ロ **ハ** ニ	17	イ **ロ** ハ ニ	27	イ ロ ハ **ニ**
8	イ **ロ** ハ ニ	18	**イ** ロ ハ ニ	28	イ ロ ハ **ニ**
9	イ **ロ** ハ ニ	19	イ ロ **ハ** ニ	29	イ ロ ハ **ニ**
10	イ ロ ハ **ニ**	20	イ **ロ** ハ ニ	30	**イ** ロ ハ ニ

② 配線図

問	答え	問	答え
31	イ ロ **ハ** ニ	41	イ **ロ** ハ ニ
32	イ ロ **ハ** ニ	42	イ **ロ** ハ ニ
33	イ ロ **ハ** ニ	43	イ **ロ** ハ ニ
34	イ ロ ハ **ニ**	44	イ **ロ** ハ ニ
35	**イ** ロ ハ ニ	45	イ ロ **ハ** ニ
36	イ ロ ハ **ニ**	46	イ **ロ** ハ ニ
37	イ **ロ** ハ ニ	47	イ **ロ** ハ ニ
38	イ ロ ハ **ニ**	48	イ ロ **ハ** ニ
39	イ ロ ハ **ニ**	49	イ ロ ハ **ニ**
40	イ **ロ** ハ ニ	50	**イ** ロ ハ ニ

●問題1● 一般問題

NO.1　正解 イ

・直流回路を流れる電流 I［A］は,

$$I=\frac{100+100}{40+60}=2\ [\mathrm{A}]$$

・抵抗 60 Ωに加わる電圧 V_{60}［V］は, $V_{60}=I\times 60=2\times 60=120$［V］

・a − b 間の電圧 V_{ab}［V］は, 抵抗 60 Ωに加わる電圧 V_{60}［V］と直流電圧 100 V の差である

➡ $V_{ab}=120-100=20$［V］

NO.2　正解 

・**イ**. オームの法則 $V=IR$ ➡ $R=\dfrac{V}{I}$ ➡正しい

・**ロ**. 電力 $P=VI$ ➡ $I=\dfrac{P}{V}=\dfrac{P}{RI}$ ➡ $R=\dfrac{P}{I^2}$ ➡正しい

・**ハ**. 電力 $P=VI$ ➡ $V=\dfrac{P}{I}=\dfrac{P}{V/R}$ ➡ $V^2=RP$ ➡ $R=\dfrac{V^2}{P}$ ➡正しい

・**ニ**. $\dfrac{PI}{V}=\dfrac{P}{R}=\dfrac{VI}{R}=I^2$ ➡誤り（式変形しても R にならない）

NO.3　正解 

・発生する熱量 W［kJ］は, $W=P\times$時間$\times 3\,600$［kJ］

　＊ 1 kW・h = 3 600 kJ

・$P=100\ \mathrm{V}\times 4\ \mathrm{A}=400$［W］

　＊ 1 時間 20 分➡ 80 分➡ $\dfrac{80}{60}$ 分$=\dfrac{4}{3}$ 時間

・$W=400\times\dfrac{4}{3}\times 3\,600=1\,920$［kJ］

NO.4

正解 ロ

・力率＝ $\dfrac{\text{抵抗}}{\text{交流回路のインピーダンス}} \times 100$［%］

・交流回路のインピーダンス＝ $\sqrt{\text{抵抗}^2 + \text{リアクタンス}^2} = \sqrt{R^2 + X^2}$［Ω］

・力率＝ $\dfrac{100R}{\sqrt{R^2 + X^2}}$［%］

NO.5

正解 ロ

・スター結線では次の関係がなりたつ

＊線電流＝相電流

＊線間電圧＝ $\sqrt{3}$ ×相電圧➡相電圧＝ $\dfrac{\text{線間電圧}}{\sqrt{3}}$

・相電圧＝ $\dfrac{200}{\sqrt{3}}$［V］

・線電流＝ $\dfrac{\text{相電圧}}{\text{抵抗}}$ ➡ $\dfrac{\frac{200}{\sqrt{3}}}{10} \fallingdotseq 11.6$［A］

NO.6

正解 ハ

・電線 1 000 mの電気抵抗をmあたりに換算➡ 5.0 ÷ 1 000 ＝ 0.005 Ω / m

・電線 8 mの電気抵抗➡ 0.005 × 8 ＝ 0.04 Ω

・電線 16 mの電気抵抗➡ 0.005 × 16 ＝ 0.08 Ω

・配線に流れる電流➡ 2 000 W ÷ 100 V ＝ 20 A

・配線全体の電圧降下➡ 20 A × 0.08 Ω ＝ 1.6 V

NO.7

正解 ハ

・各抵抗負荷に流れる電流は 20 A なので，負荷抵抗は平衡負荷

➡中性線には電流は流れない（電流は打ち消しあう）

・電線路の電力損失 W は，$W = 2I^2r = 2 \times 20 \times 20 \times 0.1 = 80$［W］

＊ I は電線路に流れる電流，r は 1 線当たりの抵抗

NO.8

正解 ロ

・600V ビニル絶縁電線の電流減少係数を考慮しない許容電流は，下表の通り

直径	許容電流
1.6 mm	27 A
2.0 mm	35 A
2.6 mm	48 A

・電線１本当たりの許容電流は
35 A × 0.56 ＝ 19.6 A

＊電流減少係数➡管内に複数本の電線を収めると発熱し電線被覆が劣化する➡電線１本当たりの許容電流は許容電流に電流減少係数をかける

同じ管内の電線数	電流減少係数
～３本	0.70
４本	0.63
５，６本	0.56

NO.9

正解 ロ

・分岐回路の許容電流と過電流遮断器の施設位置
①原則は，幹線分岐点より３m以下の場所に過電流遮断器を施設する
②分岐回路の許容電流が幹線用過電流遮断器の定格電流の35％以上
➡８m以下の場所に過電流遮断器を施設できる
③分岐回路の許容電流が幹線用過電流遮断器の定格電流の55％以上
➡任意の場所に過電流遮断器を施設できる
・問題の分岐回路は７mなので，②となる
➡50 × 0.35 ＝ 17.5 A

NO.10

正解 ニ

・接続できるコンセントは，配線用遮断器の定格電流の定格値又は１つ下まで良い
➡**ロ**，**ハ**が不適切
＊**ロ**に接続できるコンセントは，20 A 又は 15 A
＊**ハ**に接続できるコンセントは，30 A 又は 20 A
・定格電流 30 A の配線用遮断器で保護される分岐回路の電線の太さは，直径 2.6 mm（断面積 5.5 mm^2）以上➡**イ**は不適切
・上記より，**イ**，**ロ**，**ハ**が不適切➡**ニ**が適切

NO.11

正解 **イ**

- **イ**．多数の金属管が集合する場所等で，電線の引き入れを容易にするために用いる➡正しい
- **ロ**．多数の開閉器類を集合して設置するために用いる➡誤り（分電盤）
- **ハ**．埋込みの金属管工事で，スイッチやコンセントを取り付けるために用いる➡誤り（スイッチボックス）
- **ニ**．天井に比較的重い照明器具を取り付けるために用いる➡誤り（プルボックスからではなく，躯体より吊ボルトを下ろして取り付ける）

NO.12

正解 **イ**

- ビニルコードは，耐熱性がないため熱を発生する機器（電気こたつ，電気こんろ，電気トースター）には使用できない
- ビニルコードが使用できるのは電気扇風機

NO.13

正解 **ハ**

- **イ**．ボルトクリッパはテコの原理を応用し，線材・棒鋼・硬銅線などを切断するときに使用➡不適切
- **ロ**．パイプベンダは金属管を曲げるときに使用➡不適切
- **ハ**．クリックボールは刃物を先端につけて回すハンドル（リーマを取り付け金属管の面取りや羽根きりを取り付けて木板に穴をあける）➡適切
- **ニ**．圧着ペンチはリングスリーブを圧着するときに使用➡不適切

NO.14

正解 **ニ**

- 三相誘導電動機無負荷運転の回転速度は，ほぼ同期速度 N_S と考えてよい

$$N_S = \frac{120f}{p}\ [\mathrm{min}^{-1}]$$

f：周波数［Hz］
p：極数

- 50 Hz から 60 Hz にする➡周波数 f が増加➡ N_S（≒回転速度）は増加する

NO.15　正解 ロ

・下表より，定格電流 40 A のヒューズに 80 A(定格電流の 2 倍)の電流が連続して流れたとき，溶断しなければならない時間［分］の限度は（最大の時間）➡ 4 分

定格電流の区分	時間	
	定格電流の 1.6 倍の電流を通じた場合	定格電流の 2 倍の電流を通じた場合
30 A 以下	60 分	2 分
30 A を超え 60 A 以下	60 分	4 分
60 A を超え 100 A 以下	120 分	6 分

＊「電気設備基準解釈」第 33 条の 33-1 表

NO.16　正解 ニ

・**イ**．無機絶縁ケーブル➡誤り（記号は MI）
・**ロ**．600V ビニル絶縁ビニルシースケーブル平形➡誤り（記号は VVF）
・**ハ**．600V 架橋ポリエチレン絶縁ビニルシースケーブル➡誤り（記号は CV）
・**ニ**．600V ポリエチレン絶縁耐燃性ポリエチレンシースケーブル平形➡正しい（記号は EM-EEF ケーブル，写真の拡大の右側に EM 600V EEF と刻印）

NO.17　正解 ロ

・**イ**．照明器具の明るさを調整するのに用いる➡誤り（調光器）
・**ロ**．人の接近による自動点滅器に用いる➡正しい（写真下部にセンサーがあるので熱線式自動スイッチ）
・**ハ**．蛍光灯の力率改善に用いる➡誤り（蛍光灯用安定器）
・**ニ**．周囲の明るさに応じて街路灯などを自動点滅させるのに用いる➡誤り（自動点滅器）

NO.18　正解 イ

・**イ**．三相回路の相順を調べるのに用いる➡正しい（検相器）
・**ロ**．三相回路の電圧の測定に用いる➡誤り（テスタ）
・**ハ**．三相電動機の回転速度の測定に用いる➡誤り（回転計）
・**ニ**．三相電動機の軸受けの温度の測定に用いる➡誤り（赤外線放射温度計）

NO.19　　正解 ハ

・**イ**. リングスリーブにより接続し，接続部分を自己融着性絶縁テープ（厚さ約 0.5 mm）で半幅以上重ねて 1 回（2 層）巻き，更に保護テープ（厚さ約 0.2 mm）を半幅以上重ねて 1 回（2 層）巻いた
➡適切（自己融着性絶縁テープは引延ばして巻くので，その上から保 護テープを巻く）

・**ロ**. リングスリーブにより接続し，接続部分を黒色粘着性ポリエチレン絶縁テープ（厚さ約 0.5 mm）で半幅以上重ねて 2 回（4 層）巻いた
➡適切（黒色粘着性ポリエチレン絶縁テープは 1 回以上巻く）

・**ハ**. リングスリーブにより接続し，接続部分をビニルテープで半幅以上重ねて 1 回（2 層）巻いた
➡不適切（リングスリーブは，ビニルテープを半幅以上重ねて 2 回巻き）

・**ニ**. 差込形コネクタにより接続し，接続部分をビニルテープで巻かなかった
➡適切（差込コネクタはテープを巻かなくて良い）

NO.20　　正解 ロ

・**イ**. a 金属線ぴ工事➡施設できる

・**ロ**. b 金属線ぴ工事と f 金属ダクト工事は両方とも施設できない（乾燥している 場所ではない）➡「施設できない工事」を全て選んだ組合せ

・**ハ**. e 金属ダクト工事➡施設できる

・**ニ**. e と f の金属ダクト工事➡ e は施設できるが，f は施設できない
＊参考：金属管工事は，どこでも工事可能

NO.21

正解 ロ

・**イ**．スイッチオンで，パイロットランプ点灯➡誤り
・**ロ**．スイッチオフで，パイロットランプ点灯➡正しい
・**ハ**．**ニ**．単相２線（黒，白）ではなく，単相３線（黒，白，赤）を使用➡誤り

NO.22

正解 ニ

＜Ｄ種接地工事の省略条件＞

以下，①～④は電気設備の技術基準の解釈，⑤⑥は内線規程である。

①交流の対地電圧 150 V 以下の機器を，乾燥した場所に設置。

②低圧用の機械器具を乾燥した木製の床など，絶縁性のものの上で取り扱う。

③二重絶縁構造の機器。

④水気のある場所以外に設置した機器に，漏電遮断器（定格感度電流 15 mA 以下，動作時間 0.1 秒以内）を施設。

⑤金属管配線の対地電圧が 150 V を超える場合は，乾燥した場所で，長さが 4 m 以下。

⑥金属管配線の対地電圧が 150 V 以下で，管の長さが 8 m 以下のものを，乾燥した場所または簡易接触防護措置を施す場合。

・**イ**．省略できる（⑤）
・**ロ**．省略できる（⑥）
・**ハ**．省略できる（②）
・**ニ**．省略できない（②のように絶縁性のものの上に施設していない）

NO.23

正解 **イ**

同一管内の電線数と電線の電流減少係数との組合せは下表の通りで，電線数 2 本の場合の電流減少係数は 0.7 である。よって，**イ**が誤り。

＊電流減少係数➡管内に複数本の電線を収めると発熱し電線被覆が劣化する➡電線 1 本当たりの許容電流は許容電流に電流減少係数をかける

同じ管内の電線数	電流減少係数
～3 本	0.70
4 本	0.63
5，6 本	0.56

NO.24

正解 **ハ**

・**イ**．絶縁抵抗計と絶縁不良箇所の確認➡正しい

・**ロ**．回路計（テスタ）と導通の確認➡正しい

・**ハ**．検相器と電動機の回転速度の測定➡誤り（検相器は，三相交流回路の回転方向を測定する測定器）

・**ニ**．検電器と電路の充電の有無の確認➡正しい

NO.25

正解 **ロ**

・**イ**．a 線が断線している➡考えられない（a 線が断線していると機器 A の電圧は 0 V）

・**ロ**．中性線が断線している➡考えられる（機器 A と B の抵抗が大きいほうに高い電圧が加わる）

・**ハ**．b 線が断線している➡考えられない（b 線が断線していると機器 A の電圧は 100 V）

・**ニ**．機器 A の内部で断線している➡考えられない（機器 A の内部で断線していると機器 A の電圧は 100 V）

NO.26　正解 ハ

1．絶縁抵抗は，使用電圧が 300 V 以下で対地電圧が
- 150 V 以下では，0.1 MΩ以上
- その他の場合は，0.2 MΩ以上➡**ロ**，**ハ**，**ニ**が正しい

2．接地工事（下表参照）
- 使用電圧が 300 V 以下は D 種接地工事➡**ハ**，**ニ**が正しい
- 地絡遮断装置の動作時間は 0.5 秒を超える➡**ハ**が正しい

種類	接地抵抗値	対象施設
C 種	10 Ω以下※	300 V を超える低圧用機器の鉄台などに施す接地工事
D 種	100 Ω以下※	高圧用計器用変成器の二次側電路，300 V 以下の低圧用機器の鉄台などに施す接地工事

※地絡を生じた場合，0.5 秒以内に自動的に電路を遮断する装置を施設するときは 500 Ω以下。

NO.27　正解 ニ

クランプ形漏れ電流計の漏れ電流の測定方法は
- 単相 3 線式配線は，3 本全てを挟んで測定➡**ニ**が正しい
  - ＊漏れ電流がない場合➡クランプ形電流計は（ほぼ）ゼロ
  - ＊漏れ電流がある場合➡漏れ電流の大きさが測定される

NO.28

正解 ニ

電気工事士でなければ従事できない主な作業例は以下の通り。

・電線相互の接続

・電線管などに電線を収める

・電線管の曲げやねじ切り

・電線管とボックスなどを接続➡**ニ**

NO.29

正解 ニ

特定電気用品とは，「構造や使用方法，使用状況からみて特に危険または障害の発生するおそれの多い電気用品のこと」。

＊絶縁電線，ケーブル，タイムスイッチ，フロートスイッチ，配線用遮断器，漏電遮断器，差込み接続器など

・**イ**．定格消費電力 20 W の蛍光ランプ➡特定電気用品ではない

・**ロ**．外径 19 mm の金属製電線管➡特定電気用品ではない

・**ハ**．定格消費電力 500 W の電気冷蔵庫➡特定電気用品ではない

・**ニ**．定格電流 30 A の漏電遮断器➡特定電気用品

NO.30

正解 イ

・一般用電気工作物とは，600 V 以下の電圧で受電している場所の電気工作物で，小出力発電設備を設置しているものも含まれる

・小出力発電設備とは，電圧 600 V 以下の電気を発電する設備

＊出力 10 kW 未満の太陽電池発電設備

＊ダムを伴うものを除く出力 20 kW 未満の水力発電設備

＊出力 10 kW 未満の内燃力を原動力とする火力発電設備

・**イ**．誤り（出力 10 kW 未満の太陽電池発電設備ではない）

・**ロ**．**ハ**．**ニ**．正しい

※電気事業法が 2023（令和 5）年 3 月 20 日に改正された。旧制度で，一般用電気工作物として区分され一部保安規制は対象外とされていたものが，新制度では，一部保安規制の対象外だった小出力発電設備（太陽電池発電設備〔10 kW 以上 50 kW 未満〕，風力発電設備〔20 kW 未満〕）が新たな区分に位置づけられた。なお，解答の正誤に影響はありません。

●問題2● 配線図

NO.31 　正解 ハ

・**イ**. シャンデリア➡誤り
・**ロ**. JIS C 0303 にない➡誤り
・**ハ**. ペンダント➡正しい
・**ニ**. シーリングライト➡誤り

NO.32 　正解 ハ

・**イ**. 一般形点滅器➡誤り。図記号は ●
・**ロ**. 一般形調光器➡誤り。図記号は
・**ハ**. ワイドハンドル形点滅器➡正しい
・**ニ**. ワイド形調光器➡誤り。図記号は

NO.33 　正解 ハ

③で示すコンセントの傍記表示は，20 A と E ➡ 100 V，20 A，接地極付。

・**イ**. 200 V，20 A，接地極付➡誤り
・**ロ**. 100 V，15 A，接地極付➡誤り
・**ハ**. 100 V，20 A，接地極付➡正しい
・**ニ**. 200 V，15 A，接地極付➡誤り

NO.34 　正解 

住宅に施設する単相3線式（1φ3W）分岐回路の配線は，

＊（ビニル外装ケーブル等の）ケーブル配線により施設

＊主な理由は，金属管を通しての漏電による火災等の防止のため

・**イ**. 金属管工事➡不適切
・**ロ**. 金属可とう電線管工事➡不適切
・**ハ**. 金属線ぴ工事➡不適切
・**ニ**. 600V ビニル絶縁ビニルシースケーブル丸形を使用したケーブル工事➡適切

NO.35　正解 イ

・⑤で示す部分の使用電圧は 200 V で，この電路の引込は 1 φ3W100/200 V なので，対地電圧は 100 V

・絶縁抵抗は，使用電圧が 300 V 以下で対地電圧が

　・150 V 以下では，**0.1 MΩ以上➡イ**が正しい（⑤に該当）

　・その他の場合は，0.2 MΩ以上

NO.36　正解 ニ

・⑥で示す部分は，L-1 の分電盤（1φ3W100/200 V）に繋がっていて，最大使用電圧は 200 V である➡ D 種接地工事

・問題 2．配線図の【注意】に「3．漏電遮断器は，定格感度電流 30 mA，動作時間 0.1 秒以内のものを使用している。」と記載してある➡接地抵抗は，500 Ω以下

　・**イ**．C 種接地工事 10 Ω➡誤り（C 種接地工事は，300 V を超える低圧電気機械器具の金属製外箱や金属管などに施す接地工事）

　・**ロ**．C 種接地工事 100 Ω➡誤り（同上）

　・**ハ**．D 種接地工事 100 Ω➡誤り（設問には許容される最大値と記載）

　・**ニ**．D 種接地工事 500 Ω➡正しい（L-1 の分電盤の主幹にある**漏電遮断器（動作時間 0.1 秒以内）で保護**されている）

　＊地絡を生じた場合に 0.5 秒以内に電路を自動的に遮断する装置を施設するときは 500 Ω以下

NO.37　正解 ロ

⑦で示す部分を複線図にすると下図の通り。

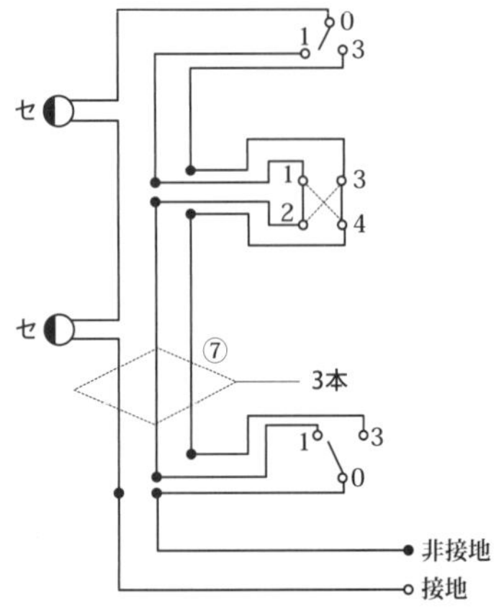

したがって**ロ**である。

NO.38

正解 **ニ**

- **イ**. 外径 22 mm の硬質ポリ塩化ビニル電線管である
  ➡誤り（PF は合成樹脂製可とう電線管）
  ＊硬質ポリ塩化ビニル電線管は VE
- **ロ**. 外径 22 mm の合成樹脂製可とう電線管である
  ➡誤り（外径ではなく内径 22 mm）
  ＊偶数は外径ではなく内径
- **ハ**. 内径 22 mm の硬質ポリ塩化ビニル電線管である
  ➡誤り（PF は合成樹脂製可とう電線管）
- **ニ**. 内径 22 mm の合成樹脂製可とう電線管である
  ➡正しい

NO.39

正解 

小勢力回路の電圧の最大値は 60 V。

　＊小勢力回路とは絶縁トランスを用いて，二次電圧を 60 V 以下にした回路

したがって**ニ**である。

NO.40

正解 

- **イ**. 天井隠ぺい配線➡誤り。図記号は　―――――
- **ロ**. 床隠ぺい配線➡正しい
- **ハ**. 天井ふところ内配線➡誤り。図記号は　―・―・―
- **ニ**. 床面露出配線➡誤り。図記号は　―‥―‥―

NO.41

正解 ロ

⑪で示すボックス内を複線図にすると下図の通り。

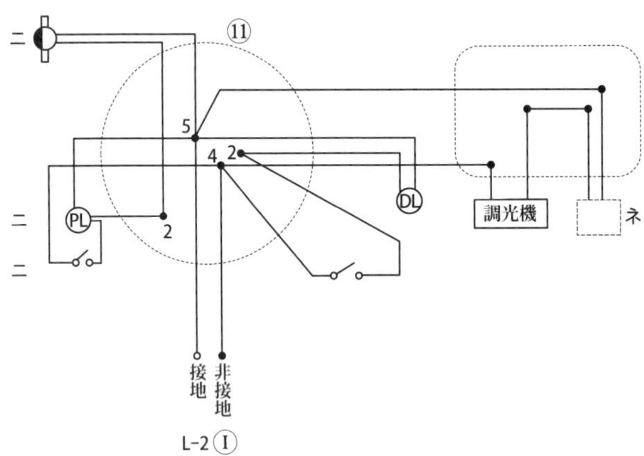

・差込み線数（5本）が1個

・差込み線数（4本）が1個

・差込み線数（2本）が2個

したがって**ロ**である。

NO.42

正解 ロ

⑫で示すボックス内を複線図にすると下図の通り。

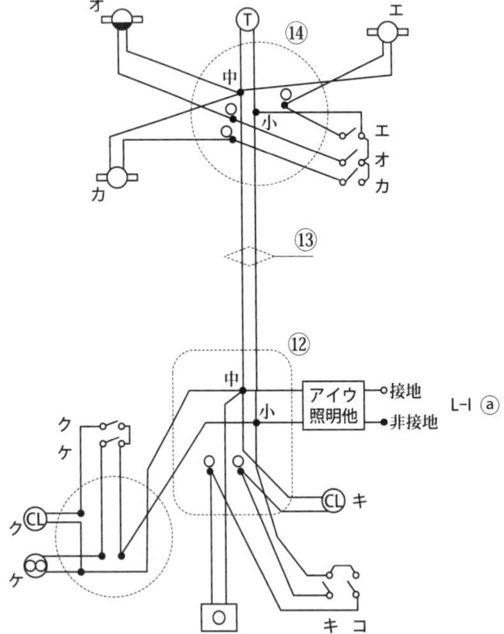

VVFケーブル		リングスリーブ	
太さ	本数	サイズ	圧着マーク
1.6 mm	2本	小	○
	3～4		小
	5～6	中	中

左図より，⑫で示すボックス内で使用するリングスリーブの種類，個数及び刻印との組合せは

・中×1個

・小×1個 ｝小×3個

・○×2個

したがって**ロ**である。

NO.43

正解 **ロ**

NO.42 解説の複線図より，⑬のケーブルで心線数 2 本を選択。

問題 2 の【注意】（本冊 P.96）に「1．屋内配線の工事は，特記のある場合を除き 600V ビニル絶縁ビニルシースケーブル平形（VVF）を用いたケーブル工事である。」と記載されている。

＊イは VVR ケーブル

したがって**ロ**である。

NO.44

正解 **ロ**

NO.42 解説の複線図より，⑭で示すボックス内で使用するリングスリーブの種類と最少個数の組合せは

・中× 1 個

・小× 1 個 ｝小× 4 個
・○× 3 個 ｝

したがって**ロ**である。

NO.45

正解 **ハ**

NO.41 解説の複線図の関係部分より

・⑮の器具は，下がスイッチ（SW）で上がパイロットランプ（PL）

・接地側電線（白）➡ボックス内 5 → PL（白）→ SW（赤）→ボックス内 2（赤）

・非接地側電線（黒）➡ボックス内 4 → SW（黒）→ PL（赤）

・以上より，PL から上に出ている電線は黒・白・赤➡**ハ**が正しい

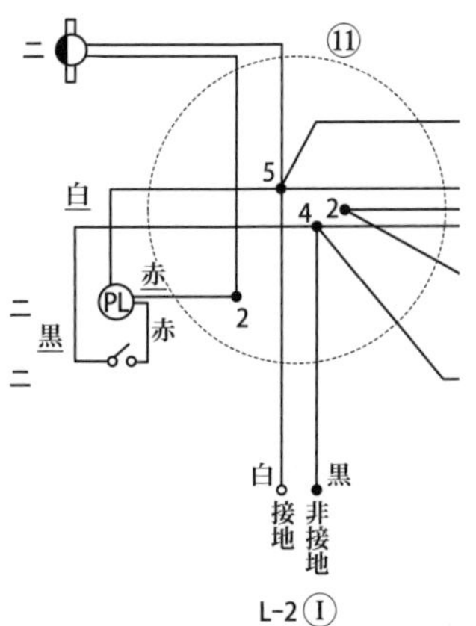

NO.46 正解 ロ

・イ．引き留めがいし➡使用している（屋外から電線を引き込むとき建造物に電線を固定するがいし）
・ロ．ねじなし露出スイッチボックス➡使用されることのない
・ハ．ステープル➡使用している（VVF ケーブルを壁に止める）
・ニ．PF 管➡使用している（合成樹脂製可とう電線管）

NO.47 正解 ロ

・イ．呼び線挿入器➡使用している（管の中にケーブルや電線を通す際に補助する）
・ロ．プリカナイフ➡使用されることのない（二種金属製可とう電線管（図記号は F2）を切断する為の工具）
・ハ．ハンマ➡使用している（釘やステープルを打つ）
・ニ．木工用ドリル➡使用している（材木に穴をあける）

NO.48 正解 ハ

・イ．2 極スイッチ➡ 1 階玄関で使用。図記号は●$_{2P}$
・ロ．4 路スイッチ➡ 2 階下り階段で使用。図記号は●$_{4}$
・ハ．位置表示灯内蔵スイッチ➡使用されていない。図記号は●$_{H}$
・ニ．確認表示灯内蔵スイッチ➡ 1 階玄関で使用。図記号は●$_{L}$

NO.49 正解 ニ

・イ．フィードインキャップ➡ 1 階居間で使用（ライティングダクト用配線の接続部）
・ロ．接地棒➡使用（地中に打ち込み，接地極として使用）
・ハ．PF 管用カップリング➡使用（合成樹脂製可とう電線管（PF 管）相互を接続）
・ニ．2 号ボックスコネクタ➡使用されることのない（硬質塩化ビニル電線管（VE 管）をボックスに接続）

No.50

正解 **イ**

・**イ**. 250V・20A コンセント接地極付，1 階居間で 1 個使用。図記号は 20A250V⏚E
　➡正しい
・**ロ**. 接地極付接地端子付コンセント，1 階台所で 1 個使用。図記号は ⏚EET
　➡ 2 個でないため誤り
・**ハ**. 250V 用接地極付接地端子付コンセント
　➡使用されていないので誤り
・**ニ**. 125V 20A コンセント，2 階洋室で 1 個使用。図記号は 20A⏚E
　➡ 2 個でないため誤り

令和4年度 下期【午前】

解答一覧

① 一般問題

問	答え	問	答え	問	答え
1	イ ロ **ハ** ニ	11	イ **ロ** ハ ニ	21	**イ** ロ ハ ニ
2	**イ** ロ ハ ニ	12	**イ** ロ ハ ニ	22	イ ロ **ハ** ニ
3	イ ロ **ハ** ニ	13	イ ロ **ハ** ニ	23	イ **ロ** ハ ニ
4	イ ロ **ハ** ニ	14	イ ロ **ハ** ニ	24	イ ロ **ハ** ニ
5	イ ロ **ハ** ニ	15	イ ロ ハ **ニ**	25	イ **ロ** ハ ニ
6	イ ロ **ハ** ニ	16	イ ロ ハ **ニ**	26	イ **ロ** ハ ニ
7	イ ロ **ハ** ニ	17	イ ロ ハ **ニ**	27	**イ** ロ ハ ニ
8	**イ** ロ ハ ニ	18	**イ** ロ ハ ニ	28	イ **ロ** ハ ニ
9	イ ロ ハ **ニ**	19	イ **ロ** ハ ニ	29	イ ロ **ハ** ニ
10	イ **ロ** ハ ニ	20	イ ロ **ハ** ニ	30	イ **ロ** ハ ニ

② 配線図

問	答え	問	答え
31	イ ロ **ハ** ニ	41	イ ロ **ハ** ニ
32	イ ロ **ハ** ニ	42	イ ロ ハ **ニ**
33	イ ロ **ハ** ニ	43	イ **ロ** ハ ニ
34	**イ** ロ ハ ニ	44	イ ロ **ハ** ニ
35	イ **ロ** ハ ニ	45	イ ロ **ハ** ニ
36	イ ロ **ハ** ニ	46	イ ロ **ハ** ニ
37	イ ロ ハ **ニ**	47	イ ロ ハ **ニ**
38	イ ロ **ハ** ニ	48	イ **ロ** ハ ニ
39	イ ロ ハ **ニ**	49	**イ** ロ ハ ニ
40	イ ロ **ハ** ニ	50	**イ** ロ ハ ニ

●問題１● 一般問題

NO.1 正解 ハ

回路を整理する。

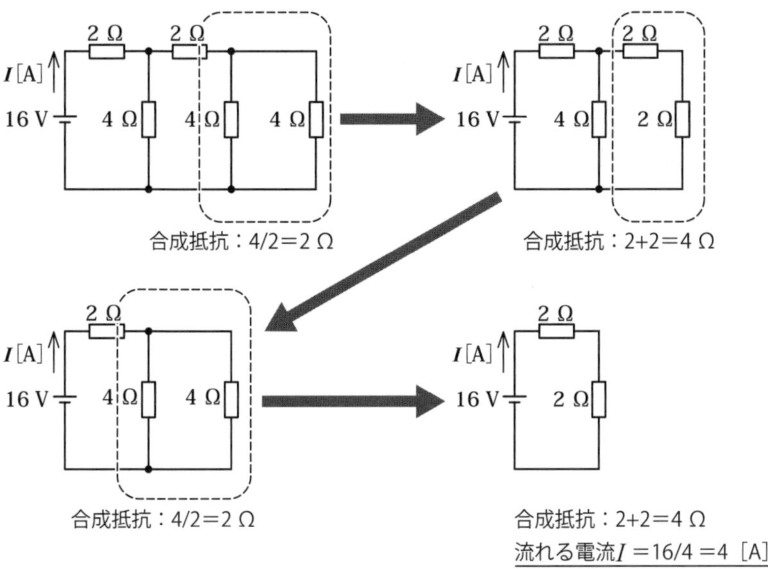

NO.2 正解 イ

・許容電流とは，電線に流せる最大の電流

・許容電流は，

　①周囲の温度が上昇したり電線が長くなると小さくなる

　②導体の直径が大きくなると大きくなる

・電線の抵抗は，

　③長さに比例し直径の２乗に反比例する

　・**イ**．許容電流は，周囲の温度が上昇すると，大きくなる➡誤り（①）

　・**ロ**．許容電流は，導体の直径が大きくなると，大きくなる➡正しい（②）

　・**ハ**．電線の抵抗は，導体の長さに比例する➡正しい（③）

　・**ニ**．電線の抵抗は，導体の直径の２乗に反比例する➡正しい（③）

NO.3 正解 ハ

・水の比熱［kJ/（kg・K）］とは，水 1 kg を 1 K 上昇させるのに必要なエネルギー［kJ］のこと

・温度単位 K（ケルビン）とは，絶対温度➡（これ以上温度が下がらない）絶対零度 0 K は，摂氏－273℃

・水 90 kg を 1 K 上昇させるには，$4.2 \times 90 = 378$ kJ のエネルギーが必要

・水 90 kg を 20 K 上昇させるには，$378 \times 20 = 7\,560$ kJ のエネルギーが必要

・ここで，1 W・h = 3.6 kJ ➡ 1 kW・h = 3 600 kJ

・それゆえ，$\dfrac{7\,560}{3\,600} = 2.1$ kW・h

NO.4 正解 ハ

・交流回路のインピーダンスは，$Z = \sqrt{\text{抵抗}^2 + \text{リアクタンス}^2}$［Ω］

・$Z = \sqrt{12^2 + 16^2} = 20$［Ω］

・回路を流れる電流は $I = \dfrac{200\text{ V}}{20\,\Omega} = 10$［A］

・抵抗 12 Ωの両端の電圧は，12 Ω× 10 A = 120 V

NO.5 正解 ハ

・✕印点で断線すると，下図となる

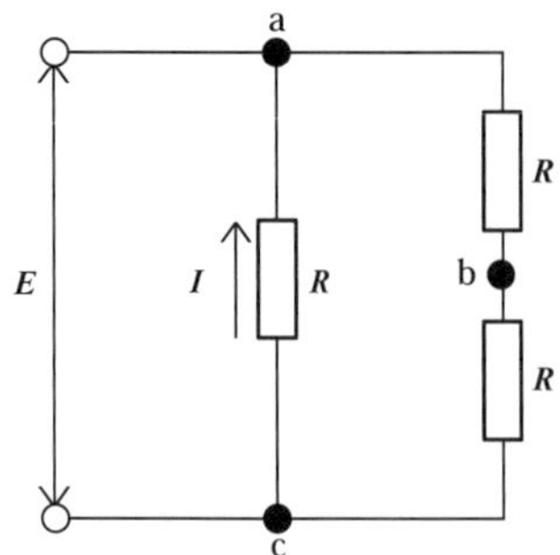

・この図で R［Ω］に流れる電流 I［A］は，$I = \dfrac{E}{R}$［A］

NO.6 正解 ハ

- 電線の抵抗を r［Ω］とする
- 単相２線式の電圧降下 $V_s - V_r = 2Ir$［V］➡ $V_s - V_r = 4$［V］$= 2Ir = 2 \times 25 \times r$（50 m 電圧降下）…①
- ①より，4［V］$= 50r$ ➡ $r = \dfrac{4}{50} = 0.08$［Ω］（50 mの抵抗）
- 1km の抵抗は，$0.08 \times \dfrac{1000}{50} = 1.6$ Ω
- 設問の表より電線の最小太さ（断面積）は，14 mm^2

NO.7 正解 ハ

- 各抵抗負荷に流れている電流は 15 A なので，負荷抵抗は平衡負荷
  ➡中性線には電流は流れない
- 電線路の電力損失 P は，$P = 2I^2r = 2 \times 15 \times 15 \times 0.1 = 45$［W］
  ＊ I は電線路に流れる電流，r は１線当たりの抵抗

NO.8 正解 イ

- 600V ビニル絶縁電線の電流減少係数を考慮しない許容電流は下表の通り

直径	許容電流
1.6 mm	27 A
2.0 mm	35 A
2.6 mm	48 A

- 直径 1.6 mm の電線３本を収めるので，
  電線１本当たりの許容電流は
  27 A × 0.70 = 18.9 A

＊電流減少係数➡管内に複数本の電線を収めると発熱し電線被覆が劣化する➡電線１本当たりの許容電流は許容電流に電流減少係数をかける

同じ管内の電線数	電流減少係数
～３本	0.70
４本	0.63
5，６本	0.56

NO.9　正解 ニ

・分岐回路の許容電流と過電流遮断器の施設位置について

　①原則は，幹線分岐点より 3 m以下の場所に過電流遮断器を施設する

　②分岐回路の許容電流が幹線用過電流遮断器の定格電流の 35%以上

　　➡ 8 m 以下の場所に過電流遮断器を施設できる

　③分岐回路の許容電流が幹線用過電流遮断器の定格電流の 55%以上

　　➡任意の場所に過電流遮断器を施設できる

・問題の分岐回路の過電流遮断器の位置は 10 mなので③となり，許容電流の最小値は

　　➡ $60 \times 0.55 = 33$ A

NO.10　正解 ロ

・接続できるコンセントは，配線用遮断器の定格電流の定格値又は 1 つ下まで良い
➡イ，ロ，ハ，ニの全てが適切

・定格電流 20 A の配線用遮断器で保護される分岐回路の電線の太さは，直径 1.6 mm 以上
➡イ，ハは適切

・定格電流 30 A の配線用遮断器で保護される分岐回路の電線の太さは，直径 2.6 mm（断面積 5.5 mm^2）以上**➡ロ**が不適切

NO.11　正解 ロ

・**イ**．2 号コネクタでなく，TS カップリングを用いる➡誤り

・**ロ**．正しい

・**ハ**．2 号コネクタでなく，管端キャップを用いる➡誤り

・**ニ**．2 号コネクタでなく，コンビネーションカップリングを用いる➡誤り

NO.12　正解 イ

絶縁物の最高許容温度は

　・**イ**．600V 架橋ポリエチレン絶縁ビニルシースケーブル（CV）➡ 90℃

　・**ロ**．600V 二種ビニル絶縁電線（HIV）➡ 75℃

　・**ハ**．600V ビニル絶縁ビニルシースケーブル丸形（VVR）➡ 60℃

　・**ニ**．600V ビニル絶縁電線（IV）➡ 60℃

NO.13

正解 ハ

- **イ**. ボルトクリッパはテコの原理を応用し，線材・棒鋼・硬銅線などを切断するときに使用➡不適切
- **ロ**. パイプベンダは金属管を曲げるときに使用➡不適切
- **ハ**. クリックボールは先端にリーマを取り付け金属管の面取りをするときに使用➡適切
- **ニ**. 圧着ペンチは電線同士を接続するときに，リングスリーブを圧着するのに使用➡不適切

NO.14

正解 ハ

- 三相誘導電動機無負荷運転の回転速度は，ほぼ同期速度N_Sと考えてよい

$$N_s = \frac{120f}{p}\ [\mathrm{min}^{-1}]$$

f：周波数［Hz］
p：極数

- 60 Hz から 50 Hz にする➡周波数fが減少➡N_S（≒回転速度）も減少する

NO.15

正解 

- **イ**. ちらつきが少ない➡正しい
- **ロ**. 発光効率が高い➡正しい
- **ハ**. インバータが使用されている➡正しい
- **ニ**. 点灯に要する時間が長い➡誤り

NO.16

正解 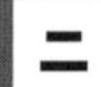

- **イ**. 無機絶縁ケーブル➡誤り（記号は MI）
- **ロ**. 600V ビニル絶縁ビニルシースケーブル平形➡誤り（記号は VVF）
- **ハ**. 600V 架橋ポリエチレン絶縁ビニルシースケーブル➡誤り（記号は CV）
- **ニ**. 600V ポリエチレン絶縁耐燃性ポリエチレンシースケーブル平形➡正しい（記号は EM-EEF ケーブル，写真の拡大の右側に EM 600V EEF と刻印）

NO.17

正解 ニ

- **イ**．水銀灯用安定器➡誤り
- **ロ**．変流器➡誤り
- **ハ**．ネオン変圧器➡誤り
- **ニ**．低圧進相コンデンサ➡正しい
  ＊写真の機器のラベルは 40μF（静電容量）➡コンデンサの蓄電能力を表した物理量

NO.18

正解 イ

- **イ**．三相回路の相順を調べるのに用いる➡正しい（検相器）
- **ロ**．三相回路の電圧の測定に用いる➡誤り（テスタ）
- **ハ**．三相電動機の回転速度の測定に用いる➡誤り（回転計）
- **ニ**．三相電動機の軸受けの温度の測定に用いる➡誤り（赤外線放射温度計）

NO.19

正解 ロ

- **イ**．絶縁電線の絶縁物と同等以上の絶縁効力のあるもので十分被覆した➡適切
- **ロ**．電線の電気抵抗が 10％増加した➡不適切
  ＊電線の電気抵抗を増加させないこと
- **ハ**．終端部を圧着接続するのにリングスリーブ（E 形）を使用した➡適切
  ＊接続部分には，接続管その他の器具を使用するか，ろう付けすること
- **ニ**．電線の引張強さが 15％減少した➡適切
  ＊電線の引張強さを 20％以上減少させないこと

NO.20

正解 ハ

・イ．600V 架橋ポリエチレン絶縁ビニルシースケーブル（CV）によるケーブル工事➡適切
・ロ．硬質ポリ塩化ビニル電線管（VE）による合成樹脂管工事➡適切
・ハ．1 種金属製線ぴによる金属線ぴ工事➡不適切
　＊低圧屋側配線部分は，乾燥している場所ではないので，1 種金属製線ぴによる金属線ぴ工事はできない
・ニ．600V ビニル絶縁ビニルシースケーブル丸形（VVR）によるケーブル工事➡適切

NO.21

正解 イ

・イ．合成樹脂製可とう電線管（CD 管）を木造の床下や壁の内部及び天井裏に配管した➡不適切な工事方法
　＊ CD 管は，原則コンクリート埋込み専用の電線管
・ロ．合成樹脂製可とう電線管（PF 管）内に通線し，支持点間の距離を 1.0 m で造営材に固定した➡適切
・ハ．同じ径の硬質ポリ塩化ビニル電線管（VE）2 本を TS カップリングで接続した➡適切
・ニ．金属管を点検できない隠ぺい場所で使用した➡適切

NO.22

正解 ハ

特殊場所とは，爆燃性粉じんのある場所，可燃性ガス等のある場所，可燃性粉じんのある場所，危険物等のある場所など。

・イ．プロパンガスを他の小さな容器に小分けする可燃性ガスのある場所
　厚鋼電線管で保護した 600V ビニル絶縁ビニルシースケーブルを用いたケーブル工事➡適切（厚鋼電線管で保護）
・ロ．小麦粉をふるい分けする可燃性粉じんのある場所
　硬質ポリ塩化ビニル電線管 VE28 を使用した合成樹脂管工事➡適切（硬質ポリ塩化ビニル電線管 VE28 で保護）
・ハ．石油を貯蔵する危険物の存在する場所
　金属線ぴ工事➡不適切
　＊金属線ぴ工事は特殊場所では施工不可
・ニ．自動車修理工場の吹き付け塗装作業を行う可燃性ガスのある場所
　厚鋼電線管を使用した金属管工事➡適切（厚鋼電線管で保護）

NO.23　　正解 ロ

- **イ**. 管とボックスとの接続にストレートボックスコネクタを使用した➡適切
- **ロ**. 管の長さが 6 m であるので，電線管の D 種接地工事を省略した➡不適切
  ＊省略できるのは管の長さが 4 m以下の場合
- **ハ**. 管の内側の曲げ半径を管の内径の 6 倍以上とした➡適切
- **ニ**. 管と金属管（鋼製電線管）との接続にコンビネーションカップリングを使用した➡適切

NO.24　　正解 ハ

- **イ**. ディジタル式は電池を内蔵しているが，アナログ式は電池を必要としない
  ➡誤り（アナログ式も電池が必要）
- **ロ**. 電路と大地間の抵抗測定を行った。その測定値は電路の絶縁抵抗値として使用してよい
  ➡誤り（テスタでは絶縁抵抗は測れない。絶縁抵抗測定はメガーを使う）
- **ハ**. 交流又は直流電圧を測定する場合は，あらかじめ想定される値の直近上位のレンジを選定して使用する
  ➡正しい
- **ニ**. 抵抗を測定する場合の回路計の端子における出力電圧は，交流電圧である
  ➡誤り（直流電圧）

NO.25　　正解 ロ

絶縁抵抗は，使用電圧が 300 V 以下で対地電圧が

- 150 V 以下では，0.1 MΩ以上
- その他の場合では，0.2 MΩ以上
- **イ**. 単相 3 線式 100/200 V の使用電圧 200 V 空調回路の絶縁抵抗を測定したところ 0.16 MΩであった➡適合（対地電圧が 150 V 以下）
- **ロ**. 三相 3 線式の使用電圧 200 V（対地電圧 200 V）電動機回路の絶縁抵抗を測定したところ 0.18 MΩであった➡不適合
  ＊対地電圧 200 V ➡絶縁抵抗は 0.2 MΩ以上必要
- **ハ**. 単相 2 線式の使用電圧 100 V 屋外庭園灯回路の絶縁抵抗を測定したところ 0.12 MΩであった➡適合
- **ニ**. 単相 2 線式の使用電圧 100 V 屋内配線の絶縁抵抗を，分電盤で各回路を一括して測定したところ，1.5 MΩであったので個別分岐回路の測定を省略した➡適合

NO.26

正解 ロ

接地極は，E-P-C の順に直線配置で間隔は 10 m とする。

＊ E は被測定接地極，P（電圧用）と C（電流用）は補助接地極

- **イ**. 被測定接地極を中央にして，左右一直線上に補助接地極を 10 m程度離して配置する➡不適切（被測定接地極 E は端とする）
- **ロ**. 被測定接地極を端とし，一直線上に 2 箇所の補助接地極を順次 10 m程度離して配置する➡適切
- **ハ**. 被測定接地極を端とし，一直線上に 2 箇所の補助接地極を順次 1 m程度離して配置する➡不適切（10 m程度離して配置する）
- **ニ**. 被測定接地極と 2 箇所の補助接地極を相互に 5 m程度離して正三角形に配置する➡不適切（直線配置とする）

NO.27

正解 イ

クランプ形漏れ電流計で漏れ電流を測定する場合は，電流が流れている線を全て挟む（接地線は挟まない）。

- 単相 2 線式は，電源線 2 本全てを挟んで測定（接地線は挟まない）➡**イ**

＊漏れ電流がない場合➡クランプ形電流計は（ほぼ）ゼロ

＊漏れ電流がある場合➡漏れ電流の大きさが測定される

NO.28

正解 ロ

- **イ**.「電気工事士法」は，電気工事の作業に従事する者の資格及び義務を定め，もって電気工事の欠陥による災害の発生の防止に寄与することを目的とする➡正しい
- **ロ**.「電気設備に関する技術基準を定める省令」は，「電気工事士法」の規定に基づき定められた経済産業省令である➡誤り（電気事業法の規定に基づく）
- **ハ**.「電気用品安全法」は，電気用品の製造，販売等を規制するとともに電気用品の安全性の確保につき民間事業者の自主的な活動を促進することにより，電気用品による危険及び障害の発生を防止することを目的とする➡正しい
- **ニ**.「電気用品安全法」において，電気工事士は電気工作物の設置又は変更の工事に適正な表示が付されている電気用品の使用を義務づけられている➡正しい

NO.29　　正解 ハ

・**イ**. 電気用品の製造又は輸入の事業を行う者は，「電気用品安全法」に規定する義務を履行したときに，経済産業省令で定める方式による表示を付すことができる
　➡正しい

・**ロ**. 特定電気用品は構造又は使用方法その他の使用状況からみて特に危険又は障害の発生するおそれが多い電気用品であって，政令で定めるものである
　➡正しい

・**ハ**. 特定電気用品には〇PSEまたは（PS）E の表示が付されている
　➡誤り（〇PSEではなく◇PSE，（PS）E ではなく < PS > E）

・**ニ**. 電気工事士は，「電気用品安全法」に規定する表示の付されていない電気用品を電気工作物の設置又は変更の工事に使用してはならない
　➡正しい

NO.30　　正解 ロ

電圧の低圧区分は，

・直流➡ 750 V 以下
・交流➡ 600 V 以下

・**イ**. 直流にあっては 600 V 以下，交流にあっては 600 V 以下のもの
　➡誤り

・**ロ**. 直流にあっては 750 V 以下，交流にあっては 600 V 以下のもの
　➡正しい

・**ハ**. 直流にあっては 600 V 以下，交流にあっては 750 V 以下のもの
　➡誤り

・**ニ**. 直流にあっては 750 V 以下，交流にあっては 750 V 以下のもの
　➡誤り

●問題 2● 配線図

NO.31 正解 ハ

・**イ**. 白熱灯➡誤り。図記号は◯
・**ロ**. 熱線式自動スイッチ➡誤り。図記号は ●RAS
・**ハ**. 確認表示灯➡正しい。(便所内の換気扇に連動する)
・**ニ**. 位置表示灯➡誤り。**ハ**確認表示灯と同じで，図記号は ○

NO.32 正解 ハ

・**イ**. シャンデリアの図記号➡誤り
・**ロ**. JIS C 0303 にない図記号➡誤り
・**ハ**. ペンダントの図記号➡正しい
・**ニ**. シーリングライトの図記号➡誤り

NO.33 正解 ハ

低圧屋内電路の使用電圧が 300 V 以下で，他の屋内電路（定格電流が 15 A 以下の過電流遮断器又は定格電流が 15 A を超え 20 A 以下の配線用遮断器で保護されているものに限る）に接続する長さ 15 m 以下の電路から電気の供給を受ける場合は引込口開閉器を省略できる。

したがって**ハ**である。

NO.34 正解 イ

・④は 200 V の分岐回路で，この回路の引込は，1ϕ 3W100/200 V
➡④の使用電圧は 300 V 以下で対地電圧は 100 V（150 V 以下）
・電路の使用電圧が 300 V 以下の絶縁抵抗値
＊対地電圧 150 V 以下➡ **0.1 MΩ以上**
＊その他➡ 0.2 MΩ以上

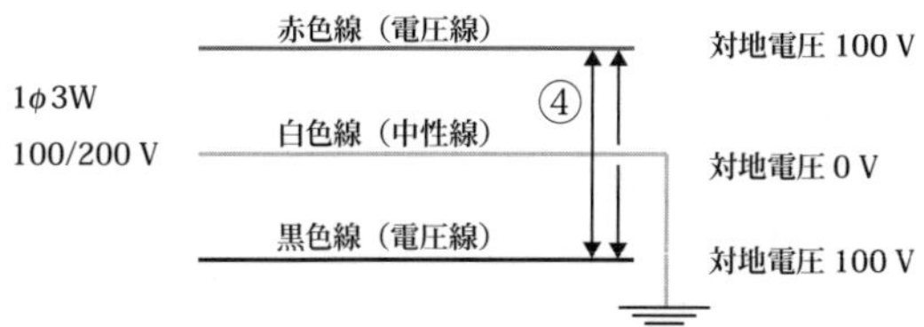

令和4年 下期午前 一般問題・配線図

NO.35　正解 ロ

・⑤は 200 V の分岐回路で，この回路の引込は，1ϕ 3W100/200 V

➡⑤の使用電圧は 200 V

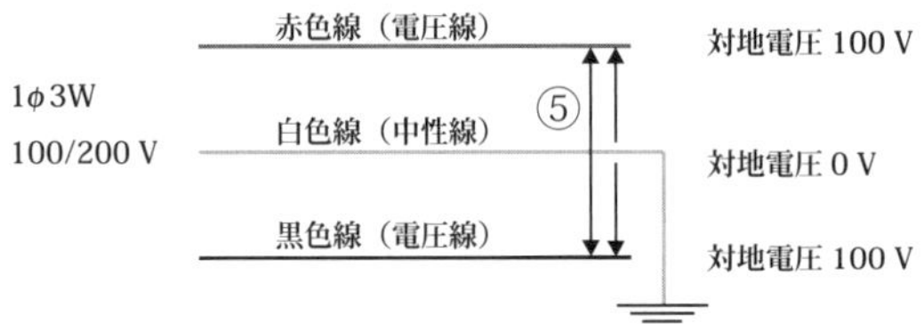

・⑤の単相 200 V に使用する配線用遮断器は，200 V なので **2 極 2 素子**が必要（両線に電圧がかかっているので両線を遮断させる）

NO.36　正解 ハ

・**イ**．ジョイントボックス➡誤り。アウトレットボックスとも言い，図記号は□
・**ロ**．VVF 用ジョイントボックス➡誤り。図記号は⊘
・**ハ**．プルボックス➡正しい
・**ニ**．ジャンクションボックス➡誤り。ダクト工事に使われるボックスで図記号は◎

NO.37　正解 ニ

小勢力回路の電圧の最大値は 60 V。

＊小勢力回路とは絶縁トランスを用いて，二次電圧を 60 V 以下にした回路

したがって**ニ**である。

NO.38　正解 ハ

・**イ**．PF は合成樹脂製可とう電線管の図記号の傍記表示➡誤り
・**ロ**．HIVE は耐衝撃性硬質ポリ塩化ビニル電線管の図記号の傍記表示➡誤り
・**ハ**．FEP は**波付硬質合成樹脂管**の図記号の傍記表示➡正しい
・**ニ**．HIVP は耐衝撃性硬質ポリ塩化ビニル管の図記号の傍記表示➡誤り

NO.39 正解 ニ

・⑨で示す部分は，L-1 の分電盤（1φ3W100/200 V）に繋がっていて，最大使用電圧は 200 V である
・問題 2．配線図の【注意】に「3．漏電遮断器は，定格感度電流 30 mA，動作時間 0.1 秒以内のものを使用している。」と記載してある
　・**イ**．C 種接地工事 10 Ω➡誤り（C 種接地工事は，300 V を超える低圧電気機械器具の金属製外箱や金属管などに施す接地工事）
　・**ロ**．C 種接地工事 100 Ω➡誤り（同上）
　・**ハ**．D 種接地工事 100 Ω➡誤り（設問には許容される最大値と記載）
　・**ニ**．D 種接地工事 500 Ω➡正しい（L-1 の分電盤の主幹にある漏電遮断器（動作時間 0.1 秒以内）で保護されている）
　　＊地絡を生じた場合に 0.5 秒以内に電路を自動的に遮断する装置を施設するときは 500 Ω以下

NO.40 正解 ハ

⑩の部分を複線図にすると下図のようになる。

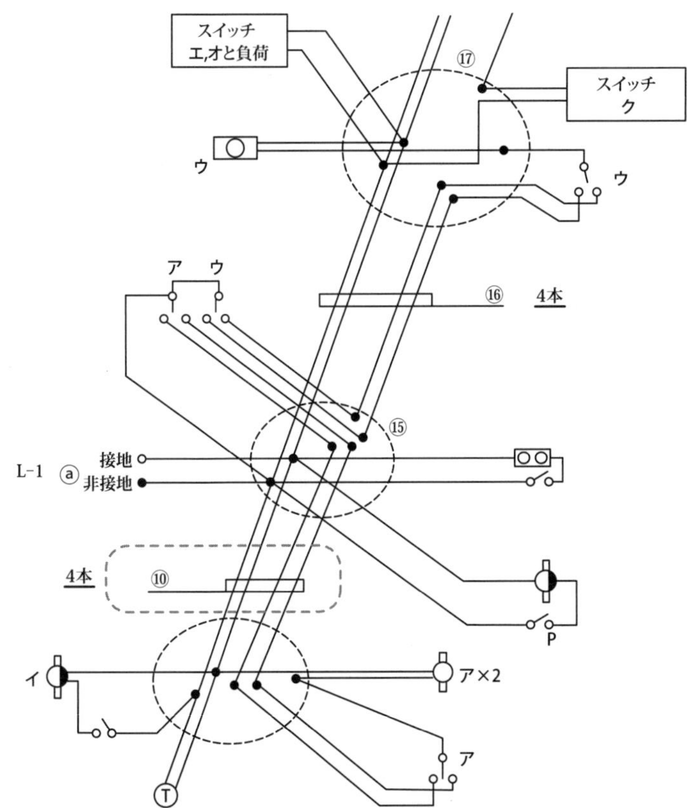

したがって**ハ**である。

令和4年 下期午前 配線図

NO.41 正解 ハ

スイッチ「ス」につながっている配線は，天井隠ぺい配線（600V ビニル絶縁ビニルシースケーブル平形（VVF））。

- **イ**．合成樹脂管用スイッチボックスは使用しない➡誤り（合成樹脂管を接続）
- **ロ**．ねじなし電線管用スイッチボックスは使用しない➡誤り（ねじなし電線管を接続）
- **ハ**．VVF ケーブルを直接入れる壁埋込用ボックス➡正しい
- **ニ**．VE 管用スイッチボックスは使用しない➡誤り（VE 管を接続）

NO.42 正解 ニ

⑫の部分を複線図にすると下図のようになる。

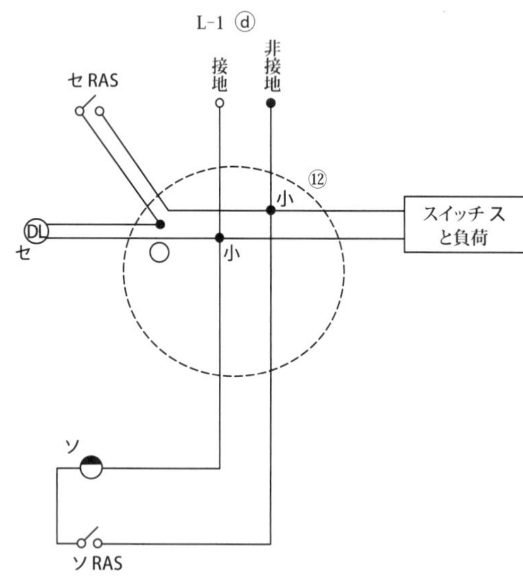

<電線とリングスリーブの組合せ>

VVF ケーブル		リングスリーブ	
太さ	本数	サイズ	圧着マーク
1.6 mm	2 本	小	○
	3 〜 4		小
	5 〜 6	中	中

左図より，⑫で示すボックス内で利用するリングスリーブの種類と最少個数の組合せは，

- ○× 1 個
- 小× 2 個

} 小× 3 個

したがって**ニ**である。

NO.43 正解 ロ

- **イ**．回路計（テスタ）➡誤り
- **ロ**．クランプメータ➡正しい（電線を被覆の上からはさんで負荷電流を測定する）
- **ハ**．照度計➡誤り
- **ニ**．絶縁抵抗計➡誤り

NO.44 正解 ハ

⑭は，下がコンセントで上がスイッチ。

コンセント裏側の電線差込口には極性がある➡接地線（白）はコンセント裏側のＷ（白）の刻印のある穴に差し込む。

＊スイッチには極性がない

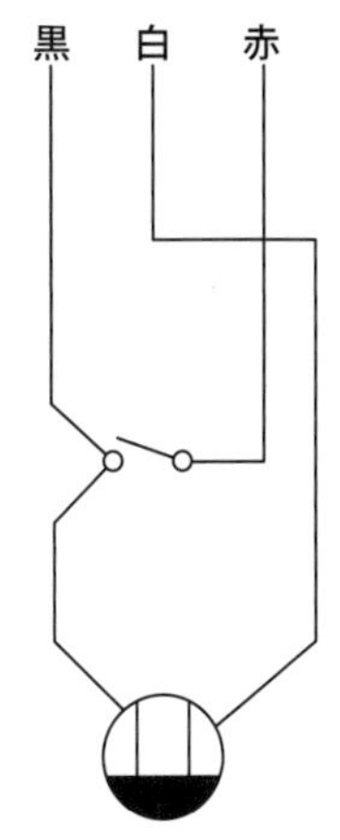

したがって**ハ**である。

NO.45 正解 ハ

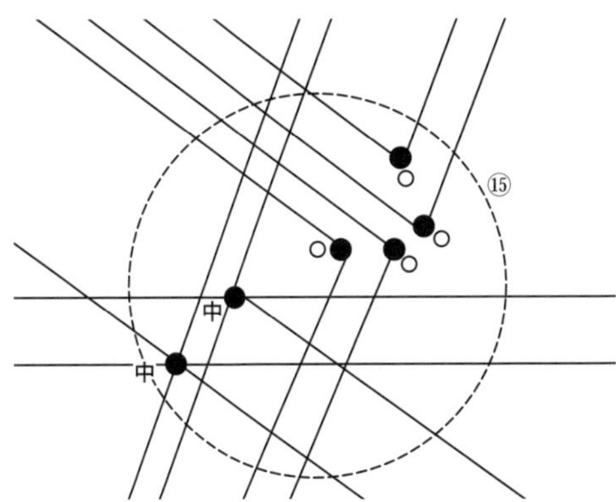

NO.40の複線図から⑮に示すボックス内の圧着接続は，下記の通り。

<電線とリングスリーブの組合せ>

VVFケーブル		リングスリーブ	
太さ	本数	サイズ	圧着マーク
1.6 mm	2本	小	○
	3～4		小
	5～6	中	中

左図より，⑮で示すボックス内で利用するリングスリーブの種類と最少個数の組合せは，

・小×４個

・中×２個

したがって**ハ**である。

NO.46

正解 **ハ**

NO.40 の複線図から⑯に示す部分は，下記の通りで，4 本必要となる。

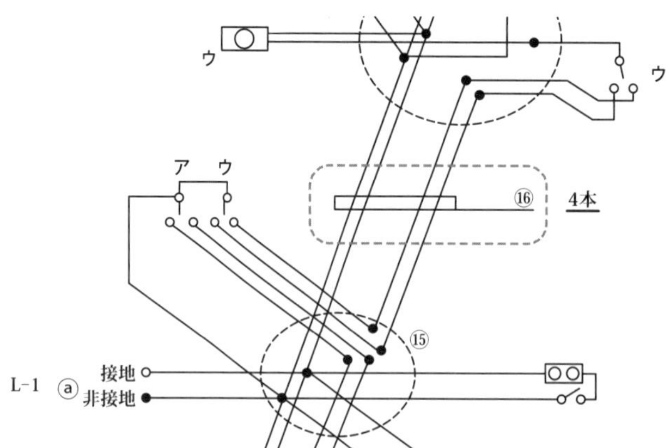

したがって**ハ**である。

NO.47

正解 **ニ**

NO.40 の複線図から⑰に示すボックス内の接続は，下記の通り。

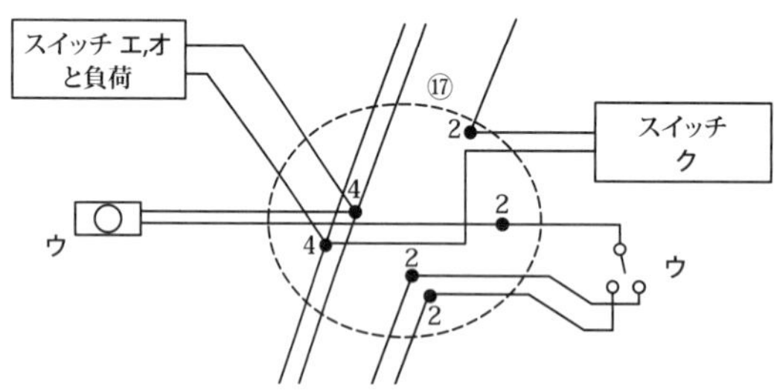

⑰で示すボックス内の差込形コネクタは，

差込み線数（2 本）× 4

差込み線数（4 本）× 2

したがって**ニ**である。

NO.48　　正解 ロ

・**イ**．アース付きの２口コンセント➡台所で使用。図記号は $_{2E}$

・**ロ**．200V 15A 用接地極付接地端子付コンセント➡使用されていない

・**ハ**．アース付き＋アースターミナル付きコンセント➡台所で使用。図記号は 

・**ニ**．100V15A コンセント➡台所で使用。図記号は

NO.49　　正解 イ

・**イ**．確認表示灯内蔵スイッチ➡使用されていない。図記号は ●$_{L}$
・**ロ**．位置表示灯内蔵スイッチ➡居間の奥で使用。図記号は ●$_{H}$
・**ハ**．３路スイッチ➡台所他で使用。図記号は ●$_{3}$
・**ニ**．２極スイッチ➡台所他で使用。図記号は ●$_{2P}$

NO.50　　正解 イ

・**イ**．上はストレートボックスコネクタで，下はねじなし電線管➡不適切（ストレートボックスは金属製可とう電線とボックスを接続する）
・**ロ**．上はサドルで，下はねじなし電線管➡適切
・**ハ**．左が裸圧着端子（P スリーブ）で，右が赤のグリップの圧着ペンチ（裸圧着端子（P スリーブ）用）➡適切
・**ニ**．左がリングスリーブで，右が黄色のグリップの圧着ペンチ（リングスリーブ用）➡適切

令和4年度 上期【午後】

解答一覧

① 一般問題

問	答え	問	答え	問	答え
1	イ ロ **ハ** ニ	11	イ ロ ハ **ニ**	21	イ ロ ハ **ニ**
2	**イ** ロ ハ ニ	12	イ ロ **ハ** ニ	22	イ ロ **ハ** ニ
3	**イ** ロ ハ ニ	13	イ ロ ハ **ニ**	23	イ **ロ** ハ ニ
4	イ **ロ** ハ ニ	14	イ **ロ** ハ ニ	24	イ ロ ハ **ニ**
5	イ ロ **ハ** ニ	15	**イ** ロ ハ ニ	25	イ ロ **ハ** ニ
6	**イ** ロ ハ ニ	16	イ ロ **ハ** ニ	26	イ ロ **ハ** ニ
7	イ ロ **ハ** ニ	17	イ **ロ** ハ ニ	27	イ ロ ハ **ニ**
8	イ **ロ** ハ ニ	18	**イ** ロ ハ ニ	28	**イ** ロ ハ ニ
9	イ ロ **ハ** ニ	19	イ ロ **ハ** ニ	29	イ ロ ハ **ニ**
10	イ ロ ハ **ニ**	20	イ ロ **ハ** ニ	30	イ **ロ** ハ ニ

② 配線図

問	答え	問	答え
31	イ ロ ハ **ニ**	41	**イ** ロ ハ ニ
32	イ **ロ** ハ ニ	42	イ ロ ハ **ニ**
33	イ ロ ハ **ニ**	43	イ ロ **ハ** ニ
34	イ ロ ハ **ニ**	44	イ **ロ** ハ ニ
35	イ ロ ハ **ニ**	45	イ **ロ** ハ ニ
36	イ ロ ハ **ニ**	46	イ ロ ハ **ニ**
37	イ **ロ** ハ ニ	47	イ ロ **ハ** ニ
38	イ ロ **ハ** ニ	48	イ ロ **ハ** ニ
39	イ ロ **ハ** ニ	49	イ **ロ** ハ ニ
40	**イ** ロ ハ ニ	50	イ **ロ** ハ ニ

●問題 1● 一般問題

NO.1

正解 ハ

・スイッチSを閉じると下図のようになる

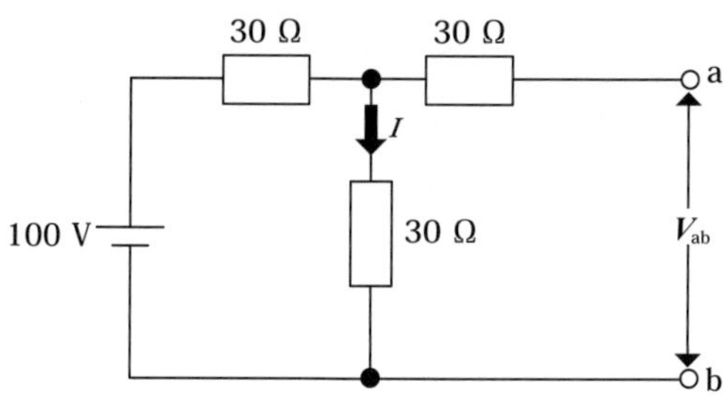

・回路図から電流Iを求めると，$I=\dfrac{100}{30+30}=\dfrac{100}{60}$[A]

・a－b 間の端子電圧を V_{ab} とすると，$V_{ab}=I\times 30=\dfrac{100}{60}\times 30=\dfrac{100}{2}=50$ [V]

NO.2

正解 イ

・電気抵抗R［Ω］，断面積S［m^2］，抵抗率ρ［Ω・m］，長さL［m］とすると，

$$R=\frac{\rho L}{S}\ [\Omega]$$

・断面積S［m^2］は，

$$S=\pi(\text{半径})^2=\pi\left(\frac{\text{直径}}{2}\right)^2=\pi\left(\frac{D\times 10^{-3}}{2}\right)^2\ [\mathrm{m}^2]$$

＊直径D［mm］➡$D\times 10^{-3}$［m］

・電気抵抗R［Ω］は，$R=\dfrac{\rho L}{\pi\left(\dfrac{D\times 10^{-3}}{2}\right)^2}=\dfrac{4\rho L}{\pi D^2\times 10^{-6}}=\dfrac{4\rho L}{\pi D^2}\times 10^6$［Ω］

NO.3

正解 イ

・電力$P=VI=\dfrac{V^2}{R}=\dfrac{2^2}{0.2}=20$［W］➡ 0.02［kW］

・電力量 $W=Pt=0.02\times 1=0.02$［kWh］

＊ 1［kWh］＝ 3 600［kJ］

・発生熱量$Q=0.02\times 3\,600=72$［kJ］

NO.4

正解 ロ

・誘導リアクタンス$X_L = 2\pi fL$［Ω］　＊L［H］：インダクタンス

・電流Iは，$I = \dfrac{V}{X_L} = \dfrac{V}{2\pi fL}$［A］

・インダクタンスLは，$L = \dfrac{V}{2\pi fI} = \dfrac{100}{2\times\pi\times50\times6} = \dfrac{1}{6\pi}$［H］

・周波数が 60 Hz になった場合の電流I_{60}は，

$$I_{60} = \frac{V}{2\pi fL} = \frac{100\times6\pi}{2\times\pi\times60} = \frac{100}{20} = 5 \text{［A］}$$

NO.5

正解 ハ

1 相当たりの消費電力を算出し，それを 3 倍し全消費電力を求める。

・交流回路の 1 相のインピーダンスは

$Z = \sqrt{8^2 + 6^2} = 10$［Ω］

・1 相の相電流

$$I = \frac{V}{Z} = \frac{200}{10} = 20 \text{［A］}$$

・1 相の消費電力

$P_1 = I^2R = 20\text{ A} \times 20\text{ A} \times 8\ \Omega = 3\,200$［W］➡ 3.2［kW］

・全消費電力は，$P_3 = 3.2\text{ kW} \times 3 = 9.6$［kW］

NO.6

正解 

・抵抗負荷 A の両端の電圧をV_Aとすると

$V_A = 210 - 2 \times 0.1 \times (10 + 10 + 10) = 204$［V］（単相回路なので 2 倍する）

・抵抗負荷 B の両端の電圧をV_Bとすると

$V_B = 204 - 2 \times 0.1 \times (10 + 10) = 200$［V］（単相回路なので 2 倍する）

・抵抗負荷 C の両端の電圧をV_Cとすると

$V_C = 200 - 2 \times 0.1 \times 10 = 198$［V］（単相回路なので 2 倍する）

NO.7

正解 ハ

・各抵抗負荷に流れている電流は 10 A なので，負荷抵抗は平衡負荷
➡中性線には電流は流れない

・電線 1 線の電圧降下 V は，$V = Ir = 10 \times 0.1 = 1$ [V]

・a − b 間の電圧 $V_{ab} = 105 - 1 = 104$ [V]

NO.8

正解 ロ

・600V ビニル絶縁電線の電流減少係数を考慮しない許容電流は，下表の通り

直径	許容電流
1.6 mm	27 A
2.0 mm	35 A
2.6 mm	48 A

＊電流減少係数➡管内に複数本の電線を収めると発熱し電線被覆が劣化する➡電線 1 本当たりの許容電流は許容電流に電流減少係数をかける

同じ管内の電線数	電流減少係数
〜 3 本	0.70
4 本	0.63
5，6 本	0.56

・電線 1 本当たりの許容電流は
$35 \text{ A} \times 0.7 = 24.5$ [A]

NO.9

正解 ハ

・電動機の定格電流の合計 I_M，電熱器の定格電流の合計 I_H，幹線の許容電流 I_W とする

・$I_M \leqq I_H$ のとき
$I_W \geqq I_M + I_H$

・$I_M > I_H$ のとき
$I_M > 50$ A ➡ $I_W \geqq 1.1 \times I_M + I_H$
$I_M \leqq 50$ A ➡ $I_W \geqq 1.25 \times I_M + I_H$

・電動機の定格電流の合計は，$I_M = 10 + 30 = 40$ A
・電熱器の定格電流の合計は，$I_H = 15 + 15 = 30$ A

$I_M > I_H$ で $I_M \leqq 50$ A
➡ I_M の係数は 1.25

・幹線の許容電流 I_W は，$I_W \geqq 1.25 \times I_M + I_H = 1.25 \times 40 + 30 = 80$ A

NO.10

正解 **ニ**

・接続できるコンセントは，配線用遮断器の定格電流の定格値又は 1 つ下まで良い

➡イと**ニ**は適切（配線用遮断器とコンセントの定格電流が同じ）

➡ロと**ハ**は不適切（配線用遮断器の定格電流よりコンセントの定格電流が**ロ**は大きく，**ハ**は 2 つ下）

・定格電流電線 30 A の配線用遮断器で保護される分岐回路の電線の太さは，直径 2.6 mm（断面積 5.5 mm^2）以上**➡イ**は不適切（3.5 mm^2）で，**ニ**が適切

NO.11

正解 **ニ**

・**イ**．ユニオンカップリングのことである➡誤り
・**ロ**．ユニバーサルのことである➡誤り
・**ハ**．ブッシングのことである➡誤り
・**ニ**．正しい

NO.12

正解 **ハ**

絶縁物の最高許容温度は

・600V ビニル絶縁電線（IV）➡ 60℃
・600V 二種ビニル絶縁電線（HIV）➡ 75℃
・架橋ポリエチレン絶縁ビニルシースケーブル（CV）➡ 90℃

したがって**ハ**の 90℃である。

NO.13

正解 **ニ**

・**イ**．金属製キャビネットに穴をあける作業とノックアウトパンチャ➡正しい
・**ロ**．木造天井板に電線管を通す穴をあける作業と羽根ぎり➡正しい
・**ハ**．電線，メッセンジャワイヤ等のたるみを取る作業と張線器➡正しい
・**ニ**．薄鋼電線管を切断する作業では金切りノコギリを使用する➡誤り

＊プリカナイフは，二種金属製可とう電線管（プリカチューブ）の切断で使用

NO.14　正解 ロ

・**イ**．始動時間が短くなる➡誤り。長くなる（始動トルクが小さくなるため）

・**ロ**．始動電流が小さくなる➡正しい（ $\frac{1}{3}$ となる）

・**ハ**．始動トルクが大きくなる➡誤り。小さくなる（ $\frac{1}{3}$ となる）

・**ニ**．始動時の巻線に加わる電圧が大きくなる➡誤り。小さくなる（ $\frac{1}{\sqrt{3}}$ となる）

NO.15　正解 イ

・**イ**．電気トースター➡正しい
　➡力率はほぼ 100％（白熱電球や電熱線を用いる機器は力率はほぼ 100％）
・**ロ**．電気洗濯機➡誤り➡電動機がある（電動機はコイルの塊だから力率が低い）
・**ハ**．電気冷蔵庫➡誤り➡電動機がある（同上）
・**ニ**．電球形 LED ランプ（制御装置内蔵形）➡誤り➡コイルやコンデンサが内蔵（力率が低い）

NO.16　正解 ハ

写真は PF 管用の露出スイッチボックス。
・**イ**．合成樹脂製可とう電線管を接続する➡適切
・**ロ**．スイッチやコンセントを取り付ける➡適切
・**ハ**．電線の引き入れを容易にする➡不適切
　＊電線の引き入れを容易にするのは，プルボックスやアウトレットボックスなど
・**ニ**．合成樹脂でできている➡適切

NO.17　正解 ロ

写真に示す器具には，定格感度電流 30 mA の記載とテストボタンがある。
➡名称は漏電遮断器
したがって**ロ**である。

NO.18　　正解 イ

写真は，ガストーチランプ。

- ・**イ**．硬質ポリ塩化ビニル電線管の曲げ加工に用いる➡正しい
- ・**ロ**．金属管（鋼製電線管）の曲げ加工に用いる➡誤り（パイプベンダ）
- ・**ハ**．合成樹脂製可とう電線管の曲げ加工に用いる➡誤り（手で曲げる）
- ・**ニ**．ライティングダクトの曲げ加工に用いる➡誤り（曲げてはいけない）

NO.19　　正解 ハ

- ・**イ**．リングスリーブ（E 形）により接続し，接続部分をビニルテープで半幅以上重ねて 3 回（6 層）巻いた ➡適切
- ・**ロ**．リングスリーブ（E 形）により接続し，接続部分を黒色粘着性ポリエチレン絶縁テープ（厚さ約 0.5 mm）で半幅以上重ねて 3 回（6 層）巻いた➡適切
- ・**ハ**．リングスリーブ（E 形）により接続し，接続部分を自己融着性絶縁テープ（厚さ約 0.5 mm）で半幅以上重ねて 1 回（2 層）巻いた
  ➡不適切（自己融着テープを引延ばして巻くと厚さが 0.5 mm 未満となるので保護テープを重ねて巻かなければならない）
- ・**ニ**．差込形コネクタにより接続し，接続部分をビニルテープで巻かなかった➡適切

NO.20　　正解 ハ

下表より，「施設できない工事」を全て選んだ組合せは，**ハ**が正しい。

施設場所の区分	工事の種類		
	金属線ぴ工事	合成樹脂管工事（CD 管を除く）	平形保護層工事
展開した場所で乾燥した場所	○	○	
点検できる隠ぺい場所で乾燥した場所	○	○	○

NO.21　正解 ニ

- **イ**．ルームエアコン（単相 200 V）の分岐回路に 2 極 2 素子の配線用遮断器を取り付けた➡適切
- **ロ**．電熱器（単相 100 V）の分岐回路に 2 極 2 素子の配線用遮断器を取り付けた➡適切
- **ハ**．主開閉器の中性極に銅バーを取り付けた➡適切
- **ニ**．電灯専用（単相 100 V）の分岐回路に 2 極 1 素子の配線用遮断器を取り付け，素子のある極に中性線を結線した➡不適切（素子のない極に結線する➡なぜなら中性線には地絡電流が流れないので，非接地線を素子のある極に結線する必要がある）

NO.22　正解 ハ

低圧 300 V 以下なので D 種接地工事である。

➡電線の太さは，1.6 mm 以上，漏電遮断器を設置しない場合の接地抵抗値は 100 Ω以下

- **イ**．直径 1.6 mm，10 Ω➡適切
- **ロ**．直径 2.0 mm，50 Ω➡適切
- **ハ**．公称断面積 0.75 mm^2，5 Ω➡不適切（0.75 mm^2 の直径は約 0.98 mm）
- **ニ**．直径 2.6 mm，75 Ω➡適切

NO.23　正解 

合成樹脂管の支持点間の距離の最大値は 1.5 m 以下である。

- **イ**．1　➡誤り（1.5 m 以下ではあるが，最大ではない）
- **ロ**．1.5 ➡正しい
- **ハ**．2　➡誤り
- **ニ**．2.5 ➡誤り

NO.24　正解 ニ

検電器は電路の充電の有無を確認する機器。ネオン式は充電を検知すると発光する。

- **イ**．ネオン放電灯の照度を測定する➡誤り
- **ロ**．ネオン管灯回路の導通を調べる➡誤り
- **ハ**．電路の漏れ電流を測定する➡誤り
- **ニ**．電路の充電の有無を確認する➡正しい

NO.25

正解 **ハ**

電技解釈第 14 条二より,「絶縁抵抗測定が困難な場合においては，当該電路の使用電圧が加わった状態における漏えい電流が，1 mA 以下であること。」とあるので,

- **イ**. 全て適合している➡誤り
- **ロ**. A 回路と B 回路が適合している➡誤り
- **ハ**. A 回路のみが適合している➡正しい
- **ニ**. 全て適合していない➡誤り

NO.26

正解 **ハ**

接地極は，E-P-C の順の直線配置で間隔は 10 mとする。
したがって**ハ**が最も適切である。

NO.27

正解 **ニ**

測定機器の配置は,

- 電圧計➡負荷に並列 ⓐ
- 電流計➡負荷に直列 ⓑ
- 電力計➡負荷に並列で電圧，かつ負荷に直列で電流の両方を計測 ⓒ

したがって**ニ**である。

NO.28

正解 **イ**

第二種電気工事士が従事可能な工事は一般電気工作物の工事だけである。

＊一般用電気工作物：600 V 以下の電圧で受電している場所の電気工作物
＊自家用電気工作物：高圧または特別高圧で受電する事業所（工場やビルなど）の電気工作物

- **イ**. 自家用電気工作物（最大電力 500 kW 未満の需要設備）の低圧部分の電線相互を接続する作業➡従事できない（第一種電気工事士のみ）
- **ロ**. 自家用電気工作物（最大電力 500 kW 未満の需要設備）の地中電線用の管を設置する作業➡従事できる（簡易な作業なので資格不要）
- **ハ**. 一般用電気工作物の接地工事の作業➡従事できる
- **ニ**. 一般用電気工作物のネオン工事の作業➡従事できる(ただし自家用電気工作物（最大電力 500 kW 未満の需要設備）のうち，ネオン工事は，特種電気工事資格者（ネオン工事)の認定証が必要)

NO.29 正解 ニ

特定電気用品とは，「構造や使用方法，使用状況からみて特に危険または障害の発生するおそれのある電気用品のこと」である 。

＊絶縁電線，ケーブル，タイムスイッチ，フロートスイッチ，配線用遮断器，差込み接続器など

・**イ**. 定格消費電力 40 W の蛍光ランプ➡特定電気用品ではない

・**ロ**. 外径 19 mm の金属製電線管➡特定電気用品ではない

・**ハ**. 定格消費電力 30 W の換気扇➡特定電気用品ではない

・**ニ**. 定格電流 20 A の配線用遮断器➡特定電気用品

NO.30 正解 ロ

・一般用電気工作物とは，600 V 以下の電圧で受電している場所の電気工作物で，小出力発電設備を設置しているものも含まれる

・小出力発電設備とは，電圧 600 V 以下の電気を発電する設備

＊出力 10 kW 未満の太陽電池発電設備

＊ダムを伴うものを除く出力 20 kW 未満の水力発電設備

＊出力 10 kW 未満の内燃力を原動力とする火力発電設備

・低圧は交流で 600 V 以下，直流で 750 V 以下

・**イ**. 低圧受電だが出力 55 kW の太陽電池発電設備➡出力 10 kW 未満でないので，一般用電気工作物ではない➡誤り

・**ロ**. 一般用電気工作物➡正しい

・**ハ**. **ニ**. 高圧受電なので一般用電気工作物ではない➡誤り

※電気事業法が 2023（令和 5）年 3 月 20 日に改正された。旧制度で，一般用電気工作物として区分され一部保安規制は対象外とされていたものが，新制度では，一部保安規制の対象外だった小出力発電設備（太陽電池発電設備〔10 kW 以上 50 kW 未満〕，風力発電設備〔20 kW 未満〕）が新たな区分に位置づけられた。なお，解答の正誤に影響はありません。

NO.31

正解 ニ

住宅に施設する単相 3 線式（1φ3W）分岐回路の配線は,

・(ビニル外装ケーブル等の）ケーブル配線により施設

・主な理由は，金属管を通しての漏電による火災等の防止のため

・**イ**．金属管工事➡不適切

・**ロ**．金属可とう電線管工事➡不適切

・**ハ**．金属線ぴ工事➡不適切

・**ニ**．600V ビニル絶縁ビニルシースケーブル丸形を使用したケーブル工事➡適切

NO.32

正解 ロ

・**イ**．位置表示灯を内蔵する点滅器➡添え字に H ➡誤り

・**ロ**．確認表示灯を内蔵する点滅器➡添え字に L ➡正しい

・**ハ**．遅延スイッチ➡添え字に D ➡誤り

・**ニ**．熱線式自動スイッチ➡添え字に RAS ➡誤り

NO.33

正解 ニ

・**イ**．C 種接地工事 10 Ω➡誤り（C 種接地工事は，300 V を超える低圧電気機械器具の金属製外箱や金属管などに施す接地工事）

・**ロ**．C 種接地工事 100 Ω➡誤り（同上）

・**ハ**．D 種接地工事 100 Ω➡誤り（設問には許容される最大値と記載）

・**ニ**．D 種接地工事 500 Ω➡正しい（電灯分電盤の主幹にある漏電遮断器（動作時間 0.1 秒以内）で保護されている）

＊地絡を生じた場合に 0.5 秒以内に電路を自動的に遮断する装置を施設するときは 500 Ω以下

NO.34 正解 ニ

・**イ**．L ➡誤り（確認表示灯内蔵スイッチ）
・**ロ**．T ➡誤り（引掛形コンセント）
・**ハ**．K ➡誤り（JIS で規定されている電気図記号にはない）
・**ニ**．LK ➡正しい

NO.35 正解 ニ

・**イ**．外径 16 mm の硬質ポリ塩化ビニル電線管である
➡誤り（硬質ポリ塩化ビニル電線管は「VP」である）
・**ロ**．外径 16 mm の合成樹脂製可とう電線管である
➡誤り（外径は奇数で表記する）
・**ハ**．内径 16 mm の硬質ポリ塩化ビニル電線管である
➡誤り（硬質ポリ塩化ビニル電線管は「VP」である）
・**ニ**．内径 16 mm の合成樹脂製可とう電線管である
➡正しい

NO.36 正解 ニ

小勢力回路の電圧の最大値は 60 V。
＊小勢力回路とは絶縁トランスを用いて，二次電圧を 60 V 以下にした回路。
したがって**ニ**である。

NO.37 正解 ロ

・**イ**．ジョイントボックス➡誤り。図記号は□
・**ロ**．VVF 用ジョイントボックス➡正しい
・**ハ**．プルボックス➡誤り。図記号は⊠
・**ニ**．ジャンクションボックス➡誤り。図記号は◎
＊ダクト工事に使われるボックス

NO.38 正解 ハ

⑧の部分を複線図にすると下図のようになる。

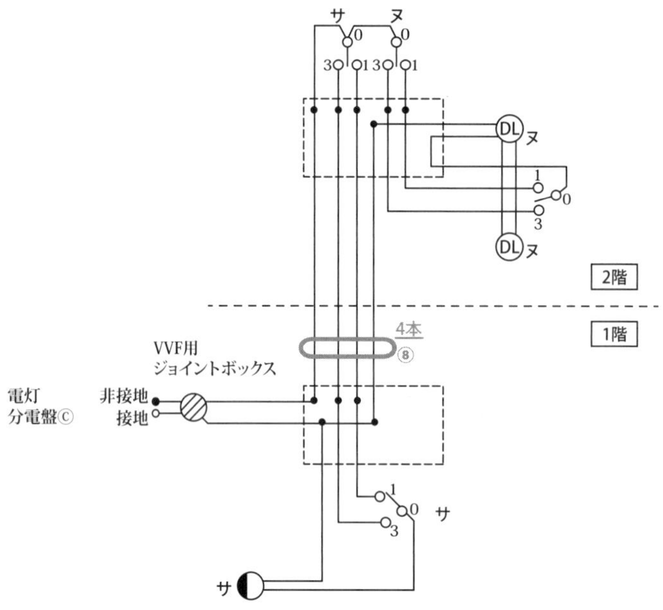

したがって**ハ**である。

NO.39 正解 ハ

- **イ**. 一般形点滅器➡誤り。図記号は ●
- **ロ**. 一般形調光器➡誤り。図記号は
- **ハ**. ワイドハンドル形点滅器➡正しい
- **ニ**. ワイド形調光器➡誤り。図記号は

NO.40 正解 イ

単相３線式の引込なので使用電圧が 300 V 以下，対地電圧が 150 V 以下。

➡対地電圧が 150 V 以下の絶縁抵抗値は 0.1 MΩ以上

したがって**イ**である。

NO.41

正解 **イ**

- **イ**. ジョイントボックス（アウトレットボックス）➡正しい
- **ロ**. プルボックス➡誤り
- **ハ**. ナイスハット（ジョイントボックスの一種）➡誤り
- **ニ**. VVF用ジョイントボックス➡誤り

NO.42

正解 **ニ**

⑫は，20A200V接地極付のエアコンのコンセント。

- **イ**. 250V3P接地極付➡誤り（3相200V用なので住宅では使用しない）
- **ロ**. 15A250V接地極付➡誤り
- **ハ**. 15A20A兼用125V接地極付➡誤り
- **ニ**. 20A200V接地極付➡正しい

NO.43

正解 **ハ**

⑬は，200 Vの配線用遮断器。

- **イ**. 100V2P1E ➡誤り（200 Vは2P2Eを使用）
- **ロ**. 小型漏電ブレーカ➡誤り
- **ハ**. 2P2Eで100/200 V ➡正しい
- **ニ**. 小型漏電ブレーカ➡誤り

NO.44

正解 **ロ**

⑭の部分を複線図にすると下図のようになる。

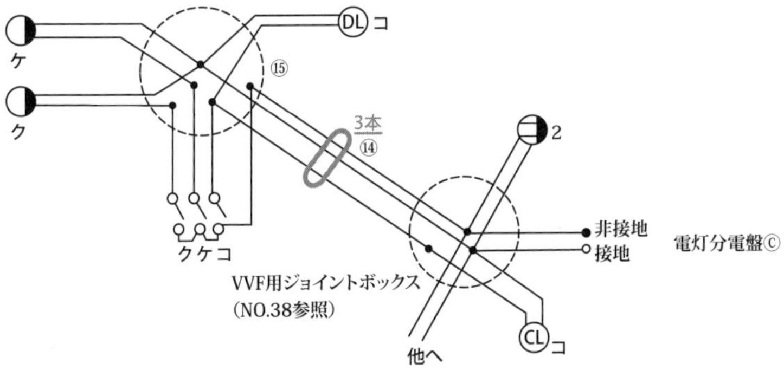

したがって**ロ**である。

NO.45

正解 **ロ**

⑮のボックス内を複線図にすると下図の通り。(NO.44 参照)

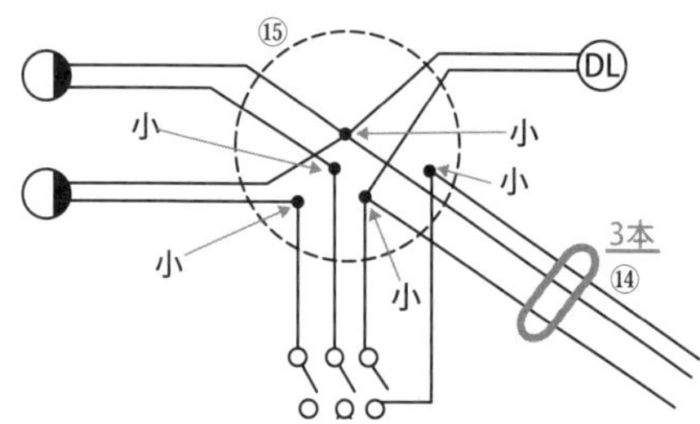

VVF ケーブル		リングスリーブ	
太さ	本数	サイズ	圧着マーク
1.6 mm	2 本	小	○
	3 ～ 4		小
	5 ～ 6	中	中

図より，⑮で示すボックス内で使用するリングスリーブは

・小× 5 個

したがって**ロ**である。

NO.46

正解 **ニ**

⑯のボックス内を複線図にすると下図の通り。(NO.44 参照)

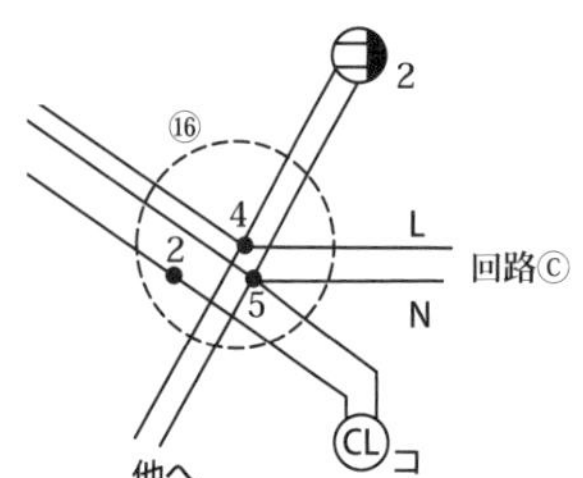

図より，⑯で示すボックス内の差込形コネクタは

・差込み線数（2 本）× 1

・差込み線数（4 本）× 1

・差込み線数（5 本）× 1

したがって**ニ**である。

NO.47

正解 **ハ**

⑰は，下がコンセントで上がスイッチ。

コンセント裏側の電線差込口には極性がある

➡接地線（白）はコンセント裏側の W（白）の刻印のある穴に差し込む。

＊スイッチには極性がない

したがって**ハ**である。

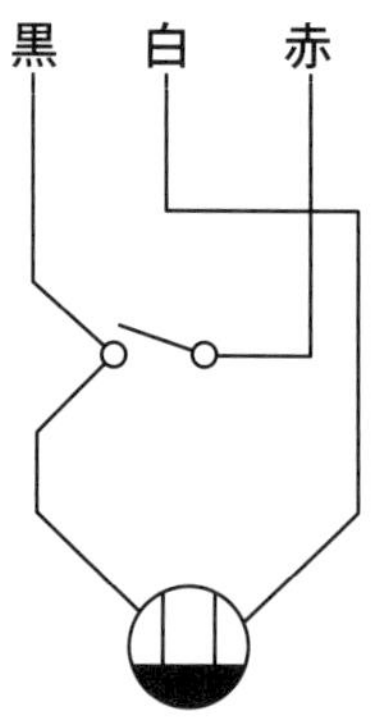

NO.48

正解 **ハ**

⑱は，天井直付けのシーリングライト。

- **イ**で示す写真は，コードペンダント➡誤り
- **ロ**で示す写真は，シャンデリア➡誤り
- **ハ**で示す写真は，天井直付けのシーリングライト➡正しい
- **ニ**で示す写真は，ダウンライト➡誤り

NO.49

正解 **ロ**

- **イ**で示す写真と接点構成図は，確認表示灯内蔵スイッチ➡風呂の換気扇で使用している
- **ロ**で示す写真と接点構成図は，遅延スイッチ➡使用されていない
- **ハ**で示す写真と接点構成図は，３路スイッチ➡階段で使用している
- **ニ**で示す写真と接点構成図は，ホタルスイッチ➡玄関で使用している

NO.50

正解 

- **イ**で示す写真は，ステープル➡使用している（VVF ケーブルを壁に止める）
- **ロ**で示す写真は，コンビネーションカップリング（PF 管と VE 管を接続）➡使用されていない
- **ハ**で示す写真は，PF 管のボックスコネクタ➡使用している
- **ニ**で示す写真は，合成樹脂製の埋込のスイッチボックス➡使用している

令和4年度 上期【午前】

解答一覧

① 一般問題

問	答え	問	答え	問	答え
1	**イ** ロ ハ ニ	11	**イ** ロ ハ ニ	21	イ ロ ハ **ニ**
2	**イ** ロ ハ ニ	12	イ **ロ** ハ ニ	22	イ ロ **ハ** ニ
3	イ ロ **ハ** ニ	13	イ ロ **ハ** ニ	23	**イ** ロ ハ ニ
4	イ ロ ハ **ニ**	14	イ ロ ハ **ニ**	24	イ ロ **ハ** ニ
5	イ ロ **ハ** ニ	15	イ ロ ハ **ニ**	25	イ ロ **ハ** ニ
6	イ ロ ハ **ニ**	16	**イ** ロ ハ ニ	26	イ **ロ** ハ ニ
7	イ **ロ** ハ ニ	17	イ ロ ハ **ニ**	27	**イ** ロ ハ ニ
8	**イ** ロ ハ ニ	18	**イ** ロ ハ ニ	28	**イ** ロ ハ ニ
9	イ **ロ** ハ ニ	19	イ ロ **ハ** ニ	29	イ **ロ** ハ ニ
10	イ ロ ハ **ニ**	20	イ ロ **ハ** ニ	30	イ **ロ** ハ ニ

② 配線図

問	答え	問	答え
31	イ **ロ** ハ ニ	41	イ ロ ハ **ニ**
32	イ ロ ハ **ニ**	42	イ ロ ハ **ニ**
33	イ ロ ハ **ニ**	43	イ **ロ** ハ ニ
34	イ ロ **ハ** ニ	44	イ **ロ** ハ ニ
35	**イ** ロ ハ ニ	45	イ ロ **ハ** ニ
36	イ ロ ハ **ニ**	46	イ ロ **ハ** ニ
37	イ ロ **ハ** ニ	47	イ ロ ハ **ニ**
38	イ **ロ** ハ ニ	48	イ **ロ** ハ ニ
39	イ ロ ハ **ニ**	49	**イ** ロ ハ ニ
40	イ **ロ** ハ ニ	50	イ ロ ハ **ニ**

●問題 1● 一般問題

NO.1

正解 **イ**

・電流計Ⓐの値が 1 A なので，8 Ωの抵抗にかかる電圧は 8 Ω× 1 A = 8 V

・上側の回路の電流は $\frac{8}{4+4}=1$ A

・下側の回路の電流は $\frac{8}{4}=2$ A

・3 並列回路の電流合計は，1 A + 1 A + 2 A = 4 A
・電圧計が設置されている 4 Ωの抵抗には 4 A の電流が流れる
・ゆえに電圧計の指示値は，4 Ω× 4 A = 16 V

NO.2

正解 **イ**

・電線に流せる最大の電流が，許容電流
・電線に電流を流すと抵抗のため発熱し，電線の絶縁被覆が溶解すれば短絡したり，発火したりする
　・**イ**は，周囲温度が上がると電線の温度と抵抗値が上がり許容電流が小さくなる
　　➡誤り
　・**ロ**は，電線の太さ（直径）に比例して許容電流が大きくなる
　　➡正しい
　・**ハ**は，長さを 2 倍にすると抵抗は 2 倍となる
　　➡正しい
　・**ニ**は，太さ（直径）を 2 倍にすると断面積は 4 倍となり，抵抗は$\frac{1}{4}$となる
　　➡正しい

NO.3

正解 **ハ**

・発生する熱量 W［kJ］は，$W = P$ ×時間× 3 600［kJ］
　＊ 1［kW・h］= 3 600［kJ］
・P = 100 V × 5 A = 500［W］

　＊ 1 時間 30 分➡ 90 分➡ $\frac{90}{60}$ 分➡ $\frac{3}{2}$ 時間

・$W = 500 \times \frac{3}{2} \times 3\,600 = 2\,700$［kJ］

NO.4 正解 ニ

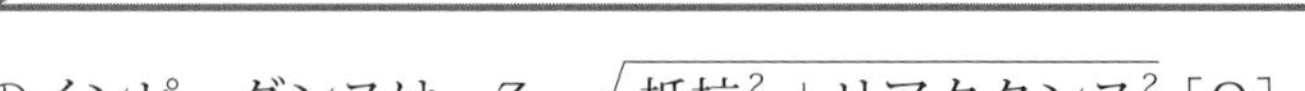

・交流回路のインピーダンスは，$Z = \sqrt{抵抗^2 + リアクタンス^2}$ [Ω]

・$Z = \sqrt{8^2 + 6^2} = 10$ [Ω]

・回路を流れる電流は $I = \dfrac{100\ \mathrm{V}}{10\ \Omega} = 10$ [A]

・抵抗 8 Ωの両端の電圧は，8 Ω× 10 A = 80 [V]

NO.5 正解 ハ

1 相当たりの消費電力を算出し，それを 3 倍し全消費電力を求める。

・交流回路の 1 相のインピーダンスは

$Z = \sqrt{6^2 + 8^2} = 10$ [Ω]

・1 相の相電流

$$I = \frac{V}{Z} = \frac{200}{10} = 20\ [\mathrm{A}]$$

・1 相の消費電力

$P_1 = I^2R = 20\ \mathrm{A} \times 20\ \mathrm{A} \times 6\ \Omega = 2\,400$ [W] ➡ 2.4 [kW]

・全消費電力

$P_3 = 2.4\ \mathrm{kW} \times 3 = 7.2$ [kW]

NO.6 正解 ニ

・三相 3 線式回路の電力損失 P [W] は

$P = 3 \times I^2R = 3 \times 10\ \mathrm{A} \times 10\ \mathrm{A} \times 0.15\ \Omega = 45$ [W]

したがって**ニ**である。

NO.7 正解 ロ

・断線したことで単相 2 線式回路となる

・2 つの抵抗負荷は直列接続となるので，全抵抗 R [Ω] は

$R = 10 + 50 = 60$ [Ω]

・流れる電流 I [A] は

$$I = \frac{200}{60} \fallingdotseq 3.33\ [\mathrm{A}]$$

・a − b 間の電圧 V_{ab}［V］は

$V_{ab} = 3.33 \times 10 \fallingdotseq 33$［V］

＊≒は約を示す

NO.8

正解 イ

・600V ビニル絶縁電線の電流減少係数を考慮しない許容電流は下表の通り

直径	許容電流
1.6 mm	27 A
2.0 mm	35 A
2.6 mm	48 A

＊電流減少係数➡管内に複数本の電線を収めると発熱し，電線被覆が劣化する➡電線 1 本当たりの許容電流は，許容電流に電流減少係数をかける

同じ管内の電線数	電流減少係数
〜3 本	0.70
4 本	0.63
5，6 本	0.56

・電線 1 本当たりの許容電流は

35 A × 0.63 = 22.05［A］

NO.9

正解 ロ

・電動機の合計電流 I_M は，需要率が 80%なので

$I_M = 12 \times 5 \times 0.8 = 48$［A］

・電動機の定格電流の合計が 50 A 以下の場合の係数は，その定格電流の合計の 1.25 倍

・$I_M = 48$ A で，$I_M \leqq 50$ A なので，幹線の許容電流 I_W は

$I_W \geqq 1.25 \times I_M = 1.25 \times 48 = 60$［A］

したがって，最小値は**ロ**である。

NO.10

正解 ニ

・接続できるコンセントは，配線用遮断器の定格電流の定格値又は 1 つ下まで良い

➡イと**ロ**は不適切（電流値が書いてないので定格電流 15 A **➡** 30 A の 2 つ下）

➡ハと**ニ**は適切（定格電流 20 A のコンセントのため）

・さらに，定格電流電線 30 A の配線用遮断器で保護される分岐回路の電線の太さは，直径 2.6 mm（断面積 5.5 mm^2）以上

➡ハは不適切（直径 2.0 mm）

➡ニは適切

NO.11　　正解 イ

・地中配線を直接埋設式で施設できるのはケーブルだけなので，600V 架橋ポリエチレン絶縁ビニルシースケーブル（CV）が正しい
したがって，他は全て絶縁電線で不適切なので，**イ**である。

NO.12　　正解 ロ

絶縁物の最高許容温度は
- 600V ビニル絶縁ビニルシースケーブル（VVR）➡ 60℃
- 600V ポリエチレン絶縁耐燃性ポリエチレンシースケーブル平形（EM-EEF）➡ 75℃
- 600V 架橋ポリエチレン絶縁電線（CV）➡ 90℃

したがって**ロ**である。

NO.13　　正解 ハ

・**イ**．ボルトクリッパはテコの原理を応用し，線材・棒鋼・硬銅線などを切断するときに使用➡不適切
・**ロ**．パイプベンダは金属管を曲げるときに使用➡不適切
・**ハ**．クリックボールは先端に刃物をつけて回す工具（リーマを取り付け金属管の面取り，羽根きりを取り付けて木板に穴をあける）➡適切
・**ニ**．圧着ペンチは電線同士を接続するときに，リングスリーブを圧着するのに使用➡不適切

NO.14　　正解 ニ

・三相誘導電動機の無負荷運転の時の回転速度は，ほぼ同期速度 Ns と考えて良い

$$N\mathrm{s} = \frac{120f}{p}\,[\mathrm{min}^{-1}]$$

f：周波数［Hz］
p：極数

・50 Hz から 60 Hz にする➡周波数 f が増加➡ Ns（≒回転速度）は増加する

NO.15　　正解 ニ

蛍光灯を，同じ消費電力の白熱電灯と比べた場合は
- 力率が悪い
- 電磁雑音が多い
- 寿命が長い
- **発光効率が高く**，省エネ

したがって**ニ**である。

NO.16

正解 **イ**

- **イ**．PF 管を支持するのに用いる➡正しい
- **ロ**．照明器具を固定するのに用いる➡誤り
- **ハ**．ケーブルを束線するのに用いる➡誤り
- **ニ**．金属線ぴを支持するのに用いる➡誤り

  ＊写真に示す材料はサドルで，**ケーブル**や**電線管**を壁などの造営材に押さえ込み，**支持固定**する場合に使用される

NO.17

正解 **ニ**

- **イ**．水銀灯用安定器➡誤り
- **ロ**．変流器➡誤り
- **ハ**．ネオン変圧器➡誤り
- **ニ**．低圧進相コンデンサ➡正しい

  ＊ 写真の機器のラベルは 50 μF（静電容量）➡コンデンサの蓄電能力を表した物理量

NO.18

正解 **イ**

写真には，測定器（接地抵抗計）とその 3 色の端子に接続する 3 本のケーブルと補助電極 2 本がある。

したがって**イ**である。

NO.19

正解 **ハ**

絶縁電線相互の接続では，次の点を守ること。

- 電線の接続部は絶縁電線被覆と同等以上の物で被覆する➡**イ**は適切
- 電線の引張強さを 20%以上減少させない➡**ロ** は適切
- 接続部分には，接続管その他の器具を使用するか，ろう付けする➡**ハ**は不適切
- 電線の電気抵抗を増加させない➡**ニ**は適切

NO.20

正解 **ハ**

・簡易接触防護措置とは，設備に人が容易に接触しないように講じる措置
・屋内で床面からの最小高さは 1.8［m］，屋外で地表面からの最小高さは 2［m］である

したがって，屋内で床面からの最小高さが c 1.8［m］と，屋外で地表面からの最小高さが e 2［m］の，**ハ**である。

NO.21

正解 **ニ**

・**イ**．図記号の意味は，ねじなし電線管で露出配管➡不適切
・**ロ**．図記号の意味は，合成樹脂可とう電線管で天井隠ぺい配線➡不適切
・**ハ**．図記号の意味は，厚鋼電線管で天上隠ぺい配線➡不適切
・**ニ**．図記号の意味は設問の通りで，2 種金属製可とう電線管で露出配線➡正しい

NO.22

正解 **ハ**

以下は，D種接地工事の概要である。

・300 V 以下の低圧電気機械器具や金属製外箱，金属管，金属製ボックスなどに施す接地工事
・二重絶縁構造の機器 (絶縁変圧器) は，省略できる➡ **ニ**は正しい
・水気があったら原則，省略不可➡**ハ**は不適切
・接地抵抗値は，100 Ω以下
　＊ただし，低圧電路で，地絡を生じた場合に 0.5 秒以内に自動的に電路を遮断する装置を施設するときは，500 Ω以下で良い。
・接地線の太さは，
　銅（単線）で 1.6 mm 以上➡**イ**は正しい
　銅（より線）で 2 mm^2 以上
・移動して使用する器具の接地線で，多心コードまたは多心キャブタイヤケーブルの 1 心を使う場合は断面積 0.75 mm^2 でも良い➡**ロ**は正しい

NO.23

正解 **イ**

硬質ポリ塩化ビニル電線管による合成樹脂管工事である。

➡管の支持点間の距離は 1.5 m 以下

したがって**イ**が不適切である。

NO.24 正解 ハ

単相 3 線式 100/200 V の屋内配線は，次の通り。

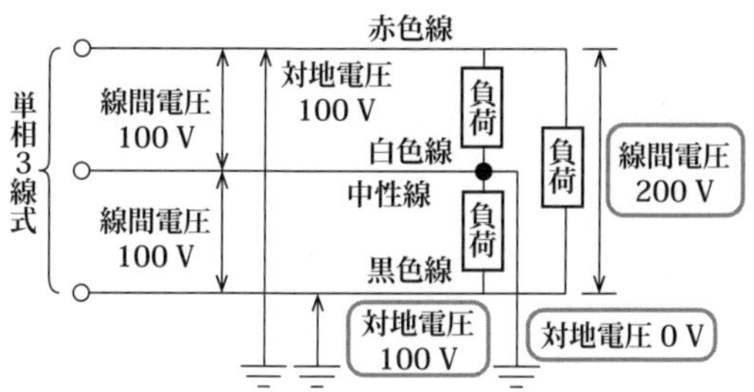

したがって**ハ**が適切である。

NO.25 正解 ハ

単相 3 線式の低圧電路は，対地電圧 150 V 以下である。(NO.24 参照)

➡絶縁抵抗は，0.1 MΩ以上

したがって**ハ**が正しい。

NO.26 正解 ロ

・200 V 三相 3 線式の絶縁抵抗値➡ 0.2 MΩ以上➡**イ**か**ロ**

・接地抵抗値は 300 V 以下の低圧電気機械器具や金属製外箱および金属管などに施す接地工事 ➡ D 種 100 Ω以下

・漏電遮断器の動作時間は 0.5 秒を超える➡接地抵抗値は原則通り D 種 100 Ω以下➡**ロ**か**ニ**

　＊漏電遮断器の動作時間は 0.5 秒以内なら 500 Ω以下で良い

したがって**ロ**が適切である。

NO.27 正解 イ

・左側の記号は，永久磁石可動コイル形➡**イ**，**ロ**

・永久磁石可動コイル形は直流を測定➡**イ**

・右側の記号は，計器の置き方が鉛直➡**イ**，**ロ**，**ハ**

したがって**イ**が正しい。

NO.28　正解 イ

電気工事士を補助する作業に関して電気工事士の資格は不要。

・**イ**．a○　b○➡a，bとも電気工事士でなければ従事できない
・**ロ**．a×　b×➡a，bとも電気工事士でなくとも従事できる
・**ハ**．a×　b○➡aは電気工事士でなくとも従事でき，bは電気工事士でなければ従事できない
・**ニ**．a○　b×➡aは電気工事士でなければ従事できない，bは電気工事士でなくとも従事できる

NO.29　正解 ロ

・「特定電気用品以外の電気用品」には(PS)Eまたは（PS）Eの表示が付されている
・<PS>Eまたは< PS >Eの表示は「特定電気用品」で，構造，性能，用途等から安全上の危険が発生する恐れの高い電気用品に表示が付されている

NO.30　正解 ロ

・一般用電気工作物とは，600 V以下の電圧で受電し，受電場所と同一の構内で使用する電気工作物で，小出力発電設備を設置しているものも含まれる
・小出力発電設備とは，電圧600 V以下の電気を発電する以下の設備
　＊出力10 kW未満の太陽電池発電設備
　＊ダムを伴うものを除く出力20 kW未満の水力発電設備
　＊出力10 kW未満の内燃力を原動力とする火力発電設備

以上より，低圧（600 V以下）受電で，小出力発電設備を同一構内に設置すると，一般用電気工作物となる。

※電気事業法が2023（令和5）年3月20日に改正された。旧制度で，一般用電気工作物として区分され一部保安規制は対象外とされていたものが，新制度では，一部保安規制の対象外だった小出力発電設備（太陽電池発電設備〔10 kW以上50 kW未満〕，風力発電設備〔20 kW未満〕）が新たな区分に位置づけられた。なお，解答の正誤に影響はありません。

●問題 2● 配線図

NO.31

正解 ロ

①の部分を複線図にすると下図となる。

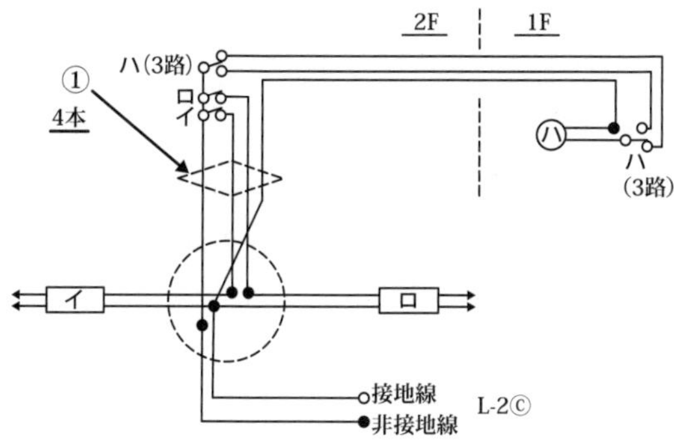

したがって**ロ**である。

NO.32

正解 ニ

・低圧屋内電路の使用電圧が 300 V 以下で，他の屋内電路（定格電流が 15 A 以下の過電流遮断器又は定格電流が 15 A を超え 20 A 以下の配線用遮断器で保護されているものに限る）に接続する長さ 15 m 以下の電路から電気の供給を受ける場合は，引込口開閉器を省略できる

・問題の過負荷保護付漏電遮断器は，配線用遮断器と漏電遮断器の機能を併せ持ったものなので，上記下線部により 15 m 以下の電路から電気の供給を受ける場合は，引込口開閉器を省略できる

NO.33

正解 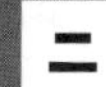

・**イ**．硬質ポリ塩化ビニル電線管➡誤り。図記号は，VE
・**ロ**．耐衝撃性硬質ポリ塩化ビニル電線管➡誤り。図記号は，HIVE
・**ハ**．耐衝撃性硬質ポリ塩化ビニル管➡誤り。図記号は，HIVP
・**ニ**．波付硬質合成樹脂管➡正しい。図記号は，FEP

NO.34　　正解 ハ

・**イ**．フロートスイッチ➡誤り。図記号は，◉$_F$
・**ロ**．圧力スイッチ➡誤り。図記号は，◉$_P$
・**ハ**．電磁開閉器用押しボタン➡正しい。図記号は，◉$_B$
・**ニ**．握り押しボタン➡誤り。図記号は，◉

NO.35　　正解 イ

低圧架空引込線は，道路，鉄道又は軌道を横断せず，横断歩道橋の上に施設しない場合で技術上やむを得ない場合において交通に支障のないときは，地表上 2.5 m 以上で良い。

したがって**イ**である。

NO.36　　正解 ニ

・⑥の上位の漏電遮断器は，単相 200 V である
・⑥の単相 200 V に使用する配線用遮断器の素子数は 2 素子が必要（両線に電圧がかかっているので両線を遮断）
　➡ 2 極 1 素子では不適切

NO.37　　正解 ハ

・電動機は三相 3 線式 200 V なので，使用電圧が 300 V 以下のため D 種接地工事で，接地線の太さは 1.6 mm 以上が必要
・電動機の電源は動力分電盤 P-1 には 0.1 秒以内で動作する漏電遮断器が施設されている
➡動作時間が 0.5 秒以内であれば接地抵抗値は 500 Ω まで許容
　＊動作時間が 0.5 秒以内でなければ，接地抵抗の最大値は 100 Ω

NO.38　正解 ロ

・電路の使用電圧が 300 V 以下の絶縁抵抗値
　対地電圧 150 V 以下➡ 0.1 MΩ以上
　その他➡ 0.2 MΩ以上
・⑧で示される回路は三相 3 線式回路➡対地電圧は 200 V
　➡絶縁抵抗値は 0.2 MΩ以上

NO.39　正解 ニ

・**イ**の図記号は，開閉器➡誤り
・**ロ**の図記号は，マンホール➡誤り
・**ハ**の図記号は，JIS C 0303「構内電気設備の配線用図記号」に記載がない➡誤り
・**ニ**の図記号は，モータブレーカ➡正しい

NO.40　正解 ロ

・全て 3P（3 極）で，**ハ**と**ニ**が接地極付で引掛け形（T が付く）
・⑩で示すコンセントは，「3P 30A 250V E」と傍記されているが，T が付いていないので引掛け形ではない➡**ハ**と**ニ**ではない
・**イ**は，接地極付ではない
　したがって**ロ**が正しい。

NO.41　正解 ニ

・⑪の電源は動力分電盤結線図 P-1 の[b]からきているので三相 3 線式 200 V➡同じ色同士(黒・赤・白) を接続
・⑪のボックス内で 3 本 CV5.5 － 3C が入ってきている➡ 5.5 mm^2 の同じ色同士 3 本を圧着するリングスリーブが 3 個必要
・リングスリーブは
　大は 5.5 mm^2 を 3 本圧着可能➡ **3 個必要**

<電線とリングスリーブの組合せ>

CV ケーブル		リングスリーブ	
太さ	本数	サイズ	圧着マーク
5.5 mm^2	3	**大**	大

令和4年 上期午前 配線図

NO.42

正解 ニ

⑫で示す部分を複線図にすると下図の通り。

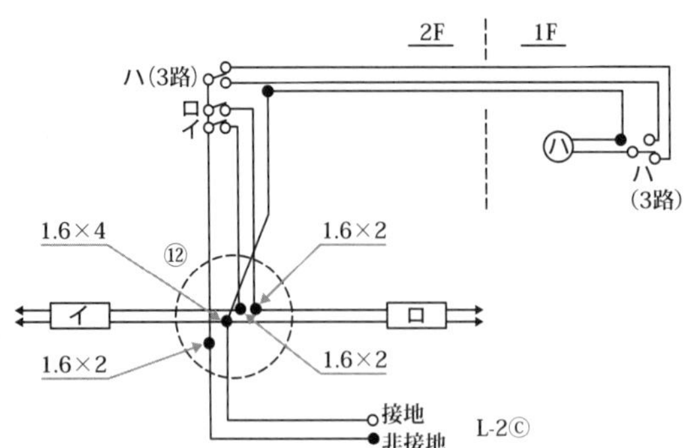

左図より，⑫で示すボックス内の差込み形コネクタは，

- **4本**接続は，**1個**
- **2本**接続は，**3個**

したがって**ニ**である。

NO.43

正解 ロ

- **イ**. スイッチ取付枠➡誤り
- **ロ**. 露出ねじなし電線管用ボックス
  ➡正しい（⑬に入ってくる配線はケーブル隠ぺい配線なので使用されない）
- **ハ**. 1個用スイッチカバー➡誤り
- **ニ**. アウトレットボックス➡誤り

NO.44

正解 ロ

NO.42の複線図から3本必要➡3芯を選ぶ。

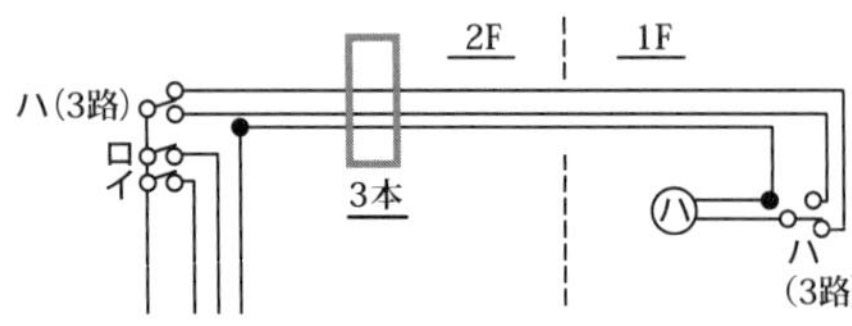

したがって**ロ**である。

NO.45

正解 **ハ**

⑮の複線図は下図の通り。

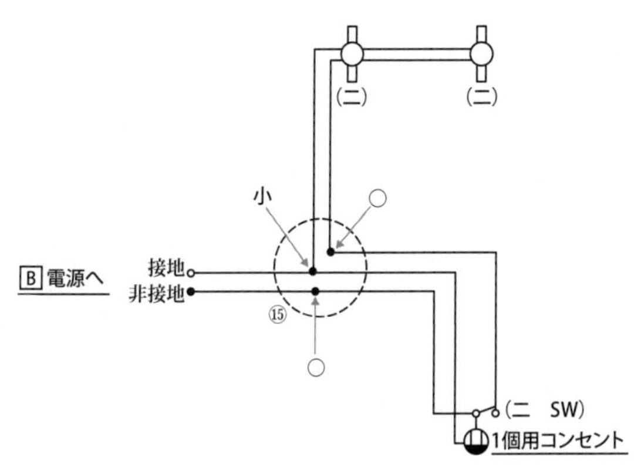

<電線とリングスリーブの組合せ>

VVF ケーブル		リングスリーブ	
太さ	本数	サイズ	圧着マーク
1.6 mm	2 本	小	○
	3～4		小
	5～6	中	中

左図より，⑮で示すボックス内で使用するリングスリーブの種類，個数及び刻印との組合せは，

・○× 2 個
・小× 1 個
} 小× 3 個

したがって**ハ**である。

NO.46

正解 **ハ**

⑯は，下がコンセントで上がスイッチ。

コンセント裏側の電線差込口には極性がある➡接地線（白）はコンセント裏側の W（白）の刻印のある穴に差し込む。

＊スイッチには極性がない

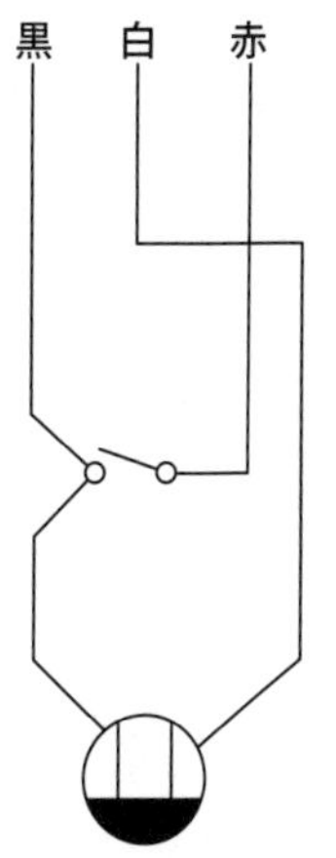

したがって**ハ**である。

NO.47

正解 ニ

⑰は，E31 ➡ねじなし電線管。

- ・イ．コンビネーションカップリング➡誤り（金属可とう電線管とねじなし電線管を接続）
- ・ロ．カップリング➡誤り（薄鋼電線管相互の接続）
- ・ハ．TS カップリング➡誤り（硬質塩化ビニル電線管（VE 管）相互の接続）
- ・ニ．ねじなし電線管用カップリング➡正しい

NO.48

正解 ロ

⑱は，IV14 mm 相互の接続。

- ・イ．ケーブルカッター➡適切（ケーブルの切断）
- ・ロ．柄が黄色の圧着工具（リングスリーブ用）➡不適切（IV1.6 mm か IV2.0 mm の接続に使用 IV14 mm 相互の接続では使用しない）
- ・ハ．電工ナイフ➡適切（電線の皮むき等）
- ・ニ．油圧式圧着工具➡適切（太い電線の圧着端子等を圧着）

NO.49

正解 イ

⑲は，電流計付箱開閉器。

- ・イ．電流計付箱開閉器 ➡正しい
- ・ロ．カバー付ナイフスイッチ[S]➡誤り
- ・ハ．配線用遮断器[B]➡誤り
- ・ニ．電磁開閉器（サーマルリレー付）[S]➡誤り

No.50

正解 ニ

・イ. EV・PHEV 充電用屋外コンセント 200V 用

➡ 1 階東側外壁で使用。図記号は,

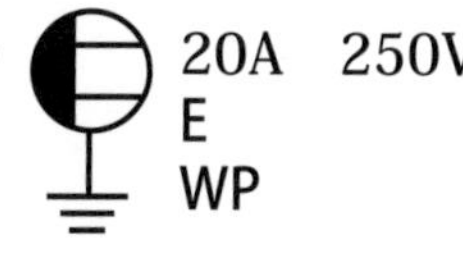

・ロ. 接地極付接地端子付コンセント 1 個用

➡洗面所で 1 個使用。図記号は,

・ハ. 接地極付コンセント 2 個用

➡ 1 階東側外壁で使用。図記号は,

・ニ. 接地端子付の 1 口コンセントで使用されていない

MEMO